猕猴桃高质量生产关键技术

郭晓成　陈春晓　主编

陕西新华出版
陕西科学技术出版社
Shaanxi Science and Technology Press
西安

图书在版编目(CIP)数据

猕猴桃高质量生产关键技术 / 郭晓成,陈春晓主编. 西安 :陕西科学技术出版社,2024.12. ——ISBN 978-7-5369-9080-7

Ⅰ. S663.4

中国国家版本馆 CIP 数据核字第 2024X0G786 号

猕猴桃高质量生产关键技术

MIHOUTAO GAOZHILIANG SHENGCHAN GUANJIAN JISHU

郭晓成　陈春晓　主编

责任编辑　焦　洁
封面设计　申　畅

出版者　陕西科学技术出版社
西安市曲江新区登高路 1388 号陕西新华出版传媒产业大厦 B 座
电话(029)87205187　传真(029)81205155　邮编 710061
http://www.snstp.com
发行者　陕西科学技术出版社
电话(029)81205180　81206809
印刷者　广州虎彩印务有限公司
规　格　787mm×1092mm　16 开本
印　张　19
字　数　400 千字
版　次　2024 年 12 月第 1 版
2024 年 12 月第 1 次印刷
书　号　ISBN 978-7-5369-9080-7
定　价　78.00 元

版权所有　翻印必究

《猕猴桃高质量生产关键技术》

编　委　会

主　编	郭晓成	陈春晓		
副主编	李　俊	高擒虎	孙喜军	李　浩
编　委	郝蕊平	彭　翔	马　瑜	毛少利
	刘碧慧	布　凤	任　瑞	冯兰杰
	陈美妮	谭耀林	何苏宁	李　娇
	张　鸿	郭宏文	苏佳妮	

前言 PREFACE

我国经济已由高速增长阶段转向高质量发展阶段，作为国民经济建设和发展基础产业的农业也不例外。发展是党执政兴国的第一要务。没有坚实的物质技术基础，就不可能全面建成社会主义现代化强国。党的十九大报告中首次提出“高质量发展”表述，习近平总书记在党的二十大报告中提出高质量发展是全面建设社会主义现代化国家的首要任务。推进农业高质量发展，是实施乡村振兴战略的重要支撑，是推进农业现代化、建设农业强国的必由之路。

猕猴桃是20世纪初开始人工驯化栽培的水果，至今仅有100多年的栽培历史，我国猕猴桃的规模化栽培历史不到50年左右。猕猴桃的驯化栽培，被认为是近代果树史上由野生到人工商品化栽培最为成功的植物驯化范例。我国是猕猴桃属植物的原产地，具有得天独厚的自然资源优势。世界猕猴桃属现有54个种，21个变种，共计75个分类单元，其中我国就有52种，73个分类单元。我国考古学家发现了距今2600万～2000万年的中新世早期的猕猴桃叶片化石，这可能是最早的关于猕猴桃的发现。

自1978年开展全国范围猕猴桃属野生资源调查以来，经过几代科研人员的努力，我国立足本土猕猴桃资源优势，开展新品种选育、人工栽培及产后技术研究，实现了猕猴桃产业从起步、发展，到面积产量均位居世界第一的跨越，改变了当今全球猕猴桃的品种结构和产业格局。1988年，原国家农业部优质农产品开发服务中心成立全国猕猴桃生产联合体，原西安市园艺站是16个发起单位之一，高振谋站长作为排名第一的全国猕猴桃生产联合体副理事长，联合陕西省果树研究所张有平老师、陕西省中华猕猴桃科技开发公司周至试验站张清明老师，积极参加全国猕猴桃属野生资源调查、人工栽培关键技术联合攻关及第一批全国猕猴桃生产基地建设，选育了以秦美猕猴桃为代表的我国第一代猕猴桃系列品种。建成西安市南郊果园、长安区太乙宫、周至县司竹、陕西省果树所等4个猕猴桃种质资源圃和我省第一个全国猕猴桃基地县——周至县，为陕西省及我国猕猴桃产业的发展作出了开拓性贡献。

2021年世界猕猴桃收获面积为286.94千公顷，产量为446.71万吨。生产猕猴桃的国家（地区）共25个，中国是世界最大的猕猴桃生产国，2021年中国的猕猴桃面积、产量分别为199.14千公顷、238.08万吨，世界占比分别为69.4%、53.3%。2022年，全国猕猴桃种植面积404.7万亩（1亩≈667 hm^2，为了方便读者阅读，本书保留了单位亩），其中陕西省种植面积为99.91万亩，占全国的24.68%；全国猕猴桃产量374.7万吨，陕西省的产量为138.85万吨，占全国的37.06%。陕西省猕猴桃面积和产量均稳居全国第一。

2022年世界猕猴桃出口总量147.05万吨，金额33.91亿美元。出口数量排名前十的国家（地区）依次是新西兰、意大利、希腊、智利、比利时、荷兰、葡萄牙、西班牙、美国、土耳其。合计数量142.8万吨，世界占比97.11%；合计金额33.12亿美元，世界占比97.69%。中国出口1.07万吨，排名第11位，出口金额1626.45万美元。2022年，中国猕猴桃出口量为10708.08吨（约合1.07万吨），在FAO发布的全球主要国家/地区猕猴桃出口量中位列第十一位，与猕猴桃出口量位列全球第一位的新西兰（572549吨，约合57.25万吨）相差56.18万吨；2022年陕西省出口鲜猕猴桃鲜果1450吨，低于山东2405吨、内蒙古1577吨，排名第三。

我国是猕猴桃种质资源和生产大国，但不是猕猴桃产业强国。在猕猴桃产业发展过程中，人工合成膨大激素、化学保鲜剂的滥用、猕猴桃溃疡病的普遍发生，严重威胁了猕猴桃产业的发展；缺乏世界性的主栽品种和先进的生产、贮藏保鲜及加工技术，猕猴桃即食理念等，制约了我国猕猴桃的生产效益和世界猕猴桃出口贸易，猕猴桃产业高质量发展是我国猕猴桃由生产大国向产业强国转变的唯一选择。

本书以猕猴桃高质量生产技术为核心，结合我国猕猴桃产业发展实际情况，直面当前生产上的热点问题如膨大剂和1—甲基环丙烯的使用及即食猕猴桃生产等，吸纳了近年来国内外猕猴桃最新科研成果和先进的生产实践经验，体现了高质量发展的原则，具有很强的针对性。

全书共分十章，重点介绍了猕猴桃产业发展现状与趋势、猕猴桃的生物学特性、猕猴桃种质资源与新优品种、猕猴桃苗木繁育新技术、猕猴桃高标准建园技术、猕猴桃新型土肥水管理技术、猕猴桃轻简化整形修剪技术、猕猴桃花果管理关键技术、猕猴桃病虫害绿色防控与自然灾害防御技术、猕猴桃贮藏保鲜与即食技术等。

本书的编写人员均是陕西省猕猴桃主产区生产一线专家。全书紧扣生产实际和市场需求，突出知识性、新颖性、实用性，可操作性强。本书在编写过程中，引用、借鉴了大量的科技文献和同行专家的研究成果，以及微友在微信群、朋友圈的共享资料和一些公开的网络资料，还得到西安市农业农村局、西安市农业技术推广中心以及周至县农业农村局、周至县园艺站、周至县植保植检站、周至县猕猴桃种植协会等单位的大力协助，在此表示衷心的感谢。

由于编者水平有限，不妥之处，敬请批评指正。

编　者

2024 年 9 月

目录 CONTENTS

第一章 猕猴桃产业发展现状与趋势

第一节 猕猴桃的驯化与产业兴起

一、猕猴桃的分类与历史

猕猴桃在植物学分类上属猕猴桃科，猕猴桃属，是一种新兴藤本果树。猕猴桃科分布于亚洲和美洲，共约357种，中国有3属和66种；猕猴桃属现有54个种，21个变种，共计75个分类单元，其中中国就有52种，73个分类单元。目前生产上栽培利用的种有美味猕猴桃、中华猕猴桃、软枣猕猴桃和毛花猕猴桃。

中国是猕猴桃属植物的原产地，具有得天独厚的自然资源，现有的54个种中，有52个为我国特有种或中心分布，仅尼泊尔猕猴桃和白背叶猕猴桃为周边国家特有分布。我国考古学家发现了距今2600万～2000万年的中新世早期的猕猴桃叶片化石，这可能是最早关于猕猴桃的发现（崔志学，1993）。《诗经》中提及的"苌楚"指的就是猕猴桃。但据后来古籍对苌楚的性状描述，如三国时陆玑《毛诗草木鸟兽虫鱼疏》"苌楚，今羊桃是也，叶长而狭，花紫赤色，其枝茎弱，过一尺引蔓于草上……"又如晋代郭璞《尔雅注疏》"苌楚，铫芅，今羊桃，或曰鬼桃，叶似桃，花白，子如小麦，亦似桃。"这"叶长而狭""子如小麦"的苌楚并非中华猕猴桃，可能由于在我国很多地方中华猕猴桃有羊桃这一俗名，而苌楚也有羊桃的这一别称，致使猕猴桃和苌楚联系在了一起。苌楚不确定是猕猴桃的古称，但羊桃一定是猕猴桃的俗称，该词最早出现在魏晋南北朝时期，古时还有阳桃、藤梨的叫法。

由于猕猴桃的花、叶都很漂亮，古时人们在庭院内搭架栽种，把它当作观赏植物，于是就有了唐代岑参《太白东溪张老舍即事，寄舍弟侄等》中"中庭井阑上，一架猕猴桃"的佳句。这或许是当今"猕猴桃"名称可考的最早出处。至明代李时珍《本草纲目・果五・猕猴桃》中"猕猴梨、藤梨、阳桃、木子。……（猕猴桃）其形如梨，其色如桃，而猕猴喜食，故有诸名。闽人呼为阳桃。"进一步将猕猴桃这一名称向大众普及。

二、猕猴桃在全球的传播

与中国悠久的猕猴桃应用历史相比，世界猕猴桃产业起源开始于20世纪初。

1882年，25岁的爱尔兰人奥古斯汀·亨利作为大清皇家海关总税务司的雇员，在中国工作20年。亨利被中国的植物所吸引，并在中国组织和培养了自己的植物采集团队，在当时中国的湖北、湖南、四川、云南、海南、台湾等6省总共采集了15.8万份植物标本和种子寄往伦敦邱园（英国皇家植物园），其中就有猕猴桃种子，在他的著作中就曾数次提到猕猴桃。当时的邱园主任约瑟夫·道尔顿·胡克推荐尔尼斯特·亨利·威尔逊给奥古斯汀·亨利作专职植物采集员。这个威尔逊可了不起，在世界上提出"中国——园林之母"的重要论断，被西方称为"打开中国西部花园的人"。他从1899～1911年先后4次到中国大陆收集植物，足迹遍及鄂、川、渝等省市，尤以在四川境内搜集范围最广、持续时间最长。前后12年里，威尔逊收集了4700种植物，65000多份植物标本，并将1593份植物种子和168份植物切片带到了西方。要知道，当时英伦三岛本土的植物种类总共才1500多种，而经威尔逊从中国引到邱园的植物就达5000多种。1899年威尔逊将采集到的猕猴桃种子寄回了英国，1900年这些种子开始在英国生根发芽长成猕猴桃树。但在1911年之前，英国的猕猴桃树虽然每年都开花，但就是结不出猕猴桃果实。在同一时间，美国农业部也间接从威尔逊手中获得了猕猴桃种子，到1913年的时候已经有1300多株猕猴桃树在美国各地试种，然而这些树如英国的一样都只开花不结果。后来证实英美两国当时得到的猕猴桃种子育出来的树都是雄性的，只开花不结果，这两个国家的猕猴桃都没有发展起来，成为世界科学史上的一件憾事。

幸运的是，1904年，新西兰女教师伊莎贝尔·弗雷瑟探访她在湖北宜昌苏格兰教堂从事传教工作的妹妹卡蒂弗蕾瑟时，从威尔逊处获得了少许种子，遂将一小袋猕猴桃种子带到新西兰，转交给托马斯·艾利森，正是这些种子，形成了世界猕猴桃产业的发端。

新西兰苗圃商人亚历山大·艾利森经辗转多次，获得这批种子并培育成树苗获得果实。目前，占全球栽培面积80％以上的"海沃德"品种及仍然广泛栽培的"布鲁诺"和其他早期品种如"艾利森"等均选自这一小袋种子。

三、猕猴桃的驯化与产业形成

（一）世界猕猴桃产业的发展

与其他果树上千年驯化起源、扩散、栽培的发展历史不同，猕猴桃的驯化、栽培历史很短，其产业发展脉络清晰，大致可分为以下几个主要阶段。

初始阶段为20世纪初至20世纪50年代：海沃德·赖特是新西兰奥克兰埃文代

尔地区的一个苗圃主，1925 年，他从另一个苗圃主那里得到了一箱猕猴桃果实，而此人是从托马斯·艾利森处获得猕猴桃苗或种子的。托马斯通常被认为是新西兰第一个种植猕猴桃的人。海沃德·赖特从这箱果实里获取种子，播种后得到实生苗，然后种植了 1 行，大约 40 株。实生苗结果后他从中优选出 1 株，最初命名为 Wright's Large Oval。大约在 20 世纪 30 年代末，全球第一个商业化猕猴桃园就是用 Wright's Large Oval 建立的，果实在奥克兰上市后价格高于当时任何其他品种的猕猴桃。在新西兰，猕猴桃历经嫁接苗的规范生产及商品化（1922～1926 年）、商品猕猴桃果园的建立（1930 年）、规模化猕猴桃果品生产（1930～1940 年）及猕猴桃商业化品牌的建立（1959 年），到 20 世纪 50 年代末猕猴桃产业已具雏形。

1959 年 6 月，在奥克兰一次会议上 Jack Turner 提出 Kiwifruit 这一名字。以新西兰人象征意义的基维鸟（Kiwi，夜行鸟类，有棕褐色长茸毛，外形看起来呈椭圆状，近似猕猴桃）命名为“基维果”（国内根据音译又称“奇异果”），并以此替代西方人早期对猕猴桃的取名“中国醋栗”（Chinese gooseberry）。此后，以“基维果”（Kiwifruit）命名的猕猴桃经新西兰大力推介，被西方市场广为接受，以致在很长时间内人们误认为猕猴桃这种特殊的新兴水果源于新西兰，在中国甚至误认为猕猴桃与“基维果”为两种水果。

20 世纪 50～70 年代是世界猕猴桃产业发展的规模商业化孕育阶段，猕猴桃栽培出现集约化、规模化及全球化的发展趋势。到 1966 年，由于出口的需要，海沃德·赖特将该品种重新命名为海沃德，其栽培面积占当时总面积的 1/4。自 20 世纪 60 年代，猕猴桃产业在世界各地逐渐兴起，美国（约 1966 年）、意大利（1966 年）、法国（1969 年）、日本（约 1977 年）均开始了猕猴桃的产业化栽培。

从 20 世纪 70 年代开始，猕猴桃产业进入蓬勃发展阶段。至 1975 年，海沃德占新西兰猕猴桃总面积的 95%，并且只有海沃德能够出口。2015 年这一品种在新西兰仍然占 3/4 左右，其他国家的这一比例更高。海沃德也是目前中国的主栽品种。20 世纪 80 年代后，猕猴桃商业栽培进一步扩展到南美洲的智利和中东的伊朗。优良品种海沃德的推出对猕猴桃规模化、产业化的起步起到了决定性作用。海沃德因其较高的品质和优良的耐储性，极大地满足了当时新西兰猕猴桃产业出口的需求，因而其栽培面积从 1968 年的 50%提高到 1973 年的 95%，1980 年进一步提高到 98.5%，从而形成了全球猕猴桃栽培生产单一品种的格局。

通过对这个单一品种广泛种植的商业化过程，猕猴桃科研人员及果农相应地提高了猕猴桃生产的技术水平，包括确立专业授粉品种并深化猕猴桃品种标准化种植技术。此后，新西兰果园迅速形成了采收、包装、储运国际化标准。这为猕猴桃果品的国际化运销提供了有效的技术保障。新西兰的猕猴桃市场委员会也随着后来国际市场发展需要演变成为目前的 Zespri 国际营销公司。图 1－1 为猴桃产业发展史。

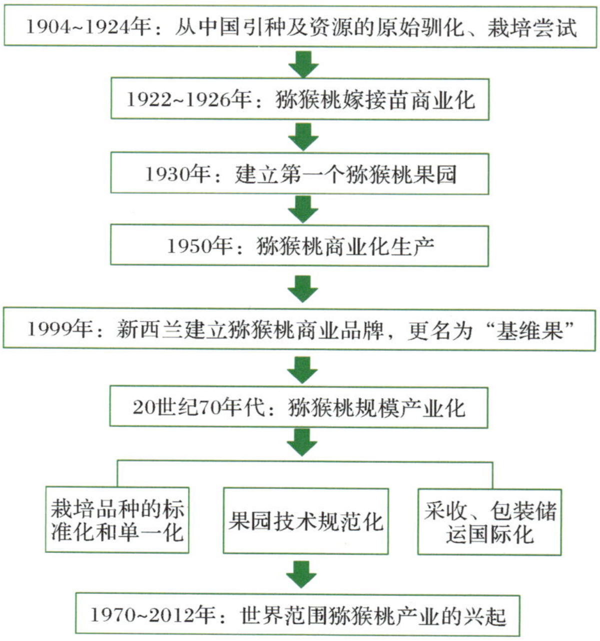

图 1-1　猕猴桃产业发展史

截至 2011 年，全球猕猴桃栽培面积达到 16.6 万 hm^2，年产量达 201.4 万 t。8 个主要生产国家的面积分别为：中国 7.5 万 hm^2，意大利 2.8 万 hm^2，新西兰 1.35 万 hm^2，智利 1.45 万 hm^2，希腊 4700hm^2，法国 4600hm^2，日本 2800hm^2，美国 1600hm^2（Belrose Inc，2012）等。据统计，2010～2013 年 10 个主要生产国的猕猴桃产量与 2000～2003 年平均产量相比增加了 71.8%，充分体现了全球猕猴桃产量持续递增的趋势。

（二）国内猕猴桃发展历程

由于种种历史原因，我国对本土猕猴桃资源的研究及其商业化栽培起步较晚。我国现代猕猴桃资源研究及引种栽培尝试最早可以追溯到 60 年前，中国科学院南京中山植物园于 1955 年开展了引种栽培及生物学特征研究的探索，但此研究没有延续，原始引种材料被废弃。1957 年和 1961 年，中国科学院植物所分别从陕西秦岭太白山和河南伏牛山地区引种美味猕猴桃进行栽培试验和基本生物学研究，较为系统地研究了美味猕猴桃的形态、生长发育、繁殖生物学等特征。相同时期，武汉植物园、庐山植物园、杭州植物园和西北农学院（今西北农林科技大学）等单位也从事过少量的引种栽培试验。

1978 年，我国开始重视猕猴桃开发研究工作，由农业部、中国农科院主持的全国猕猴桃科研协作座谈会召开，来自全国猕猴桃主要分布区的 16 个省、自治区、直辖市的科研、大学、轻工、生产部门几十名科研及管理专家学者参加了会议，中国科学院及全国供销总社的代表参加了会议并参与了科研及产业发展规划的制定，标志着我国国家层面猕猴桃科研及产业发展的起步。随后，我国开展了为期 10 年之久的全国猕猴桃资源普查、选优。随后，我国科学家从野生中华猕猴桃、美味猕猴桃和软枣猕猴桃中选出 1500 余个较好的单株，经过繁殖、栽培、区试观察，筛选出 50 多个优良品种，200 多个优良株系，目前已有 10 多个优良品种成为当地的主栽品种。

与此同时，中国猕猴桃的商业化栽培从 1978 年的 $1hm^2$ 起步，1990 年发展到 $4000hm^2$，1996 年猛增到 $40000hm^2$，其栽培品种除引种新西兰“海沃德”外，主要是我国从野生资源选育的新品种。其中，中华猕猴桃品种占 25%。由此，我国在新西兰引种驯化美味猕猴桃实现产业化后，成功实现了另一种猕猴桃物种由野生到果园栽培的驯化历程，并因此改变了世界猕猴桃产业的品种结构。

通过 30 年的研究，我国的猕猴桃科研专家和企业家已经改变了当今世界猕猴桃科研和产业格局。科研方面，30 年前在猕猴桃科学文献中几乎很难查到中国的资料和信息，如今出自中国的猕猴桃科学论文和研究报告占到了全球的 1/4 之多，尤其在猕猴桃属植物基础生物学、系统分类、居群遗传、种群生态、资源地理等许多研究方向，中国被公认为是世界的研究中心。产业方面，截至 2010 年，中国栽培面积约为 136 万亩，占世界栽培总面积 246 万亩的 55.3%，已经远远超过了意大利、新西兰和智利。而陕西，特别是秦岭北麓地带栽培面积达 63 万亩，占全国面积的 46%，世界面积的 26%。

第二节　猕猴桃产业发展现状

一、世界猕猴桃产业

(一)世界猕猴桃产业发展现状

据 FAO 数据显示，商品化种植的猕猴桃已遍布亚洲、欧洲、美洲、非洲和大洋洲 20 多个国家，品种丰富多样，果肉各色纷呈。2021 年世界猕猴桃收获面积为 $286.94\times10^3hm^2$，产量为 446.71 万 t。生产猕猴桃的国家(地区)共 25 个，中国是世界最大的猕猴桃生产国，2021 年中国的猕猴桃面积、产量分别为$(199.14\times10^3)hm^2$、238.08 万 t，世界占比分别为 69.4%、53.3%。

世界猕猴桃种植面积排名前 10 的依次是中国、意大利、新西兰、希腊、伊朗、智利、法国、土耳其、葡萄牙和美国。其收获面积合计 $282.32\times10^3hm^2$，世界占比 98.39%。

产量排名前 10 的依次是中国、新西兰、意大利、希腊、伊朗、智利、土耳其、葡萄牙、法国和美国，其产量合计 439.68 万 t，世界占比 98.43%。

单产水平排名前 10 的国家依次是新西兰、伊朗、不丹、希腊、土耳其、以色列、格鲁吉亚、黑山、美国、智利(见表 1 - 1)。

表 1 - 1 2021 年世界猕猴桃收获面积、产量和单产水平

序号	国家	种植面积/hm^2	产量/t	单产/(kg/亩)
1	中国	199138	2380788	797.03
2	意大利	24850	416060	1116.19
3	新西兰	15523	628496	2699.20
4	希腊	12570	313390	1662.11
5	伊朗	9760	294263	2009.99
6	智利	7374	139560	1261.73
7	法国	3930	46030	780.83
8	土耳其	3884	86362	1482.35
9	葡萄牙	3470	55460	1065.51
10	美国	1821	36380	1331.87
11	日本	1736	21689	832.91
12	西班牙	1640	28360	1152.85
13	韩国	536	8359	1039.68
14	以色列	281	6200	1470.94
15	澳大利亚	165	2543	1027.47
16	格鲁吉亚	73	1600	1461.19
17	保加利亚	50	150	200.00
18	吉尔吉斯斯坦	41	406	660.16
19	瑞士	26	250	641.03
20	黑山	25	500	1333.33
21	斯洛文尼亚	20	30	100.00
22	塞浦路斯	10	110	733.33
23	突尼斯	6	34	377.78
24	加拿大	4	27	450.00
25	不丹	2	51	1700.00

数据来源：FAOSTAT

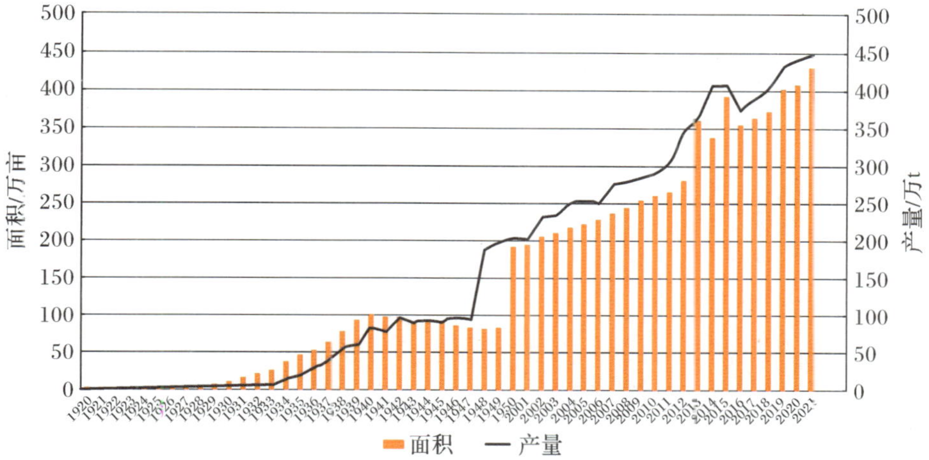

图 1-2　1920—2021 年世界猕猴桃面积和产量

表 1-2　2012—2022 年全球排名前 6 位国家及全球猕猴桃收获面积

（单位：hm^2）

国家	年份										
	2012 年	2013 年	2014 年	2015 年	2016 年	2017 年	2018 年	2019 年	2020 年	2021 年	2022 年
中国	110000	161500	145000	181900	172845	171550	174953	182566	188425	197118	199078
意大利	24327	25728	24828	27308	24244	24615	26620	25080	24900	24850	24040
新西兰	12757	12473	12081	12225	12725	11705	15000	14922	15523	15523	14686
伊朗	8132	9035	10183	9646	9711	9847	10044	9867	9919	9944	9910
智利	11916	11086	10632	9717	8866	8720	8679	7595	7918	7374	6638
希腊	5246	5501	6735	7563	8075	8393	9550	10290	11070	12570	13560
全球	186336	239680	224105	263002	251548	249999	260374	266950	274816	285208	286104

表 1-3　2012—2022 年全球排名前 6 位国家及全球猕猴桃产量

（单位：t）

国家	年份										
	2012 年	2013 年	2014 年	2015 年	2016 年	2017 年	2018 年	2019 年	2020 年	2021 年	2022 年
中国	1452767	1765847	1840000	2187867	2116031	2102814	2113971	2196727	2268853	2367990	2380304
意大利	384844.2	453737	506957.6	598558	523595.3	541150	562190	524490	521530	416060	523120
新西兰	376400	397286.5	437000	437819	466576.8	442312.5	599000	598058.6	624613.2	624430.5	603522.7
伊朗	217312	251218	298939.6	294791.5	281649.7	303580.6	293340.6	292856.9	296592.7	294263.4	294571
智利	281389	266619.7	200000	171596.7	153470.5	152870.9	156496.1	140407.6	140736.5	129152	114533.7

表 1-3(续)

国家	年份										
	2012 年	2013 年	2014 年	2015 年	2016 年	2017 年	2018 年	2019 年	2020 年	2021 年	2022 年
希腊	118221.6	106822.2	133574.7	149515.3	163345	202462	265280	285860	307440	319340	320270
全球	3052348	3460218	3622338	4061076	3924346	3989893	4239653	4304832	4435780	4439663	4539471

表 1-4　2012—2022 年世界猕猴桃单位面积产量

(单位:100g/hm^2)

国家	年份										
	2012 年	2013 年	2014 年	2015 年	2016 年	2017 年	2018 年	2019 年	2020 年	2021 年	2022 年
新西兰	295054	318508	361725	358134	366662	377883	399333	400790	402379	402261	410951
伊朗	267231	278037	293567	305610	290038	308310	292051	296799	299005	295934	297246
土耳其	182583	195195	143285	172708	176719	204679	207090	208014	226142	222353	238853
希腊	225364	194194	198329	19770e	202285	241227	277780	277804	277724	254049	236187
意大利	158196	176359	204188	219188	215969	219846	211191	209127	209450	167429	217604
智利	236144	240501	188111	176593	173094	175311	180312	184867	177743	175143	172543
美国	197729	158669	155847	120000	171133	208767	217025	190618	203876	177375	170407
韩国	151173	153399	155706	158813	155794	154968	155909	155553	155470	155641	155554
葡萄牙	121209	100169	80488	122911	88550	133626	124307	129384	132428	159827	150341
法国	170585	162313	157967	177398	173005	142862	141079	146535	129338	117125	119898
中国	132070	109340	126897	120279	122423	122577	120831	120325	120412	120131	119566
日本	133036	140092	146977	133014	125490	150000	128205	133158	118421	104787	115679
吉尔吉斯斯坦	100000	100000	100000	100000	102141	98210	99858	100655	101453	101972	102058
加拿大	77014	73368	64794	60400	66824	64310	64115	65122	64522	76495	74522
保加利亚	79500	65455	74286	74286	74286	74286		30000	30000	30000	40000
斯洛文尼亚	174167	155000	162500	210000	232105	62500	180000	126667	50000	15000	35000
世界	163809	144368	161636	154413	156008	159597	162830	161260	161409	155664	158665

从表 1-2、表 1-3 可以看出,2012—2022 年 10 余年间,中国、意大利、新西兰、伊朗和智利一直是居于全球猕猴桃收获面积和产量排名前 5 的国家。截至 2022 年,全球猕猴桃总收获面积 28.6 万 hm^2 左右,产量 450 多万 t,分别是 2012 年的 1.54 倍和 1.49 倍。排名前 3 位的国家中国、意大利和新西兰 2022 年的猕猴桃收获面积分别占全球总收获面积的 69.6%、8.4%和 12.8%,其产量分别占全球总产量的 52.4%、11.5%和 13.3%。中国的收获面积从 2012 年的 11 万 hm^2 逐步增长为 2022 年的

19.9 万 hm^2，收获面积增长 1.8 倍，产量从 2012 年的 145.3 万 t 增长为 2022 年的 238.0 万 t，产量增长 1.6 倍。中国猕猴桃收获面积和产量分别是新西兰收获面积和产量的 13.6 倍和 3.9 倍。可见，中国猕猴桃收获面积和产量远超过新西兰和意大利，均稳占全球首位，对全球猕猴桃产业起着至关重要的作用。

从表 1－4 可以看出 2022 年全球猕猴桃单位面积产量排名前 5 的国家分别是新西兰、伊朗、土耳其、希腊、意大利，而中国排在 10 位以后。中国猕猴桃单位面积产量与新西兰、伊朗、土耳其、希腊等国家具有较大的差距。2022 年，新西兰猕猴桃单位面积产量达 41.1t/hm^2，是中国单位面积产量(12.0t/hm^2)的 3.4 倍，中国猕猴桃种植管理水平仍需大力提高。

此外，全球贸易方面，猕猴桃已经占全球水果贸易的 3%左右。

(二)国外猕猴桃产业呈现的主要特点

抛开种植面积，从猕猴桃单产量和经济效益方面来看，国外猕猴桃都有其突出特点，尤其是新西兰的猕猴桃产业发展一直是遥遥领先。下面以新西兰猕猴桃产业发展为例，说说国外猕猴桃产业发展中的特点。

1. 猕猴桃产业化程度高

目前，新西兰是世界上猕猴桃产业最发达的国家，产业化程度高具体体现在果品生产管理、采收管理、售前、售后管理等方面。

2. 果品生产管理方面

(1)生产标准化。在新西兰猕猴桃生产必须严格执行以下标准：一是生产种植及相关质量标准。公司统一制定有关技术、质量标准、级别标准、包装物设计、管理等各个环节的规定和标准，并对涉及的种植户进行监督。新西兰佳沛国际公司对全球的所有农户实行统一管理，最大限度减少不可控因素干扰，保证产品的标准化。二是种植地理条件标准。只有同时满足肥沃的火山灰土壤、冬无低温、春无霜降、全年日照大于 2400h、降水在 2000mm 左右、平坦可进行机械化操作等诸多条件，才被允许种植。同时还要求果园旁建立防风林抵挡强风，铺设纱网避免冰雹等自然灾害。三是关于果农的认证标准和种植面积要求。果农只有取得认证才能种植猕猴桃，每年都要通过专门的审核与训练才能继续保有种植认证。同时为了保证果实可以得到精心照料，新西兰佳沛国际公司还将单户果农的照料面积控制在约 50 亩，避免规模太小农户收入过低或规模太大造成粗放管理。

图 1－3　新西兰猕猴桃人工风障

图 1－4　新西兰高枝牵引上架

(2)品种选育推广计划性针对性强。佳沛国际公司在种苗选择上只选择稳定性高、口感好、耐储存的优良品种。目前,新西兰主要栽培 Hayward、Gold 3、Green 14、Hort1 6A、Red 19 等少数几个优良品种。

(3)品控管理严格。一是生产过程管理严格。新西兰佳沛公司严禁果农私自使用农药,会定期采样检查病虫害状况。二是采收标准执行严格。采收前禁止使用农药并进行全面检查,保证出口的果品农药零残留。每年 4～5 月猕猴桃开始成熟后,必须通过农产品品质检验中心的成熟度认证,一般会把果园分成多个区域,在每个区域采果送检,检测重量、硬度、果肉颜色、黑籽颜色、干物质比例、水分、甜度等项目,确保果实达到标准甜度、成熟度。在 97%的果子都达标之后,才能拿到采收许可证进行采收。三是全面实行可溯源机制。为了更好地管理果农,使供应链可控,公司采用可溯源机制,当某批次果实出现质量问题时,可快速锁定产地与果农并追究责任。

3. 售前、售后管理

(1)筛选过程精细。果品进入分级包装线前,需进行糖度测试、干物质测试、去毛工序,再通过大型自动筛选机的筛查,将次果淘汰。其余进入分级筛选机,开始贴标并进行大小重量的分级,分级后的果实在输送带上进行分类并装箱。包装厂先进的计算机设备针对果个大小、甜度、重量、成熟度等进行包装线分配。

(2)包装入库规范。经过精细筛选的猕猴桃贴上标签进行包装,包装好的不同熟度、大小的果品会进入不同仓库。一般同一仓库内,果品熟度、大小基本统一,以便安排不同的冷藏温度与出口船期。贮藏冷库为高二氧化碳、低氧气的环境,保持果品 8 个月不变质。

(3)二次抽检严格。在猕猴桃上市之前,会随机选出并拆箱检查,将猕猴桃送去专门的第三方检测机构做农药成分残留的测试,若不合格,产品将会被整批退回。新西兰农业部也会从检测样本中抽样,检测其农药成分残留监督系统是否符合标准。

(4)冷链运输标准高。新西兰佳沛公司采用冷链运输轮船运输猕猴桃。从新西兰将猕猴桃船运到中国需要 14 天,猕猴桃被储存在 0～2℃的冷藏库中,使损耗率降至 5%(这远低于中国猕猴桃 10%～15%的运输损耗率)。

(5)销售把控严格。一是对经销商渠道严格把控。猕猴桃在上架之前一直被保存在专业冷冻库中,以保持甜度与熟度。为了不影响产品品质,佳沛公司要求经销商需要先缴纳高额保证金才可获得佳沛货源。二是对上架前的产品严格把控。猕猴桃上架出售前佳沛公司还会再进行一次抽检,以确保即将进入市场的产品保有高品质。

4. 重视品牌建设

(1)政府支持引导。农业产业化是一项系统工程,在很大程度上需要政府的支持和相关政策的规范与引导。新西兰政府在统一营销局成立之初,就有相关法规规定,果农不可擅自向国际销售新西兰猕猴桃。且猕猴桃生产必须严格执行国家制定的技术、质量标准、级别标准包装物设计、管理等各个环节的规定和标准，并接受其监督。销售必须由 ZESPRI 新西兰奇异果国际有限公司垄断销售经营，其他机构或个人无权收购。除此之外，政府也一直提供长期、稳定的经费资助猕猴桃产业基础性研究。

(2)始终坚持品牌定位。一是打造世界级新西兰猕猴桃品牌佳沛。1988 年，新西兰 2000 多户果农在政府的协助和配合下，纷纷注销了各自经营了数十年的品牌，组建完全由新西兰果农构成并拥有的统一的销售窗口——“新西兰奇异果营销局”，形成利益共同体，所有果农按照种植面积与产量的大小共同出资入股，并根据股份多少决定其在营销局组建中的资金投入和年终分红。新西兰奇异果营销局并非政府机构，也不是行业协会，实为新西兰猕猴桃产业的龙头企业。下设新西兰奇异果国际有限公司，创立新西兰猕猴桃品牌佳沛。二是统一运作。具体运作时，先由 Zespri 新西兰奇异果国际有限公司组织收购果实，并付给果农包括种植、收获、包装、冷藏和储运等在内的生产成本费，约占果农总收入的 30%。其余 70%为农户的利润收入，要由市场销售状况决定。如果产品全部按计划售出，则全部兑现剩余的 70%收入；如果出现滞销，则根据实际情况支付利润收入。如果果农能提供上市早、质量好、甜度高的产品，还可获得公司的“加成”奖励。新西兰奇异果营销局与果农之间是一种利益共同体的关系。相当于果农共同出资成立了营销局，又聘请了一位职业经理人团队(有限公司)，既通过销售产品赚钱，又通过营销公司的扩张得到分红。三是产业链条完整。新西兰的猕猴桃产业从果园管理、采收、运输、分级、包装、储藏到营销的各个环节紧密相连，已经形成了完整的产业链条。每个农场都有自己的产品基地、包装物生产线、自动机械选果车间、储存保鲜气调冷库以及生产、运输的专用机械设备。从采收到冷库储存的流水线作业都是利用自动机械操作和现代设备，只需 12h 即可完成。同时，还利用残次果品开发了包括食品、化妆品和洗涤剂等品类的一系列深加工产品。

图 1－5 新西兰佳沛猕猴桃

(3)重视技术研发。除了国家研究院提供品种和技术外,Zespri 新西兰奇异果国际有限公司还设立了专门的技术研发部门,每年都要投入上百万美元研究经费,致力于提高产业发展中各个环节的科技含量。

(4)采取全球品牌定位营销战略。一是产品推广采用全球品牌定位、本土实施的方式。在各国的各种促销活动、广告等方面,都可以进行本土化演绎,但在品牌调性、产品品质等方面的诉求均采用全球统一定位与策略。二是架构全球营销网络。统一品牌营销局架构了一个涵盖 70 个国家市场的全球营销网络,与本土代理机构合作,通过了解当地的文化特色和市场特性,针对各地不同需求提供差异化的产品和服务。

新西兰猕猴桃的成功不是偶然,而是必然的结果。政府支持猕猴桃产业的发展,猕猴桃果农共同团结起来组成统一品牌营销局,不断推广并投入资金进行科研,其科研机构在技术研发和推广方面发挥了重要的作用。

(三)猕猴桃国际贸易

2022 年世界猕猴桃出口总量 147.05 万 t,金额 33.91 亿美元。出口数量排名前 10 的国家依次是新西兰、意大利、希腊、智利、比利时、荷兰、葡萄牙、西班牙、美国、土耳其。合计数量 142.8 万 t,世界占比 97.11%;合计金额 33.12 亿美元,世界占比 97.69%。中国出口 1.07 万 t,排名第 11 位,出口金额 1626.45 万美元(见表 1-5)。

表 1-5　2022 年世界猕猴桃出口数量排名前 10 位国家

排名	国家	出口数量/t	出口金额/万美元
1	新西兰	589298	16752
2	意大利	282220	53700
3	希腊	185350	21989
4	智利	134811	21947
5	比利时	115233	39798
6	荷兰	36320	10386
7	葡萄牙	30048	5365
8	西班牙	26684	5056
9	美国	15767	4534
10	土耳其	1228	905
合计占比		97.11%	97.69%

数据来源:联合国商品贸易数据库。

2022 年世界猕猴桃进口总量 137.79 万 t,金额 33 亿美元。进口数量排名前 10 的国家(地区)依次是比利时、西班牙、中国、日本、德国、美国、荷兰、法国、意大利、印度。合计数量 102.34 万 t,世界占比 74.27%;合计金额 26.5 亿美元,世界占比 80.31%(见表 1-6)。

表 1－6　2022 年世界猕猴桃进口数量排名前 10 位国家

排名	国家	进口数量/t	进口金额/万美元
1	比利时	192628	38518
2	西班牙	140017	25649
3	中国	11778	49218
4	日本	112267	38140
5	德国	98361	27187
6	美国	89673	24370
7	荷兰	83914	24235
8	法国	72210	18767
9	意大利	70603	12609
10	印度	45936	6305
合计占比		74.27%	80.31%

数据来源：联合国商品贸易数据库。

二、中国猕猴桃产业

(一)产业现状

中国猕猴桃资源丰富、品种繁多，种植分布范围较广，从台湾省到西藏、从黑龙江到广东的大部分省、区均有种植，但主产区为陕西、四川、贵州、湖南、湖北、河南等地。根据产业集聚程度，猕猴桃产区划分为五大优势产区：陕西秦岭北麓山区，四川大巴山南麓山区及龙门山区，湖南省西部和湖北省西南部武陵山区，贵州苗岭乌蒙山区，河南伏牛山、桐柏山等大别山区，五大优势产区的种植面积占全国种植面积的82.3%。从产业规模来看，陕西省是我国猕猴桃生产大省，面积、产量均居全国首位，是全国唯一的国家级猕猴桃批发市场落户地，经过多年的发展，已成为世界最大的猕猴桃集中产区，常年有“眉县(宝鸡市)、周至县(西安市)、城固县(汉中市)、鄠邑区(西安市)、灞桥区(西安市)、长安区(西安市)”6 个猕猴桃产业基地。

近年来，国内表观消费量逐年增长，随着我国冷藏库、冷链物流运输车等采后商品化处理基础设施的逐步完善以及网络平台的多样化，网络销售成为主流趋势。在消费者对猕猴桃即食性和口感品质需求的拉动下，我国猕猴桃进口量跃居全球前三，在高进口单价的加持下，进口价值位列全球首位，主要进口来自新西兰、意大利、智利、希腊等国家，最大进口省为上海市；出口方面，受海外市场进口标准限制等综合因素影响，我国猕猴桃每年出口贸易量不到总产量的 1%，主要外销市场为俄罗斯、印度尼西亚；主要出口省域为山东省、内蒙古、陕西省。

图 1－6　秦岭北麓猕猴桃种植基地

(二)产业发展特点

1. 栽培品种繁多

早期我国猕猴桃栽培品种以新西兰引进的海沃德、布鲁诺为主，后来我国自主选育出秦美、金农 1 号等猕猴桃品种。此后又通过杂交、诱变、芽变等方式选育出红阳、徐香、金艳等一系列绿、红、黄肉品种。目前已公开发表选育的雌性品种及品系有 100 余个，已商业化栽培的品种主要有绿心、红心和黄心 3 种类型，绿心品种主要有海沃德、秦美、翠香、徐香和贵长等；红心品种主要有红阳、东红和脐红等；黄心品种主要有金桃、金艳和华优等(见表 1－7)。

表 1－7　我国猕猴桃主栽品种

品种	果心颜色	果形	果毛	果形指数	单果重/g	可溶性固形物含量/%	总糖含量/%	总酸含量/%	维生素含量/(mg/kg)	耐储性	主产区果实成熟期
海沃德	绿心	椭圆	褐色硬毛	1.4	100.0	14.2	7.4	1.3	936	晚熟，极耐贮藏	9 月下旬
秦美	绿心	短椭圆	褐色硬毛	1.2	100.0	14.8	8.4	1.8	672	晚熟，耐贮藏	10 月上中旬
翠香	绿心	卵圆	黄褐色茸毛	1.5	92.0	17.0	7.4	1.2	1850	早熟，不耐贮藏	9 月上旬
徐香	绿心	圆柱	黄褐色硬毛	1.4	67.7	14.4	12.1	1.5	1049	中熟，耐贮藏	9 月中旬
贵长	绿心	长圆柱	灰褐色长糙毛	1.7	85.0	15.2	8.5	1.5	1022	晚熟，耐贮藏	10 月上中旬

表1-7(续)

品种	果心颜色	果形	果毛	果形指数	单果重/g	可溶性固形物含量/%	总糖含量/%	总酸含量/%	维生素含量/(mg/kg)	耐储性	主产区果实成熟期
红阳	红心	圆柱	无毛	1.3	95.0	19.0	13.5	1.0	1358	早熟,不耐储藏	8月下旬
东红	红心	长圆柱	无毛	1.5	95.0	17.0	11.7	1.4	1243	中熟,耐贮藏	9月下旬
金桃	黄心	长圆柱	短茸毛	1.8	90.0	15.0	8.9	1.2	1476	中熟,耐贮藏	9月下旬
金艳	黄心	长圆柱	短茸毛	1.3	79.1	14.7	11.3	1.5	451	晚熟,极耐贮藏	10月下旬
华优	黄心	椭圆	棕褐色细毛	1.3	82.1	17.6	9.6	1.5	1470	中熟,耐贮藏	9月下旬

注:不同产区猕猴桃果实成熟期均有差异。

2.贮藏能力明显提高

2022年陕西猕猴桃种植面积66604hm^2,产量138.8459万t,约占全国的60%以上,是我国猕猴桃产业第一大省,主要集中在周至县、眉县、岐山、武功、临渭、城固、西乡等地。而在陕西省内周至县、眉县是最大的两个产区,共有猕猴桃保鲜库6100余座,库容达到62万t,占到全省猕猴桃总产量的44.65%,贮藏能力有了很大提高。国内其他猕猴桃主产区县也有一定比例的猕猴桃保鲜库,其中贵州修文县410余座,河南西峡县256座,库容与产量占比基本和周至县、眉县二县与陕西省产量的占比相同。

图1-7 曲江中华猕猴桃气调库

3. 营销方式灵活多样

目前，国内猕猴桃的营销主要有以下几种类型：一是政府相关部门牵头、企业具体负责开展的参展以及自主宣传营销；二是企业自主开展的宣传营销或参展；三是果农利用各类媒体自行在网上宣传营销；四是企业在各销售平台宣传营销；五是政府相关部门邀请新闻媒体等专题宣传推介；六是通过举办节庆活动宣传推介；七是政府领导通过新闻媒体宣传推介。以上营销宣传推介活动重在对区域公用品牌的宣传，对于提升区域公用品牌的知名度和影响力有一定的积极作用，但是对提升猕猴桃的经济效益来说，作用有限。而且几乎国内各猕猴桃基地县在宣传推介本地主打品牌或品种时没有形成统一标准，难免形成恶性竞争。

4. 加工能力稳步提升

目前，国内各猕猴桃主产区县都有一定数量的猕猴桃加工企业，主要加工食品和洗护用品两个大类。以陕西省为例，两大基地县周至县和眉县共有加工企业分别近30家，年加工能力合计12万t以上，几乎能加工市面上所有的猕猴桃食品，基本解决了本地猕猴桃次果的销售问题。猕猴桃洗护用品加工主要集中在广东沿海城市，品类不多，市场占比较小。具体产品有猕猴桃果糕、果干、果酒、饮料、果醋和面膜、面霜、洗面奶、洗发水等，其中食品类消费较多，洗护类消费较少。

图1-8　国内猕猴桃加工企业及加工产品

5. 品牌建设得到广泛重视

中国猕猴桃产业对品牌建设的重视近10年体现很明显。主要表现在好商标好品牌评选、知名品牌示范区创建、地理标志保护产品示范区创建、各级现代农业产业示范园和区域公用品牌建设等方面。其中入选2019—2022年中国农业品牌目录农产品名单的猕猴桃产品品牌有8个，入选2023年农业品牌精品培育名单的猕猴桃产品品牌有3个，创建国家级猕猴桃地理标志保护产品示范区2个、知名品牌区1个、示范园1个，全国各猕猴桃主产区都策划设计了各自的区域公用品牌形象，每个基地县超过20%的猕猴桃企业都有自己的商标和品牌。

6. 消费及进出口情况

(1)消费情况。结合中国海关发布的历年猕猴桃进出口数据以及 FAO 发布的猕猴桃产量数据,按"表观消费量=产量+进口量-出口量"测算,2015 年以来,除 2016 年受国内猕猴桃产量下降、国外进口单价虚高、供给减少的影响,中国猕猴桃表观消费量有过 22.3 万 t 的下降(降幅约为 9.8%)外。其余年份,中国猕猴桃表观消费量呈现逐年小幅增长态势。2022 年,中国猕猴桃表观消费量已达 235.72 万 t,同比 2021 年增加了 1.11 万 t,增幅约 0.47%;与 2015 年的 227.61 万 t 相比,7 年来增长了 8.11 万 t,增幅约 3.56%,年均复合增长率约 0.5%(见图 1-9)。

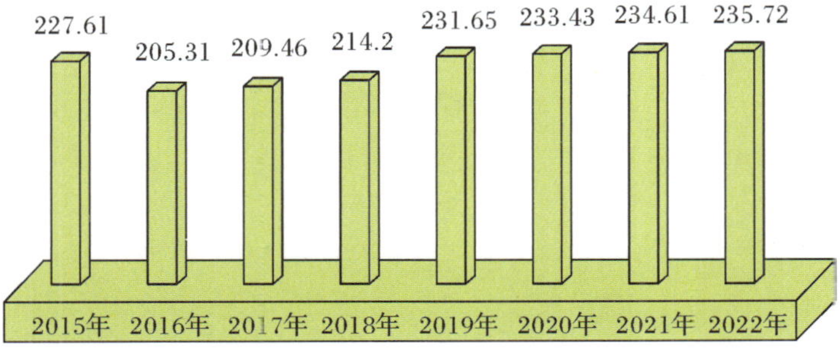

图 1-9 中国猕猴桃表观消费量/万 t

(2)进口情况。中国猕猴桃进口数量居全球前三,进口总价值居全球首位。据 FAO 数据显示,全球主要有比利时、西班牙、中国、日本、吉尔吉斯斯坦、伊朗等 30 个国家有猕猴桃进口需求。2022 年,中国猕猴桃进口量为 163737.03t,位列全球第二,与进口量位列全球第一的比利时(197769.65t)相差 54032.62t,较进口量位列全球第三的西班牙(140370.09t)高出 23366.94t,较进口量位列全球第四的日本(112267.38t)高出 51469.65t,其余国家猕猴桃年进口量不到 100000t(见图 1-10)。

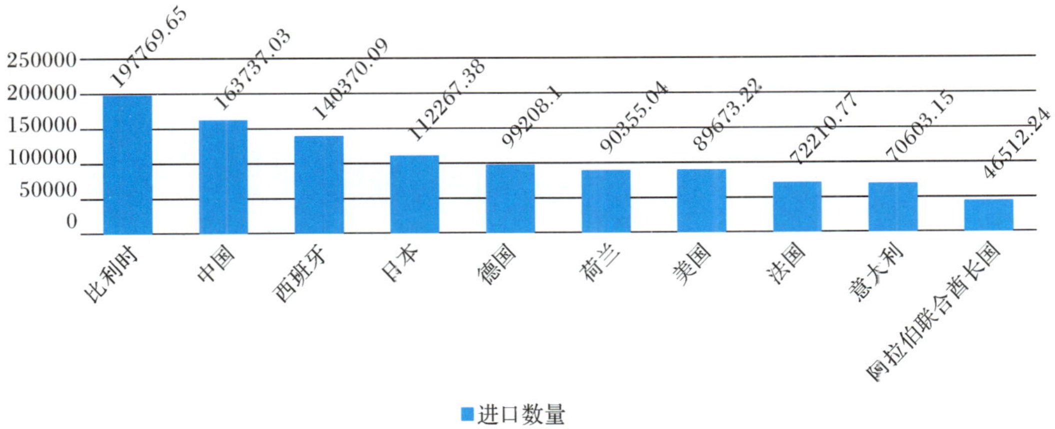

图 1-10 2022 年猕猴桃进口数量前 10 国家(单位/t)

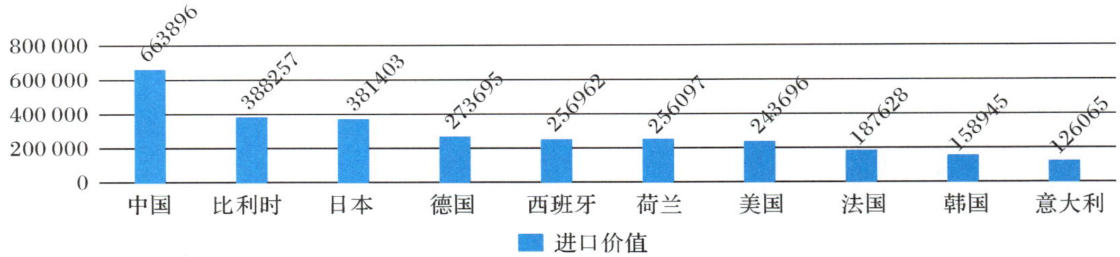

图 1-11　2022 年猕猴桃进口价值前 10 国家(单位:美元)

2022 年,中国猕猴桃进口总价值约 663896 美元,居全球首位,较进口数量位列全球第四,进口总价值位列全球第三的日本(381403 美元)高出 282493 美元,较进口数量位列全球第一,进口总价值位列全球第二的比利时(388257 美元)高出 275639 美元,较进口数量位列全球第三,进口总价值位列全球第五的西班牙(256962 美元)高出 406934 美元(见图 1-11)。

主要进口来源地:新西兰、意大利、智利、希腊。

(3)出口情况。中国猕猴桃出口规模居全球 10 位以后,出口单价相对较低。与第二位的意大利(273288t,约合 27.33 万 t)相差 26.26 万 t,整体出口规模占国际市场份额较低。主要出口销往地:俄罗斯、印度尼西亚等。

据中国海关数据显示,2022 年,中国猕猴桃出口量为 10708.08t(约合 1.07 万 t),在 FAO 发布的全球主要国家/地区猕猴桃出口量中位列第 11 位,与猕猴桃出口量位列全球第一位的新西兰(572549t,约合 57.25 万 t)相差 56.18 万 t。

据中国海关数据显示,2015 年以来,中国累计向"俄罗斯、印度尼西亚、马来西亚、泰国、蒙古国"等 41 个国家出口猕猴桃 63463t(约合 6.35 万 t),累计出口金额约 10622.81 万美元(约合 1.06 亿美元)。其中,"俄罗斯、印度尼西亚、马来西亚、泰国、菲律宾、斯里兰卡、马尔代夫"7 个外销市场相对稳定。2022 年,俄罗斯、印度尼西亚、马来西亚位列中国猕猴桃出口销往地出口量及出口金额前二位。

主要出口省域:山东省、内蒙古、陕西省。

据中国海关数据显示,2015 年以来,除"天津市、宁夏回族自治区、青海省"3 个省(自治区、直辖市)外,全国共有"内蒙古、山东省、陕西省、黑龙江省、云南省、福建省、广东省、新疆维吾尔自治区"等 28 个省(自治区、直辖市)曾涉及猕猴桃出口贸易。

2022 年全国出口鲜猕猴桃 1.07 万 t,较上年减少 12.15%;金额 1626.45 万美元,减少 17.93%;均价 1519 美元/t,下降 7.73%;出口市场 19 个,较上年减少 7 个。出口省份 21 个,出口数量前五依次为山东(2405t)、内蒙古(1577t)、陕西(1450t)、新疆(908t)和福建(842t),合计占比 67.06%,较上年减少 15.75%,见表 1-8。

表 1-8 2022 年全国各省猕猴桃出口排名

排名	省份	出口量/t	金额/万美元	均价/(美元/t)	数量占比	金额占比
1	山东	2404.75	282.92	1176.50	22.46%	17.39%
2	内蒙古	1576.88	163.05	1034.01	14.73%	10.02%
3	陕西	1449.47	249.72	1722.86	13.54%	15.35%
4	新疆	907.64	140.44	1547.29	8.48%	8.63%
5	福建	842.43	159.12	1888.79	7.87%	9.78%
6	广东	806.46	144.99	1797.83	7.53%	8.91%
7	黑龙江	646.08	116.84	1808.36	6.03%	7.18%
8	湖南	426.24	84.71	1987.33	3.98%	5.21%
9	北京	394.72	69.28	1755.10	3.69%	4.26%
10	四川	381.29	71.26	1868.97	3.56%	4.38%
11	云南	325.87	51.02	1565.54	3.04%	3.14%
12	山西	283.89	50.42	1775.88	2.65%	3.10%
13	甘肃	94.05	11.51	1223.31	0.88%	0.71%
14	河南	64.32	16.26	2528.36	0.60%	1.00%
15	江苏	37.79	4.86	1285.42	0.35%	0.30%
16	西藏	32.40	3.58	1105.19	0.30%	0.22%
17	海南	16.00	4.31	2693.00	0.15	0.26%
18	河北	10.75	0.86	799.94	0.10%	0.05%
19	湖北	4.00	0.57	1415.25	0.04%	0.03%
20	浙江	2.43	0.30	1222.22	0.02%	0.02%
21	辽宁	0.62	0.46	7451.46	0.01%	0.03%
全国		10708.08	1626.45	1518.90	—	—

三、陕西省猕猴桃产业

（一）产业概况

1. 面积产量

2022 年，陕西省猕猴桃面积 99.91 万亩，占全国（404.7 万亩）的 24.68%，较上年提高 0.03%；猕猴桃产量 138.85 万 t，占全国（374.7 万 t）的 37.06%，较上年减少

0.22%。猕猴桃面积和产量均稳居全国第一。按猕猴桃园面积排名依次是西安、宝鸡、汉中、咸阳、渭南、安康、杨凌示范区、商洛。按猕猴桃产量排名依次是宝鸡(63.92万 t)、西安(53.98 万 t)、汉中(6.90 万 t)、咸阳(4.97 万 t)、渭南(4.61 万 t)、杨凌示范区(3.52 万 t)、安康(8389t)、商洛(1106t)。

2. 猕猴桃主产区

陕西省猕猴桃主要集中在秦岭北麓和秦巴山区的 25 个猕猴桃重点县区，其猕猴桃面积、产量分别为 96.39 万亩、135.99 万 t，分别占全省的 96.48%、97.94%，比上年分别下降 0.76%、0.58%。其中周至县和眉县猕猴桃面积、产量合计分别为 52.65 万亩、98.29 万 t，分别占全省的 52.70%、70.79%，比上年下降 0.94%、0.19%。猕猴桃种植区域趋于分散。在这 25 个重点县区中，陕西秦岭北麓一带有 13 个县区，猕猴桃面积、产量分别为 81.26 万亩、128.49 万 t，在 25 个县区中的占比分别是 84.30%、94.48%，较上年分别下降 0.18%、0.11%。秦巴山区有 12 个县区，其猕猴桃面积、产量分别为 15.13 万亩、7.50 万 t，在 25 个县区中的占比分别是 15.70%、5.52%，较上年分别提高 0.18%、0.11%。猕猴桃种植区域向陕南汉江、丹江流域扩散。

3. 出口贸易

2022 年陕西出口鲜猕猴桃 1450t，同比 2021 年下降 4.61%；金额 249.78 万美元，增长 0.40%；均价 17238 美元/t，上升 5.32%；出口市场 5 个，依次为泰国(140.40 万美元，↑103.54%)、印度尼西亚(79.53 万美元，↑29.19%)、马来西亚(23.15 万美元，↓55.21%)、俄罗斯(3.91 万美元，↓834.02%)、马尔代夫(2.74 万美元，↑48.11%)，对俄罗斯出口大幅缩减。出口市场数量较上年减少 4 个，市场集中度提升。

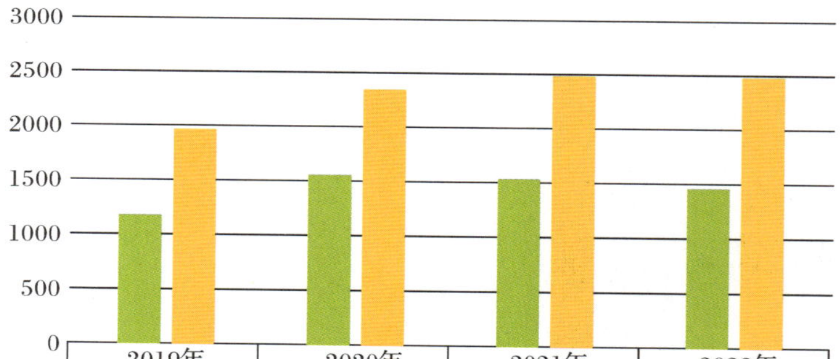

	2019年	2020年	2021年	2022年
出口量/t	1173.26	1553.66	1520.37	1449.47
出口金额/千美元	1966.32	2340.51	2487.85	2497.80

图 1-12　2019—2022 年陕西省猕猴桃出口情况

表 1－9　2022 年全省 25 个猕猴桃重点县区猕猴桃面积、产量及其增长率

区域布局	重点县区	面积/亩	较 2021 年增长情况	产量/t	增长率
秦岭北麓	周至县	286732	0.32%	450275	6.90%
	眉县	239783	0.10%	532638	7.07%
	武功	75065	0.00%	44005	7.89%
	临渭	65066	－0.45%	38136	3.26%
	岐山	36516	1.73%	37035	11.37%
	西安高新区	28898	0.25%	44168	6.02%
	扶风	27468	26.14%	40692	7.68%
	杨凌示范区	15103	－4.00%	35219	－2.97%
	鄠邑	11785	17.93%	16741	1.33%
	华州	8642	1.11%	7645	7.07%
	陈仓	7389	－2.44%	15386	3.97%
	灞桥	5109	－7.16%	12518	－2.60%
	渭滨	5012	0.20%	10480	10.43%
	合计	812568	0.98%	1284938	6.53%
秦巴山区	城固	38150	0.01%	40178	－0.96%
	岚皋	20245	1.43%	1469	45.30%
	洋县	13464	3.99%	9514	45.10%
	勉县	13427	1.83%	3291	15.88%
	汉阴	12403	11.47	2549	34.94%
	南郑	10175	1.14%	7572	－0.12%
	汉滨	9593	3.23%	2477	0.12%
	汉台	9045	3.64%	2709	53.40%
	西乡	8407	3.10%	1722	12.70%
	佛坪	6866	0.00%	614	18.08%
	宁强	5283	2.92%	1409	11.83%
	略阳	4250	2.88%	1459	45.03%
	合计	151308	2.42%	74963	8.65%
	总计	963876	1.21%	1359901	6.64%

数据来源：陕西省统计局。

第三节　我国猕猴桃产业发展战略

一、我国猕猴桃产业发展中存在的问题

随着我国乡村振兴战略的实施，猕猴桃产业在近几年得到快速发展，其收获面积和产量均占居全球首位，但仍存在单产低、优果率低、出口占比小，消费者购买后不能即食、腐烂率高和口感差等问题。具体表现在以下几个方面：

（一）整体呈现生产规划不足、生产种植分散，栽培管理粗放等问题

目前，我国猕猴桃生产种植规模化、集约化程度较低，仍以小农户种植为主，多是0.2～0.33hm^2的种植面积，因种植面积小、田间收购价格低，利润少，果农普遍缺乏改进种植技术和改善配套设施的积极性，目前仍使用传统的种植技术和管理办法，有机肥施用不足，膨大剂滥用屡禁不止，过早采收销售现象非常普遍。此外，猕猴桃生长发育对自然环境条件要求相对较高，部分产区未对种植条件的适宜性进行充分分析而盲目种植投产，在建园选址、品种选择、种植技术和管理水平等方面考虑和投入不足，导致建园果树成活率低、树势衰弱、病虫害严重等问题。也因大批农民外出务工，猕猴桃的套袋、施肥等田间管理出现劳动力短缺、劳动力成本相应增加，导致猕猴桃丰产性、稳产性及品质不佳，经济效益差，严重制约了我国猕猴桃产业的标准化发展。

（二）猕猴桃采后贮藏保鲜、催熟技术能力和冷链物流配套设施薄弱

猕猴桃采后保鲜设施和商品化处理配套不足，且猕猴桃产品保鲜技术和商品化管理水平较低。目前，全国各类型的保鲜库3万多座，总容量700多万t，但仅10%左右的果蔬应用了气调保鲜技术。陕西省猕猴桃冷库总计仅6000余座，总贮藏能力（62万t）占年产量的44.7%。四川省猕猴桃冷藏能力15万t，仅占年产量的42.9%。另外，国内猕猴桃催熟技术仍采用较为传统的方法且硬件配套设施不足，操作繁杂，催熟后的猕猴桃品质与销售渠道和链路不匹配，硬度太高或太低，货架期难以保障，且极易出现催熟不均匀和口感不佳等问题，影响猕猴桃产品的品质、销售价格和经济效益。

虽然近几年国家对冷链物流行业高度重视，相关政策不断出台。2021年《"十四五"冷链物流发展规划》已提出，到2025年布局建设100个左右国家骨干冷链物流基地，基本建成三级冷链物流节点设施网络。但目前我国的冷链物流配套设施和监管仍不完善，往往因冷链运输车温波动大或因制冷问题导致猕猴桃产品出现冷害或冻害现象，甚至有部分运输车商为了节约成本私自将制冷功能在运输途中关闭等违规操作。猕猴桃产品的硬度较低且后续链路还需经过"干线冷链运输—销地周转—城

市配送—门店货架”环节后才能到达消费者手中，因此精准配套猕猴桃产品贮藏、周转和运输的冷链物流设施极其重要。

(三)生产标准与技术规程执行不力，导致优果率低

目前，我国已初步形成了猕猴桃生产的相关国家、地方和行业标准，各猕猴桃大省甚至主产区县都制定了一系列生产标准与技术规程。但在实际生产中，因缺少严格的监督机制，生产标准和技术规程仍执行不到位，较多农户在眼前和短期利益驱使下，滥用膨大剂促使猕猴桃单果重增加，产量提高，出现果心空心或果心柱硬化，肉质粗糙、风味寡淡，耐贮性变差，贮藏期和货架期变短等问题，严重影响猕猴桃产品品质和销售周期。因生产标准与技术规程执行不力和缺位，我国猕猴桃产品的优果率不足30%，远低于国外70%～80%的优果率，这些因素均已严重威胁和制约我国猕猴桃产业健康、可持续发展。

(四)国产猕猴桃产品缺乏知名品牌，市场占有率低

由于对区域公共品牌建设重要性认知不足、农业品牌建设本身成本较高、品牌建设概念和操作意识较弱、品牌建设支撑能力不足等原因，加之猕猴桃产业分散，龙头效应弱，企业之间缺乏有效的合作与整合，难以形成统一的品牌形象和市场影响力。这就导致国产猕猴桃大多以品种或区域来打造品牌效应，很难像新西兰佳沛那样做出强品牌的猕猴桃单品。

在乡村振兴战略中，要整合现有资源，充分发挥区域公用品牌的带动作用，形成“区域公共品牌＋企业品牌＋产品品牌”的农产品品牌体系，区域公共品牌建设是一个系统化的工程，需要投入大量的人力、物力及精力来进行管理，在企业弱小分散的地区由于没有形成产业聚合效应，产业基础薄弱，企业和从业者以及政府对公共品牌的认知不足，难以有效地形成品牌建设意识。多年固化的经营方式让农业经营者对品牌系统化的策划、建设及运营没有清晰的认知，基本靠自我感觉进行品牌的建设，虽然大部分的精力投入生产和管理中，但没有形成有效的品牌管理和营销推广策略，更多的经营者往往混淆了商标和品牌的概念，认为有了商标就是有了品牌，没有把品牌作为企业发展的重要支撑，以至于很多地方有名品没有名牌，一定程度上限制了产业的发展。

二、应对措施

(一)重视农业教育

在笔者看来，重视农业教育，要从3个方面入手。一是加大职业农民(新型农民)培育力度。近10年来，国家在职业农民教育方面做了很多，各级各类农业广播电视大学承担了大量的职业农民培训任务。以农业大县周至县为例，10余年来共培训职业农民4200余人，其中高级100人，中级400余人，初级3700余人，平均每年400余

人，从数量上看的确不少。但周至县是农业大县，农业人口占比90%左右，职业农民仅占比0.8%左右。而且其中能运用现代化设备的又是很少一部分，况且其中50岁以上人员居多，年轻人极少，不利于农业技术的推广运用。二是重视职业技术学校的培育。涉农职业院校人才培养要从注重单项技能向人的可持续发展转变。确保在农业教育、科研和推广方面的经费投入，确保科研成果及时推广运用，加快现代化的设备和设施在实际生产中的应用。目标是为现代农业培养优秀人才，使他们既能从事农场企业管理，又能操作计算机和现代化农业机械，既会管理农业主体，也是熟练的技术工人。三是重视发挥农业类高校的重要作用。农业类高校可以通过研究推广新技术，利用科技力量帮助农民致富；通过学历和非学历教育培养农民，提高农民文化水平，提高农民科技素养；通过支持农民成立合作组织，增强农民的合作意识；通过兴办实体，为新型农民的培养提供综合服务。

（二）重视农业机械推广

目前，国内其他地区各种大田作物从整地、施肥、打药、中耕、收获、运输和加工已基本实现机械化。但是由于猕猴桃种植规模小，园区生产管理的机械化程度并不高，整个生产管理过程需要投入大量的人力，目前推行的猕猴桃省力化栽培模式，就是利用现代化机械和设备，有效提高生产效率，降低生产成本，达到减少人工的投入量。

（三）重视猕猴桃产品品质提升

（1）要合理进行猕猴桃产业布局，优化品种结构，打造标准示范园。充分发挥各产区的自然条件优势，积极开展猕猴桃标准化种植的关键与配套技术研发，通过打造标准化、绿色化生产示范园并以签订合约或入股的形式与种植户建立合理的利益分配机制，保障种植户的利益，提高种植户的生产积极性，鼓励种植户进行生产模式与种植技术的创新，实现“利益共享、风险共担”，技术改进，推进猕猴桃产业向规模化、集约化方向发展。

（2）要构建完善的冷链物流网络，大力开展猕猴桃采后保鲜及催熟技术的研究与培训。行业协会联合科研院所、企业组成猕猴桃产业联盟，加大资金投入，创建技术研发中心，重点关注冷链和采后领域前沿科技成果的应用与转化。加快发展冷链仓储包括冷库、气调库、预冷设备等技术研发，努力对冷链运输装备进行改造、更新和迭代，完善车辆结构、制冷机组等相关设备的可靠性、车体的保温性、气密性和新材料应用等，使温度波动范围更小，温度跨区更大，制造大、中、小及迷你型运输装备，满足从大批量到小批量即食猕猴桃产品的运输需求。鼓励冷链物流企业之间建立合作关系，促进冷链物流资源、设施、专业人才等诸多资源的共建共享。通过建立冷链运输相关的国家标准，对进入市场的冷链运输相关企业进行规范和监督，健全冷藏运输车的质量监控、运输环境卫生和安全管理制度，确保冷链物流行业稳步健康发展，从而构建完善的冷链物流网络。加强采后无损检测技术、快速预冷技术、贮藏保鲜技术和即食猕猴桃成熟度调控与催熟技术的研发与应用，重视分级分选、功能性包装等配套技术体系的研发和应用，积极开展即食猕猴桃产品多维度品质评价体系研究和消费者偏好洞察，搭建猕猴桃产业全链路品质预测模型等，通过硬件设备和软件技术双重落地，全链路保障即食猕猴桃产品品质。

(3)要着力打造国际知名猕猴桃企业和产品品牌，扩大市场影响力，促进三产融合，延伸产业链。各猕猴桃产区应加大培育和形成优质、特色猕猴桃产品，以国家地理标志产品为突破口，种植户、企业和政府多方联合共同对猕猴桃进行质量把关，严格执行种植生产标准体系和采后标准化操作规程，不断优化供应链能力，加强安全生产教育引导，规范猕猴桃流通市场，积极引导种植户和企业转变产业发展理念，以安全、健康、绿色和有机国产即食猕猴桃产品为发展目标，并积极实施品牌战略。利用互联网信息化平台和数字化能力，坚持走中高端品质路线，瞄准目标客户，针对不同的消费群体和消费区域制定科学的发展战略和市场营销计划，加大宣传力度，提升消费者体验，扩大猕猴桃产品在市场的影响力，实现国产即食猕猴桃产品持续稳定供应中高端市场，借鉴新西兰 Zespri 商业模式的同时打造出具有我国特色的即食猕猴桃产品品牌。同时，通过产业的相互延伸与融合，实现集种、产、贮、运、销于一体，形成完整的“即食猕猴桃”产业链，发展参与式、体验式、娱乐式和定制式创意猕猴桃产业，推进产业融合发展，促进猕猴桃产业发展，增加种植户和企业收入，助力乡村振兴。

(4)在猕猴桃生产技术标准与规程应用方面要强化落实，实现数字化管理。通过消费终端大数据反馈从而促进即食猕猴桃产业与生产技术规程和标准的紧密结合，多方面、多渠道加强科学技术成果的推广与应用。科学构建种植生产标准体系并严格落实采后标准化操作规程是促进即食猕猴桃规模化生产、提升即食猕猴桃果品品质和市场竞争力的关键所在。由政府部门牵头，联合互联网巨头物联网技术、区块链技术和多元销售渠道等资源，共同推动我国猕猴桃产业种、产、贮、运、销全链路数字化升级，共建标准、规范的数字化、标准化猕猴桃产区，建立云仓储物流中心，通过实时监控种植情况、贮藏环境、物流条件、配送时效及果品品质变化，提升即食猕猴桃种植、贮藏保鲜、催熟、分选、包装和运输能力，并通过数字化、精细化管理为每一颗猕猴桃定制专属“身份证”，做到“来源可追、去向可查”。将数字化技术深入“从田间到消费者”全链路中，真正实现种植生产、采后技术、物流运输等全方位可视化监管，提升产业效益，并为企业开展绿色有机认证、低碳认证、全球良好农业操作(Global GAP)认证及出口备案基地建设等提供技术支持。

三、猕猴桃产业高质量发展工作重点

(一)大力发展即食猕猴桃

FAO 统计数据显示，近 10 年来，全球猕猴桃种植面积和产量的增长速率分别为 71.3%和 55.6%，超过柑橘和苹果等 27 类水果的种植面积和产量的增长速率，已跻身全球主流消费水果之列。同时，我国猕猴桃种植面积和产量逐年增长，品种日益增多，即食猕猴桃产品的进口量逐步攀升，且国内猕猴桃消费市场需求不断扩大。可见，我国对高品质猕猴桃的需求量越来越大，即食猕猴桃将成为未来猕猴桃消费的主角，且优质的、性价比高的国产即食猕猴桃产品也将成为市场新宠。

猕猴桃的可即食性和口感是消费者最为关注的问题，“硬的不能吃，软了吃不及”——不可即食一直是国产猕猴桃的痛点。非即食猕猴桃往往硬度较高，可溶性固形物含量低，口感酸涩，消费者购买后无法直接食用，需要在自然条件下放置7～10d甚至更长时间，或者需要通过人为催熟以缩短后熟时间，因放置时间较长，猕猴桃容易出现失水、褶皱甚至腐烂现象，果实在此时也处于非最佳食用状态，极大地影响了消费者的体验，降低了复购率。而即食猕猴桃无需等待其自然后熟，也无需消费者进行人为催熟，且肉质成熟度均一、口感风味较好，可即买即食。

“即食猕猴桃”的概念早在10余年前已被提出，但由于催熟工艺不完善、催熟成本较高、采后冷链设施不足及损耗高等因素，在国内仍处于试验阶段，各商家的催熟技术水平也参差不齐，并未进入大规模商业化生产和应用。国内市场上的即食猕猴桃产品被进口品牌新西兰佳沛(Zespri)、意大利(JingGold)等占领。目前，中国已成为新西兰(Zespri)在全球最大且最重要的市场。Zespri 2021年财报显示，公司全球销售总收入达到35.8亿新西兰元(约合人民币153.78亿元)，在中国的销售额达9.1亿新西兰元(约合人民币39亿元)，全球占比25%。据新西兰Zespri预计，在中国的销售量每5年翻一番，预计到2026年新西兰猕猴桃的销量在中国有6000万～7000万标准箱。与此同时，国产即食猕猴桃产品才刚进入技术研发和生产应用初级阶段，其品质与新西兰Zespri猕猴桃差距较大。

(二)做好猕猴桃的精深加工

目前，我国猕猴桃加工企业主要偏重于果干、饮料等食品类产品的加工，精深加工企业数量少且加工的产品很少被人所知晓，很难提升猕猴桃产业附加值。以笔者所在的猕猴桃基地周至县为例，县内有加工企业22余家，年加工能力10万余t，加工的猕猴桃品种主要是秦美，因为品种差异和加工工艺等因素影响，主要加工猕猴桃酒、猕猴桃饮料、猕猴桃果干、果糕、猕猴桃凉果、冻果等，因为生产工艺简单，其中生产加工果干、凉果的企业最多，只有2～3家大型加工企业才会生产猕猴桃酒、猕猴桃饮料、猕猴桃果糕等工艺比较复杂的产品。其他猕猴桃主产区县也都有一定数量的加工企业，生产的产品和周至县大同小异，附加值自然也相差无几。而国外则是更注重加工猕猴桃面膜、面霜、洗发水等工艺更为复杂的洗护类加工品，附加值远远超过国内的加工品。

(三)注重培育猕猴桃产业新业态

利用猕猴桃产业资源要素的多元性，通过不同方式的资源融合，积极培育服务型、创新型、社会化和生产性服务等多种猕猴桃产业新业态，有效提升国内猕猴桃产业的经济效益、社会效益和生态效益。

1. 在积极培育服务型猕猴桃产业新业态上下功夫

一是依托乡村振兴战略的实施，培育以猕猴桃产业为主的田园综合体。田园综合体是集现代农业、休闲旅游、田园社区为一体的特色小镇和乡村综合发展模式，是在城乡一体格局下，顺应农村供给侧结构性改革、新型产业发展，结合农村产权制度改革，实现中国乡村现代化、新型城镇化、社会经济全面发展的一种可持续发展模式。目前，田园综合体在我国正处于蓬勃发展阶段，产品日渐丰富，规模不断扩大，利润加速增长。但市场远未饱和，未来发展空间仍然很大。二是用心打造会展农业品牌。农业会展就是有关农业的展览和会议。展览是指各种农业博览会、交易会、订货会、展览会，会议则包括各种农业论坛、洽谈会、交流会等。会展农业增速放缓，市场趋向成熟，总体进入竞争整合阶段。从增长潜力看，未来新开发的农业展会和农业节庆活动数量增速将放缓，整体进入竞争整合阶段，今后发展更多的将是打造会展品牌，增强展会、节庆衍生产品开发以及探索市场化运作模式等。

2. 在创新型猕猴桃产业新业态上下功夫

随着社会的快速发展，以现代生物技术、信息技术等为代表的高科技向猕猴桃产业渗透，衍生出有关猕猴桃产业的生物农业、智慧农业、农业大数据应用等创新型农业新业态。在未来猕猴桃产业发展中，要大力发展生物农业、推广智慧农业、研究推进农业大数据的应用、提升农产品电子商务服务水平，加快推进猕猴桃产业信息的互融互通，不断提高猕猴桃产品品质和各环节技术含量，最终达到猕猴桃产业经济效益、社会效益和生态效益全面提升的目标。一是大力发展生物农业。生物农业是指运用先进的生物技术和生产工艺栽培各种农作物的农业生产方式。生物农业整体上进入大规模产业化的起始阶段，发展前景广阔。现代生物技术在农业领域的推广应用，催生了涵盖生物育种、生物农药、生物肥料、生物饲料、生物制剂等领域在内的生物农业。近年来，生物农业规模不断扩张，产业不断优化升级。二是探索发展智慧农业。智慧农业就是将物联网技术运用到传统农业中去，运用传感器和软件通过移动平台或者电脑平台对农业生产进行控制，使传统农业更具有“智慧”，更容易实现高效、安全的现代生态农业这一中国农业现代化建设目标。除了精准感知、控制与决策管理外，从广泛意义上讲，智慧农业还包括农业电子商务、食品溯源防伪、物流运输、农业休闲旅游、农业信息服务等方面的内容。目前，国内智慧农业处于由萌芽期向成长期迈进的阶段，大多属于试点示范，大规模商业化应用还需要时间。从生产性、商品性、营利性和组织性方面看，由于技术装备成本高、市场不成熟、规模化和标准化程度低等原因，智慧农业尚未真正实现产业化。三是探索运用农业大数据。农业大数据是融合了农业地域性、季节性、多样性、周期性等自身特征后产生的来源广泛、类型多样、结构复杂、具有潜在价值，并难以应用通常方法处理和分析的数据集合。农业大数据资源还未找到有效开发应用模式，整体处于萌芽期。目前，农产品大数据应用比较典型的是京东和淘宝。京东推出“京东大脑”，为消费者带来了个性化、区域化的推荐结果，可帮助不同地区与不同消费习惯的人群获得最适合自己的高品质推荐产品。淘宝推出了农产品电商消费分析平台，商家可以根据以往的销售信息和“淘宝指数”，用可视化图表的方式向用户展现排行榜、成交指数等。目前大数据的开放和交易尚未形成市场的主流形态，加上法律和数据交易机制有待健全，京东、淘宝等交易平台在对外开放交易数据上持谨慎态度。四是优化提升农产品电子商务服务质量。农产品电子商务简称农产品电商，是指用电子商务的手段在互联网上直接销售农产品及生鲜产品，如五谷杂粮、新鲜果蔬、有机食品、地方特产、生鲜肉类等，农产品电商随着互联网的飞速发展，将有效推动农业产业化的步伐，促进农业经济发展，最终实现地球村，改变农产品交易方式。农产品电子商务已进入到成长期的快速推进阶段，同时各种瓶颈正在显现，在平台运营、农产品标准化、仓储物流等方面还有待突破。

3. 充分发挥社会化猕猴桃产业新业态的优势

社会分工细化以及社会组织方式变革衍生出农业众筹、订单农业、社区支持农业、农村养老服务业、农业生产性服务业、农产品私人定制等社会化农业新业态。一是大力推广订单农业。订单农业又称合同农业、契约农业，是近年来出现的一种新型农业生产经营模式，农户根据其本身或其所在的乡村组织同农产品的购买者之间所签订的订单，组织安排农产品生产的一种农业产销模式。订单农业很好地适应了市场需要，避免了盲目生产。目前在猕猴桃产业发展中，订单农业主要是以企业与农产品基地建立合作模式，为公司员工提供内部福利的新形式，基本能够保障订单农户猕猴桃的收益。目前订单农业（猕猴桃）推广力度不够大，以陕西省周至县为例，目前全县猕猴桃种植面积 30 万亩左右，签订订单合同不到 1.5 万亩，占比 5%左右。二是完善探索社区支持农业。社区支持农业指消费者提前支付预订款，农民按需求向其供应农产品，是生产者和消费者风险共担、利益共享的城乡合作新模式。社区支持农业在农民和消费者之间建立了直接联系的纽带，也为消费者获取健康安全的农产品提供了一条可靠途径，有一定商机，需要继续探索完善。三是高度重视猕猴桃生产服务业。目前在农业生产服务业方面，通过开展农机服务、农技服务、土地托管、动植物疫病统防统治等，引导农户结合实际实现“服务外包”，为解决“谁来种地”“如何种地”等问题提供了出路。

第二章　猕猴桃的生物学特性

第一节　树龄时期

猕猴桃的经济寿命很长，在自然条件下100年以上的老树仍能大量结果，在人工栽培果园里，能生长50年以上，树干直径达20cm以上。

猕猴桃一生发育有4个时期，分别为幼树期、初结果期、盛果期和衰老期。

幼树期：一般指从定植到开始结果前这一时期，1～4年。

初结果期：指从开始结果到大量结果前这一时期，2～3年。

盛果期：指从开始大量结果到产量明显下降前这一时期，15～35年。

衰老期：进入衰老期后，树势明显衰弱，花量过多，枝蔓组生长势和结果能力下降，果实产量和品质下降，大量结果母枝蔓组开始死亡，5～10年。

前两期时间短，受人为管理因素的影响较小，栽培措施等管理水平的高低仅能有1年左右的影响力；后两期时间长，受人为管理因素的影响较大，管理水平的高低不仅决定了结果的多少和果实品质的好坏，还决定了树体的寿命。

第二节　植物学特性

猕猴桃是多年生落叶藤本果树。在自然界中，植株主要依靠一年枝条的先端部分缠绕攀缘在其他树木或物体上向上生长，树木有多高，猕猴桃藤就能攀缘多高，在森林中为了争夺阳光，常常见到猕猴桃一直长到高大树木的树冠顶端并遮盖树冠，在林缘的溪流沟谷两边半阴半阳的湿润地带分布较多。

在缺少攀缘物时，枝条自身互相缠绕，长成大型灌木状。在灌木较多的地方，枝条攀附在灌木顶部向四周蔓延伸长，冠幅可达数十平方米。在生产栽培条件下，枝条攀附在人工设置的支架上，有些相似于在自然界缺少攀缘物或攀缘在灌木上的情景，不过要受到人为的修剪等调控措施的制约，控制冠幅面积，根据架型不同，冠幅一般为6～10m^2。

一、根

猕猴桃的根为肉质根，初生根为透明乳白色，后逐渐变为淡黄色。成熟根的表皮发生龟裂状剥落，内皮层为粉红或暗红色，老根呈黄褐色或黑褐色。主根不发达，侧根及其分生的细根多而密集，形成类似簇生的须状根系，向四周方向生长。1～3年生苗的根系分布在20～30cm深的土层中，水平分布范围为30cm左右。4年生后的成年植株根系一般分布在距离地表50cm的土层中，水平分布的范围为冠幅的2～3倍。

猕猴桃根的导管特别发达，疏导养分、水分的能力很强，多伤流。营养生长期若长期缺水，叶片会迅速萎蔫；植株萌动后，树液开始流动，进入伤流期，此期内嫁接、修剪或损伤会发生伤流，影响树体的生长。

据观察，猕猴桃根系在土壤温度达到8℃时，就开始活动，25℃时根系进入生长高峰期，第一次生长高峰期出现在6月，第二次生长高峰期出现在9月；当土壤温度达到30℃或干旱时根系生长缓慢或停止生长，往往根系的生长与新梢的生长交替进行。猕猴桃的根能产生不定根，具有很强的再生能力。

二、芽

猕猴桃的芽着生在叶腋间隆起的海绵状芽座中，芽外包裹有3～5片黄褐色或灰褐色鳞片，多被有锈色茸毛。通常一个叶腋处有1～3个芽，中间稍大的为主芽，两边为副芽，在正常情况下主芽萌发抽梢，副芽多为潜伏芽。主芽分为叶芽和混合芽，混合芽比较饱满，萌发后在新梢中下部的几个叶腋间形成花蕾开花结果。副芽通常不萌发，寿命可达数十年，当主芽受伤或受到刺激后，多萌发发育枝或粗旺的徒长枝。

猕猴桃的芽具有早熟性，往往当年生新梢上的腋芽可提前发育成熟并萌发二次枝、三次枝。不同物种或品种芽的大小和形状存在差异。如美味猕猴桃的芽垫较中华猕猴桃的大，但芽的萌发口较小，是休眠期区别它们枝条或苗木的重要特征。凡开花或结果部位的叶腋不生芽，称为盲芽。

三、枝

猕猴桃的枝呈蔓性。一年生枝分为发育枝、徒长枝、衰弱枝和结果枝。结果枝多着生在发育枝和徒长枝的中部和上部。结果枝按长度又分为徒长结果枝（50cm以上）、长果枝（30～50cm）、短果枝（5～10cm）、短缩果枝（5cm以下）。结果枝从基部起第2～9节的叶腋可生长出花蕾开花结果。一般在长果枝和徒长枝上可由第5～7个节位结果。

新梢年生长期为170～190天，有2～3个生长高峰期：4月底至5月中旬；8月中上旬；9月中上旬。北方地区只有前两个生长高峰期。

四、叶

叶片大而薄、纸质、半革质，性状有圆形、卵形、矩圆形、扁圆形、倒卵形和广椭圆形等。长5～20cm，宽6～18cm，互生，以螺旋状叶序着生在枝条上，嫩叶黄绿色或紫红色，老叶暗绿色，背面淡绿色，密生白色或棕褐色星状茸毛，叶脉羽状。同一枝条上，叶的大小依着生部位不同而存在差异，枝条基部和顶端的叶片较小，中部叶片最大。基部叶子的先端多圆或凹，顶端叶多突尖或渐尖。叶厚且有毛的猕猴桃抗性强。

五、花

猕猴桃花为雌雄异株，花分为雌花和雄花。从形态和结构上看，都是两性花和完全花，但由于雌花的雄蕊退化，雄花的子房和柱头萎缩，因而形成单性花。通常花初开时为白色，后渐变为淡黄色至橙黄色，具有浓郁的芳香味。花冠直径2.5～7cm，花瓣5～11枚，多为6枚，萼片5～9枚，花梗长3cm左右。雌雄花的形态有明显的差异。

雌花：花量小，每节位1～3朵花，多单生，少为2～3朵。从结果枝基部叶腋开始着生，第2～6叶腋间居多，花蕾大，呈倒卵圆形。花冠直径3.5～7cm。花蕾个大，子房大，胚珠发育完全。子房扁球或圆球形，密被白色茸毛。雄蕊萎缩退化，多数有花药，花丝白色，向下弯曲，花药微黄，花粉少而小，仅有空瘪的花粉壁，花粉无发芽能力。

雄花：雌蕊退化，多为聚伞花序，从花枝基部无叶节开始着生。花蕾小，扁圆形。花冠直径为2.5～5.5cm。雄蕊31～49枚，花丝长于子房，花药黄色，花粉粒大，发育正常，具有发芽能力。但子房小，呈圆锥形，无胚珠，不能正常发育。

雄花：花量大，每节位3～7朵花；花蕾个小，子房极小，无花柱、柱头和胚珠；雌蕊退化，花药内含大量花粉，具授粉能力。

近年来，在栽培中还发现了雌雄同株以及能自花结实的猕猴桃。

六、果实

猕猴桃果实为典型的浆果。近球形、卵圆形、圆柱形、长圆形、卵形等。果皮棕褐色、黄绿色、青绿色和紫红色。果面无毛或密被柔软的短茸毛或被刺毛状的长硬毛。果肉黄色、黄白色、淡绿色、翠绿色、粉红色或紫红色。果实横截面呈放射状。

七、种子

猕猴桃种子形似芝麻，红褐色、棕褐色或黑褐色，种皮骨质，表面隐有蛇纹。从受精后不久种子开始发育，花后80d珠心发育达到最大体积，胚在花后110d时达到最大体积，并在果实的缓慢生长阶段进行内部充实，种皮逐渐硬化，由白色变为褐色。

胚乳丰富，胚圆柱形，直立，子叶短小，椭圆形。每果实含种子1000～1500粒，千粒重1.1～1.5g。亲缘关系远的种间杂交时，种子形成少，果小，杂交种子发芽率低。

第三节　生长结果习性

一、生长习性

(一)根系生长特性

根系的生长随着一年中气候的变化而变化。根系的生长期比枝条长，在适宜的温度条件下，几乎可常年生长而无明显的休眠期。在土壤温度为8℃时，就开始活动；土温达25℃时，根系进入生长高峰期，土温达30℃左右时，新根生长基本停止。根系生长与新梢的生长交替进行，在一般情况下，根系的生长有两个高峰期，第一次出现在枝梢迅速生长后的6月；第二次出现在果实发育后期的9月。

根系生长：猕猴桃根为肉质根，初生根乳白色，渐变为淡黄色，暴露于地表的老根呈黄褐色，主根不发达，侧根多而密集，根系垂直分布主要集中在20～50cm的土层中，水平分布为树冠冠幅的2～3倍。

(二)枝蔓生长特性

猕猴桃萌芽率低，成枝力强。枝蔓的年生长量与种类特性、温度、湿度有关。新梢生长前期，其主要消耗上年树体积累的营养，随温度升高，叶面积增加，光合作用加强，枝梢生长速度逐渐加快。

枝条加粗生长高峰主要集中于前期，5月上中旬至下旬加粗生长形成第一次高峰期，至7月上旬又出现小的增粗高峰期，之后便趋于缓慢增粗，直到停止。猕猴桃枝蔓具有明显的背地性、逆时针旋转的缠绕性、生长后期顶端会自行枯死、自然更新能力强等特性。

枝条生长：猕猴桃新梢生长与根系的生长交替进行，新梢生长期170～190d，一年有两个高峰期，第一次在5月上中旬至下旬，第二次在8月中下旬。猕猴桃枝条具有逆时针旋转盘绕支撑物向上生长的特性，枝条芽位向上的生长旺盛，与地面平行的生长中庸。

(三)叶的生长特性

叶片的生长从3月上中旬萌动开始，展叶以后，叶片随枝条生长而生长，当枝条生长最快时，叶片生长也最迅速。

叶片生长：猕猴桃叶片生长从芽萌动开始，展叶后随着枝条生长而生长，正常叶片从展叶至成形需要35～40d，叶片迅速生长集中在展叶后的10～25d。

（四）芽的生长特性

芽的萌发率因品种而不同，一般中华猕猴桃较高，为 53%～92%，美味猕猴桃较低，一般为 36%～67%。而芽萌发后的成枝率则不同，一般美味猕猴桃高于中华猕猴桃。

二、开花习性

猕猴桃的枝蔓形成结果母枝的范围很广，产生结果枝的能力强是其丰产、稳产的基础。

（一）花芽分化

1. 花芽分化的过程

猕猴桃的花芽分化主要包括花诱导和花发育两个过程。在花诱导期间，生长点内部发生一系列生理和生物化学变化，而在花发育期间，生长点在外部形态上发生显著的改变，这两个过程分别称作生理分化和形态分化。

在花诱导期间，生长点易受内外条件的影响而改变代谢方向，向营养生长方向发展形成叶芽或向生殖生长方向发展形成花芽，因此也将这个时期称为花芽分化临界期。在芽轴上，无论是在其尖端还是侧面，可以辨认出花原基时（也叫花的发端），标志着花诱导（生理分化期）的结束和花芽形态分化的开始。从花的发端到雌雄蕊的形成都属于花的形态分化，这一过程可进一步划分为花器官组织原基的发生及定形和花各器官组织的进一步发育直至达到它们的最后物理形状两个阶段。当芽内不再继续分化新的花器官时，标志着花芽形态分化的结束，这时花芽形成。

2. 生理分化期

猕猴桃花芽的生理分化在越冬前就能完成。猕猴桃的花芽着生在新梢的叶腋间，新梢的顶芽不能形成花芽，通过去叶试验基本明确，美味猕猴桃海沃德新梢上花芽的生理分化期主要在 8～11 月初（南半球 2～5 月初）。新梢上的腋芽在分化之前（仲夏）芽内雏梢上已有 19～22 个叶原基呈螺旋状排列。新西兰在 8 月初（南半球的 2 月初），美味猕猴桃海沃德的新梢第 12 节位以上的腋芽中的雏梢感受到成花信号，雏梢中第 5～12 节位的腋芽分生组织开始进行从营养生长向生殖生长的生理转化。然而，在形态上并不能观察到芽有明显的变化。并且，与其他果树不同，直到翌年芽膨大期才能够从形态上区分出花芽和叶芽。

3. 形态分化期

对中华猕猴桃、美味猕猴桃、软枣猕猴桃、狗枣猕猴桃花芽形态分化的观察结果表明，这些类型的猕猴桃在夏、秋季完成生理分化之后，并不马上进行形态分化，直至翌年春天伤流期之前，结果母枝上越冬芽中雏梢上的芽在形态上仍然难以区分花芽或叶芽。与其他果树不同的是，猕猴桃花芽形态分化的时期很短，春天随着温度的上升，越冬芽开始膨大、萌芽、抽生新梢，花芽开始逐步分化出花序原基、花蕾原基、萼片原基、花瓣原基、雄蕊原基、雌蕊原基，这一过程仅 20 多天。之后花芽继续发育，形成成熟花粉粒、成熟胚囊并开花，这一过程还需要 1 个月左右。

4. 猕猴桃花芽分化的主要特点

与其他果树比较，猕猴桃的花芽分化存在下述特点：

(1)生理分化期发生较晚。猕猴桃花的诱导或生理分化期主要发生在夏末和秋季，至少在部分品种上 8 月才有花芽的诱导。而苹果和桃在开花后几周就开始进行花芽的诱导。

(2)形态分化全部发生在春天。与梨、苹果、桃等果树明显不同，猕猴桃越冬芽的雏梢中，虽然已孕育有花的原始体，但冬季前并未进行形态分化，而苹果等多数落叶果树的花芽形态分化始于前 1 年的生长季，进入冬季休眠前花芽已分化出部分或全部花器官原始体。

(3)形态分化时间短，速度快。翌年春天伤流期开始，随越冬芽的萌发而开始形态分化。自花芽的发端至分化出雌蕊原始体，历时 30～45d，分化进程极快。而苹果、桃等落叶果树的花芽形态分化从当年的 6～7 月至翌年的 3～4 月，需时 8～10 个月。由于猕猴桃花芽分化的时间集中、速度快，因此，对于猕猴桃在春季萌芽前后的管理显得更为重要。

(4)枝势不影响成花。潜在的结果母枝，其枝势无论呈水平状还是垂直状，均不影响成花。而在苹果等大多数果树上，水平状枝条更易成花。

(二)开花特性

猕猴桃为雌雄异株植物，雌花和雄花都是形态上的两性花，生理上的单性花，雌花与雄花均不产生花蜜。猕猴桃花一般着生在结果枝下部腋间，花期因种类、品种而有较大差异，美味猕猴桃品种在陕西关中地区一般于 5 月上中旬开花，中华猕猴桃品种一般比美味猕猴桃开花早 5～7d。

猕猴桃的花从现蕾到开花需要 25～40d。每花枝开放时间雄花较长，为 5～8d，雌花 3～5d。全株开花时间，雌株 5～7d，雄株 7～12d。开花顺序从单枝来看，大部分是先内后外，先下后上。同一枝条上，多由下节位到上节位。从同一花序来看，主花先开，两侧花后开。

(三)授粉与受精

猕猴桃为雌雄异株果树，雌花只有经过授粉才能结果。雄花产生的花粉可通过昆虫、风力等自然传到雌花的柱头上，也可进行人工授粉。授粉的效果除与环境有关外，更与花粉质量、柱头的生命力强弱有关，必须把握好授粉的恰当时机和方法，才会收到良好的效果。

三、结果习性

(一)结果年龄

猕猴桃进入结果期早、丰产性强。嫁接苗定植后第二年就可开花结果,4～5 年后进入盛果期。猕猴桃的更新能力强,结果寿命长。猕猴桃早实性强,成花容易,坐果率高。一般第四年即可开花结果,6～7 年进入盛果期。

(二)坐果习性

猕猴桃成花容易,坐果率高,一般无生理落果,所以丰产性好。猕猴桃为混合芽,花芽分化后,上一年度选留的结果母枝萌发抽生结果枝,结果枝上开花结果,一个结果枝一般着生 3～5 个果实。中华猕猴桃以中、短果枝结果为主。生长中等的结果枝,可在结果的当年形成花芽,又转化为结果母枝;较弱的结果枝,当年所结果实较小,也很难成为翌年的结果母枝。

(三)果实的发育

猕猴桃果实为浆果,由多心皮上位子房发育而成。猕猴桃从终花期到果实成熟,需 120～140d,在此期间,果实大小和内含物不断发生变化。谢花后 30～50d 是果实体积和鲜重快速增长阶段,主要是细胞分裂增生和细胞增大,水分增加特别多,6 月底至 7 月初,果实大小达到了成熟大小的 80%左右,鲜重达到成熟时的 70%～75%。果实中淀粉的积累则是从谢花后 50d 开始,至谢花后 120(早熟品种)～145d(中晚熟品种)达到最大值,此时果实中淀粉含量远高于总糖和还原糖,说明这段时期果实中淀粉来源于叶片光合同化产物,以糖的形式转移至果实内,再合成淀粉贮存。以后,淀粉开始水解转化为糖,其含量迅速下降。而可溶性固形物和总糖含量在谢花后 90d 内趋于稳定,保持在 5%以内,以后缓慢增加。当可溶性固形物含量达到 6%～7%以后,可溶性固形物和糖含量迅速增加,与淀粉的变化相反。根据常温贮藏试验,糖和可溶性固形物迅速上升期是果实采收的最佳时期。

整个生育期果实干重增加,特别在成熟后期,鲜重停止增长后,干重的百分比仍在迅速增加,果实品质进一步提高。

(四)种子发育

种子数量多而小,位于胎座周围。种子长度的发育开始于受精之后,经过 60d 左右,珠心发育到最大程度,随后胚乳和珠心内层发育完全。与其他果树不同的是,当其胚乳和珠心迅速生长时,胚却仍停留在双细胞阶段,直至到花后 60d,双细胞的胚才进行分裂形成珠心胚,然后迅速发育。种子在果实的缓慢生长阶段逐渐充实,种皮渐硬,由白色转为淡褐色。

第四节 物候期

猕猴桃物候期主要与纬度、海拔、湿度、光照、坡向等有关。同一品种在不同地域种植，物候期不同；而不同品种在同一区域的物候期也不同，一般中华猕猴桃早于美味猕猴桃，美味猕猴桃早于毛花猕猴桃。

一、猕猴桃主要物候期

猕猴桃物候期是指各器官在一年中生长发育的周期，分为 7 个主要时期。影响物候期的主要因素是温度条件。因此，年份、地理位置、海拔和坡向不同，物候期也就不同。陕西关中美味猕猴桃物候期生长特点如下：

伤流期：猕猴桃在 2～3 月中旬，植株造伤后流出树液的时期，早春萌芽前后 2 个月时间。

萌芽期：猕猴桃在 3 月中下旬，全株有 5%的芽鳞片裂开，微露绿色。

叶簇期：猕猴桃在 3 月下旬，新芽长成有数片叶子，尚未从新枝散离。

展叶期：猕猴桃在 4 月上旬，新梢有 2～8 片叶展开。

现蕾期：猕猴桃在 4 月，全株有 5%的枝蔓基部出现花蕾。

始花期：猕猴桃在 4 月下旬至 5 月上旬，全株有 5%的花朵开放。

盛花期：猕猴桃在 5 月上中旬，全株有 50%的花朵开放。

终花期：猕猴桃在 5 月中下旬，多数花瓣枯萎或脱落。

坐果期：猕猴桃在 5 月下旬，开花结束，可见坐果。

果实第一次生长高峰：猕猴桃在 6 月，果实纵横径快速增长，体积达到全年总生长量的 70%。

果实缓慢生长期：猕猴桃在 7 月上旬至 8 月上旬，果实生长缓慢，果皮颜色由淡黄转变为浅褐色，种子颜色从白色变为棕色，淀粉迅速积累。

果实第二次生长高峰期：猕猴桃在 8 月中下旬，果实营养物质积累，种子由棕色变为褐色，果汁增多，淀粉含量下降，糖分积累，风味增浓。

果实成熟期：猕猴桃在 9 月中旬至 11 月，果实可溶性固形物含量高于 6.2%，种子已饱满呈深褐色，达到采收标准。

落叶期：猕猴桃在 11 月中下旬，全株有 5%的叶片开始脱落到 75%的叶片脱落完毕之间的时期。

休眠期：猕猴桃在 11 月下旬至第二年 2 月，全株有 75%的叶片脱落完毕到来年芽膨大之间的时期。

三、猕猴桃物候量表

1. BBCH 的概念

BBCH 是描述开花植物生长状态的一套标准方法，将开花植物的生长周期划分为 10 个主要生长发育阶段，再将每个生长发育阶段划分为 10 个次要的生长阶段。从 00～99，用数字表示，00 表示种子还未萌发，99 表示收获后或者是储藏中。这是目前在国际上比较通用的一种描述作物生长发育的方法。

2. BBCH 的应用

在植物中，物候期的研究是对其季节性发育阶段的研究，尤其是叶片发育，开花结果以及果实的成熟。这些发展是由气候的季节性变化决定的。物候期的准确判断和识别是农林从业人员的必修课，是果园管理的基础，对果树的产量与品质的控制具有非常重要的意义。修剪、灌溉、施肥、病虫害防治，花果管理等都离不开对物候期的准确判断。

在果树栽培学方面，不同的年代对果树物候期的解读划分有着不同的见解。其中，最常见的是 Baggiolini 在 1952 年划分的从 A－P 共 16 个阶段量表以及在 1977 年提出的 Eichhorn 编码量表，从 01～47 包括的 22 个物候阶段。最后在 1990 年，BBCH 植物物候量表最终盛行，这是一个十进制代码(从 00 到 100)。它的优点是为研究人员、技术人员和从业人员采用了一个统一的系统，用于统一编码所有单子叶和双子叶植物物种的物候相似的生长阶段，并促进了计算机的使用。其中，Baggolini 所描述的阶段在实践中仍然非常广泛，与 BBCH 国际量表保持互通一致。

3. 猕猴桃 BBCH 物候量表

在猕猴桃上，西班牙学者 Salinero 等人通过连续 3 个生长季的观察，以 BBCH 的方法描述了海沃德这个品种的物候阶段(表 2－1)。

表 2－1　猕猴桃物候量表

主要 生长阶段	次要 生长阶段	特点描述	图片
0:芽发育	00	休眠:上一生长季形成的芽苞完全紧闭，可见细小芽眼(直径＜2mm)	

表1-5（续）

主要 生长阶段	次要 生长阶段	特点描述	图片
0：芽发育	01	芽体膨大始期：活跃的芽开始膨大。覆盖有白色茸毛的芽鳞隐约可见	
	03	芽体膨大终期：背面密披棕色茸毛的鳞片从茎的软组织中突出	
	07	萌芽始期：叶和花序蕾被密披棕色茸毛的鳞片包裹着	
	09	芽鳞分离：显现覆盖着棕色茸毛的绿色芽尖	
1：叶片发育	10	新芽长成有数片叶子的绽口叶簇	
	11	叶片展开并从新枝散离	
	12～18	有2～8片甚至更多的叶子展开，但尚未达到最大叶面积	
	19	第一批叶片发育完全	

表1-5(续)

主要生长阶段	次要生长阶段	特点描述	图片
3:新梢发育	31	新梢达到最终长度的 10%	
	35	新梢达到最终长度的 50%	
	39	新梢达到最终长度的 90%	
5:花序伸展	51	花蕾膨大(单个或三个花蕾从叶腋处长出):花蕾闭合,花序柄不可见,花萼绿色密披茸毛	
	53	花蕾生长:花蕾仍然闭合,红色花序柄伸长	
	55	花萼开始分离:白里透绿的花冠显现,红色花柄继续伸长	
	56	花萼继续分离,花序柄伸长变粗。花冠清晰可见,且比花萼长,颜色由白绿色变为白色	
	57	花冠鼓成球状:第一批花的白色花瓣拱成一个空心球,其中一片花瓣与其余分离出来	
	59	数片花瓣分离:雌蕊尚未显露	

表1-5(续)

主要 生长阶段	次要 生长阶段	特点描述	图片
6:开花	60	花初绽:花冠钟形	
	61	花初开:10%的花绽开	
	65	花盛开:至少 50%的花绽开	
	67	第一片花瓣凋萎或脱落。个别雌蕊仍鲜嫩有授粉能力	
	68	多数花瓣枯萎或脱落。所有雌蕊枯萎,不再具授粉能力	
	69	开花结束,可见坐果	
7:果实发育	71	果实约为最终大小的 10%,已经呈现出该品种特有的卵圆形,果心白色,果皮绿色	
	73	果实约为最终大小的 30%	

表1-5(续)

主要 生长阶段	次要 生长阶段	特点描述	图片
7:果实发育	75	果实约为最终大小的 50%	
	79	果实约为最终大小的 90%:达到商业采摘的大小	
8:果实成熟	81	种子达最终大小(花后约 10 周),变硬,颜色从白色变为棕色,经棕褐色逐渐变为深棕色	
	85	果实达商业采摘成熟度。种子颜色变黑。可溶性固形物含量高于 6.2%。果实在生理成熟时仍不能食用。果实开始变软	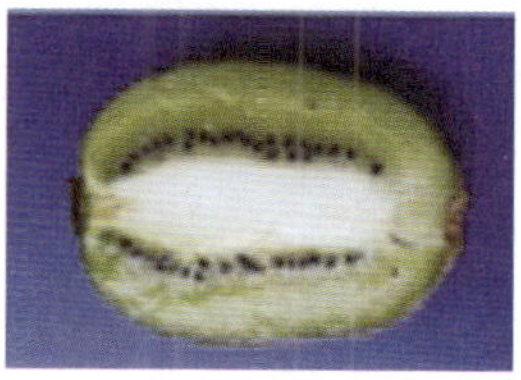
	89	果实软熟可供食用:果实具有典型的味道和硬度。可溶性固形物 14%~16%	
9:衰老。休眠开始	91	枝条生长完全,叶深绿色	
	93	老叶开始衰老、落叶	
	97	完全落叶,冬眠阶段	

第五节 对环境条件的要求

美味猕猴桃和中华猕猴桃是目前栽培的两个主要种类,主要分布在北纬 18°~34°的广大地区。这个范围内的生态条件是气候温和、雨量充沛、土壤肥沃、植被茂盛。在人工栽培的条件下,影响猕猴桃生长发育的主要生态因素有气侯、温度、土壤、水分、光照、风等环境条件。

一、气候

猕猴桃属阳性树种，耐半阴，喜阴凉湿润环境，怕旱、涝、风。耐寒，不耐早春晚霜。宜选择气候温和、光照充足、雨量充沛，在生长季节降水较为均匀、空气湿度大、早晚霜害和冻害较少的地区，一般在海拔 200～1800m 范围内都能种植，但以海拔 900m 以下较为适宜，中华系列品种海拔应在 500m 以下种植。

二、温度

温度是限制猕猴桃分布和生长发育的主要因素，每个种都有适宜的温度范围，超过这个范围则生长不良或不能生存。猕猴桃大多数种植要求温暖湿润的气候，即亚热带或温带湿润半湿润气候。

主要分布在北纬 18°～34°的广大地区，要求年平均气温在 11～16.9℃，极端最高气温 42.6℃，极端最低气温 －20.3℃，10℃以上的有效积温 4500～5200℃，无霜期 210～290d。

猕猴桃进入休眠期后，耐寒性较强，一般可耐 －12℃以下的低温。但春季萌芽后，在海拔较高或纬度偏高的地方，易遭受晚霜危害，当日平均气温降至 1℃以下时，不仅可使刚萌动的芽大部分冻死，而且花量大为减少，降低产量。

猕猴桃在冬季期间需要有一定的低温。研究表明：猕猴桃自然休眠，冬季 950～1000h、0～7℃的低温积累，就可以满足解除休眠的需要。

在抗寒性方面，软枣猕猴桃强于美味猕猴桃，美味猕猴桃强于中华猕猴桃；而在耐热性方面，则正好相反。

三、水分

猕猴桃喜水怕涝，抗旱和耐涝能力都较差。水分不足或过多，都会对猕猴桃的生长发育产生不良影响。夏季叶面蒸腾作用非常旺盛，需水量相对较大，因而 6～8 月一般要求土壤含水量应维持在 70％较理想，但同时猕猴桃的根系为肉质根，呼吸作用强烈，需要土壤的氧含量较多，也就是要有必需的土壤透气性，因此根据土壤水、气的消长关系，不能过多浇水。根部淹水不能超过 24h。

四、土壤

猕猴桃生长土壤以深厚肥沃、透气性好，地下水位在 1m 以下，有机质含量高，pH5.5～6.5 微酸性的砂质土壤为宜，强酸或碱性土壤需改良后再栽培。猕猴桃喜肥怕烧，一旦缺少无机养分就表现出黄化、小叶、停长等现象，因而猕猴桃对肥分比较敏感，但肉质根系对土壤盐分浓度也很敏感（特别是持续高温干旱），从而形成新的矛盾对立体，生产上要求采用少量多次施肥法，既能满足肥分需求又不致产生肥害，这就是猕猴桃的喜肥怕烧。

五、光照

猕猴桃喜光怕晒，野生植株基本生长在阴坡或半阴坡及河畔，有极强的利用散光的能力，即便是在一棵大树上缠绕依附生长都没有任何问题，但不能过分荫蔽，如果严重缺光照，就会发生枝条枯死，通俗讲就是喜阳光但怕高温。猕猴桃的适宜光照强度为太阳光强的40%～50%，要求日照时数为1300～2600h。

六、风

猕猴桃的新梢幼嫩，基部结合弱，且叶薄而大，易受风害，使嫩梢折断或新叶破损。夏季的大风也可撕破叶片，擦伤果实，影响产量和品质。冬季遇寒风低温，可使枝蔓失水抽干，造成死芽。花期遇大风，易使雌花的柱头干枯。在大风频繁的地区栽植猕猴桃，应事先造好防风林。

七、坡向

猕猴桃在山区野生条件下，坡向对其生长发育有一定影响。南坡日照强且时间长，春季解冻、融雪较早，萌芽早，易受晚霜危害；夏季温度高、蒸发量大，易遭日灼；西向坡往往在下午受到烈日照射（西晒）而使枝、叶、果焦灼。猕猴桃在自然因子综合作用下，一般在山区半阴坡自然分布多，树冠大，枝叶繁茂，生长结果好。因此，坡地猕猴桃建园应选择在东南、东西向缓坡地（15°以下）为宜。

八、植被

植被对猕猴桃生长、分布有很大影响。因为植被既能指示土壤类型、影响气象因素和调节气候，又是猕猴桃枝蔓攀缘缠绕的天然支架。野生美味及中华猕猴桃的分布区，山丘起伏、河谷纵横、溪水长流、植被密布，属暖温带和亚热带过渡地带的落叶、常绿阔叶混交林为主的植被。伴生植物既有乔木，又有灌木和草本。据调查，最常见的伴生植物有马尾松、栓皮栎、麻栎、山木、桦树等乔木，映山红、连翘、三叶木通、杜鹃、葛藤等灌木，还有蕨类、金鸡菊、羊胡子草等草本，随着植被的演替，猕猴桃绝大多数生长在林中旷地或林缘。在山区林中空地或林缘栽培猕猴桃，有利于生产绿色健康果品。

第六节　年生长发育规律

一、休眠期

休眠期是指秋季落叶至次年春季萌芽之间的时段。猕猴桃树不同树龄、树体不同部位和各器官进入休眠的时间不完全一致。一般幼树比成树停止生长晚，进入休眠也晚；芽在新梢停止生长后即开始休眠，而其他地上部分则在落叶后进入休眠；根茎部休眠最晚而解除最早。休眠期一般分为两个阶段：

（一）自然休眠期

猕猴桃树在落叶后需要经过一定量的低温才能保证正常的萌芽生长和开花结果，这一定量的低温时间就叫自然休眠期。自然休眠期是以其需冷量来计算的，不同品种的需冷量不同，猕猴桃树的需冷量一般为0～7.2℃经过950～1000h。

（二）强迫休眠期

指自然休眠期结束后，由于外界环境还处于严冬季节，而被迫进行的延长休眠。只有等开春温度回升后，此期才告结束，开始发芽。

二、生长期

（一）营养生长

指根系和枝叶的生长。猕猴桃根系在土壤温度8℃时开始活动，根系把水分和无机盐向枝干、芽体输送，进入伤流期。猕猴桃伤流，一般发生在气温5～20℃的温度范围，时间是猕猴桃萌芽前后和展叶中前期，时间一般在2月下旬到3月底，4月中上旬结束。当气温上升到10℃左右时，幼芽开始萌动，15℃以上时才能开花，20℃以上时才能结果，当气温下降到12℃左右时则进入落叶期，整个发育过程需210～240d，这期间日温不能低于10～12℃。

猕猴桃的根系与新梢生长交替进行，即新梢停止生长时，新根生长量就逐渐增加；枝叶旺长期，则新根生长逐渐减缓。

（二）生殖生长

指猕猴桃的开花结果，这完全是消耗性的生长发育。

猕猴桃每年最早从夏末开始进入花芽生理分化期，之后进入休眠期。在春季，猕猴桃开始复苏，进入花芽形态分化阶段。首先是结果母枝混合芽萌动形成结果枝或营养枝，结果枝开始出现花蕾、膨大及开花、授粉、受精，消耗的营养为树体上年的贮藏养分，要做好萌芽期和花前追肥及疏蕾、人工授粉、疏果和摘心等工作，利于营养供应与合理有效利用。

猕猴桃花期持续一周左右，一般 4 月底至 5 月初开花，猕猴桃开花量大，坐果率高。开花与枝条生长竞争养分，营养分配上出现矛盾。猕猴桃雌株开花量小，坐果率很高，此时养分分配首先应满足开花，如果枝条生长过旺，显然要影响果实对营养的吸收。

在谢花后 50d 左右，进入果实迅速生长期，养分需求量大，且易与新梢生长造成养分竞争，要加强肥水供应。应在花后第一个速长期进行根外追肥，以促使果实迅逗吸收养分，既避免与枝条生长高峰重叠造成枝条徒长，又促进果实细胞分裂，为结果奠定基础，同时亦可在该期前后摘心修剪，促进果实生长。在花后 50d 左右，果实淀粉开始积累，在花后 90d 左右可溶性固形物和总糖含量趋于稳定，保持在 5%以内，至成熟采收前快速增加。花后 110d 时种子达到最大体积，并在果实的缓慢生长阶段进行内部充实，种皮逐渐硬化，由白色变为褐色，胚和胚乳迅速生长。该阶段可追施各种肥料，以促进果实的中后期生长。此时枝条生长基本结束，营养生长和生殖生长争夺养分的矛盾得以缓解。

(三)地上地下营养运输特点

猕猴桃在成长的过程中对各类微量元素的吸收量远远高于其他树种，比如它在叶中所含氯的总量一般是桃、梨等作物的 30～120 倍；并且它在萌芽至坐果期内实现对氮磷钾物质的正常且充分的吸收，主要来源便是上年树体中贮藏的养分。矿质营养和光合产物的输导具有同侧性和输导不均衡的特点。生理活性旺盛的组织和器官吸收多，如摘心与不摘心的新梢吸收量相差悬殊，故可通过摘心促进旺枝转势、坐果和果实膨大；前期环剥可以控制树势、促进坐果，中后期环剥可以促进果个增大、提高果实干物质积累。猕猴桃这些养分输导的特点对指导施肥等有实用意义。

第三章　猕猴桃种质资源与新优品种

第一节　猕猴桃属植物资源与利用

一、猕猴桃属种质资源

猕猴桃科包括猕猴桃属、水冬哥属和藤山柳属；为乔木、灌木或木质藤本；单叶，互生，具短或长叶柄，无托叶；花两性，单性，杂性或为功能上的雌雄异株，通常簇生成束，或为聚伞花序或圆锥花序；果实为浆果或革质蒴果；种子无假种皮，通常胚大，胚乳丰富。猕猴桃科分布于亚洲和美洲，共有357种；中国有3属和66种。猕猴桃属有54种、21个变种，共计75个分类单元，其中中国就有52种，73个分类单元。

猕猴桃属植物为木质藤本，攀缘生长。植株无毛或有毛，毛被为单毛或星状毛。髓片层状或实心。枝条有线形纵向皮孔。叶膜质、纸质或革质，叶柄长；叶脉羽状，多数侧脉间有明显的横脉，小脉网状；叶缘锯齿常细小，少全缘叶。雌雄异株，花单生或序生，花序为聚伞花序。有时为单花，生于叶腋或短枝下部，1～4回分枝，苞片细小，1～3片。萼片5(或4～6)片，分离或基部合生。花瓣一般5枚，有时4枚，或者多于5枚，覆瓦状排列；雄蕊多数。花药"丁"字着生，2室，纵裂，基部叉开，无花盘；雄花子房退化，较小，花柱小；雌花子房明显，无毛或有毛，球形、柱形，有时瓶状，多室；胚珠多数，倒生，着生于中轴上，花柱数与心皮数相同(15°～30°)，离生，极少基部稍微联合，通常外弯呈放射状，雌花中雄蕊退化。果为浆果，无毛或被毛，球形、卵形、椭圆形、圆柱形。果皮光滑或具斑点，果顶端偶尔有喙。种子多数，细小，扁卵形，褐色，种皮有网状洼点；胚乳肉质，丰富；胚长约为种子的一半，圆柱状，直，位于胚乳的中央，子叶短，胚根靠近种脐。

猕猴桃属植物形态变异丰富，其分类学历经4次修订，现分为54种、21个变种，共计75个分类单元。其中具有较大利用价值的种类有中华猕猴桃、美味猕猴桃、毛花猕猴桃、软枣猕猴桃、繁花猕猴桃、长果猕猴桃和紫果猕猴桃等。目前以鲜食为目的而广泛栽培的商业种类为中华猕猴桃、美味猕猴桃、软枣猕猴桃和毛花猕猴桃有少量人工栽培。

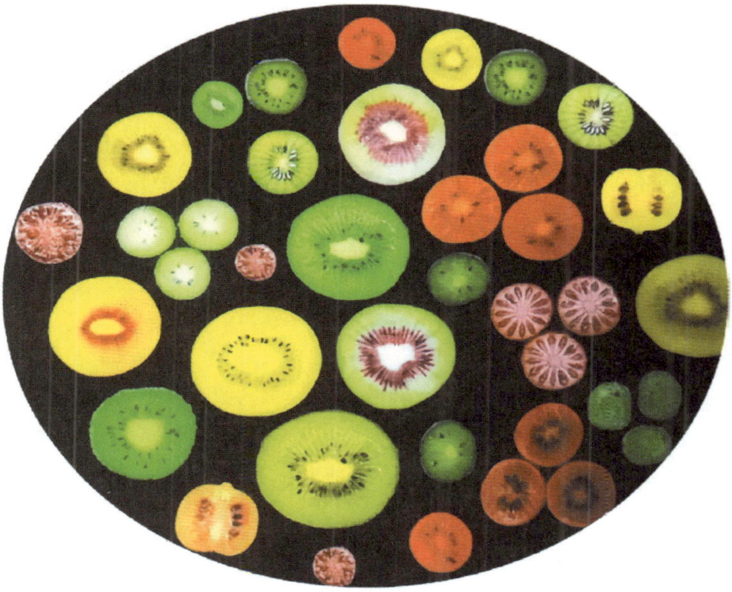

图 3-1 五颜六色的猕猴桃果肉

二、中华猕猴桃

中华猕猴桃分布最广，集中分布于秦岭和淮河流域以南。在河南、湖北、江西、湖南、陕西、安徽、浙江、福建、四川、云南、贵州、广西和广东北部都有分布，在湖北幕阜山区和神农架周围多分布于海拔 100～800m 处。各地近年来选育出的代表品种，如江西的庐山香、金丰，湖北的武植 3 号、通山 5 号，河南的华光 2 号，四川的红阳及新西兰选育的早金等品种，都属于中华猕猴桃种。中华猕猴桃为木质藤本果树，其两年生枝条呈深褐色，无毛，直径约 6cm；皮孔凸起，为圆形或椭圆形，黄褐色；髓片层状，白色或紫黄色。一年生枝条呈灰绿褐色，无毛，稀被白粉，易脱落；节间长 2.7～5.6cm。叶片纸质，近圆形或宽卵形，长 10.3～11.2cm，宽 11.1～13.6cm，基部心形，两侧对称，先端小钝尖形或微凹陷；叶面暗绿色，无毛；叶柄浅紫红绿色，无毛，长 8.4～9cm，粗约 3cm。雌花多为单花，少数花朵为聚伞花序；花冠直径约 4.2cm，花白色，花瓣 5～7 片，近圆形。雌花有中心柱头 1 枚，侧柱头若干枚；雄花花药黄色，100～200 个花丝。果实近球形至圆柱形，果面无毛而光滑，果皮黄褐色至棕褐色，果重 20～120g。果肉多为黄色，少数为绿色，果实汁液多，味甜酸可口，香气浓，含可溶性固形物 7%～19.2%，有机酸 0.9%～2.2%，维生素 C 含量 50～420mg/100g。物候期在湖北武汉 4 月中下旬开花，果实成熟期在 8 月下旬至 10 月上旬。

三、美味猕猴桃

为目前我国猕猴桃产业栽培面积最大、产量最高，生产发展速度最快的猕猴桃种类。分布于黄河以南的10多个省(区、市),集中分布于湖北神农架和武当山区、陕西秦巴山区、河南伏牛山区、湖南武陵山区、重庆大巴山区等海拔700～1800 m的地区。1998年10月初专家在神农架山区南坡送子园村摩天岭调查,见到在海拔1780m处的美味猕猴桃尚能正常生长,并且硕果累累,枝叶繁茂,而到1800m以上的海拔,就难以见到美味猕猴桃的踪影了。其著名的栽培品种如湖北选育的金魁、陕西的秦美、河南的华美1号、江苏的徐香、湖南的米良1号以及新西兰选育出的海沃德等,都属于美味猕猴桃品种。美味猕猴桃为木质藤本果树,芽垫大而突出,芽较中华猕猴桃小,其两年生枝条呈灰褐色,皮孔呈肾形或圆形。一年生枝条为棕褐色,皮孔多呈肾形,灰白色,较小,节间长1.5～3.1cm,枝蔓髓部呈片层状,褐色。一年生嫩枝翠绿色,密被灰褐色糙毛,新梢先端密被红褐色长糙毛。叶纸质至厚纸质,近圆形或近长圆形,基部浅心形或近截形,较对称,先端圆形或微凹陷,或小突尖,叶片长8～12cm,宽5.5～12.5cm,叶面深绿色,无毛,主、侧脉黄绿色,主脉稀被黄褐色短茸毛;叶缘近全缘,小尖刺外伸,绿色;叶柄浅紫红色,较粗,稀被褐色短茸毛,长4～8.5cm。雌花单生,花冠直径5.5～6.3cm,花瓣以6枚居多,萼片一般5枚,花白色;花冠内有花丝170～220枚,花丝长1.1cm。雄花为聚伞花序,每个花序多为3花,花药黄色,箭头状。果实有卵圆形、椭圆形、圆柱形、近圆形,被长而密的褐色茸毛,不易脱落;果皮绿色至棕褐色,果重30～200g;果肉绿色,汁多味浓,浓甜微酸,具清香,含可溶性固形物8%～25%,总酸1.1%～2.4%,维生素C含量50～240mg/100g,总糖6.86%～13.2%。物候期在湖北武汉4月下旬至5月中旬盛花,10月上旬至11月中旬果实成熟。

四、毛花猕猴桃

主要分布于福建、浙江、江西、广西、广东、湖南、贵州等省(区)。其代表品种如福建的沙农18号,中国科学院武汉植物研究所以种间杂交(中华×毛花)培育出的重瓣、满天星、江山娇等观赏新品种等,亦属于毛花猕猴桃类型或具有毛花猕猴桃血统。毛花猕猴桃的当年生枝条的先端部分密生灰白色或灰褐色极短的厚茸毛,节间长8～16cm,木质部浅绿色,髓部中空,呈白色或白绿色片层状,片的排列相当密。老枝无毛;叶片呈倒卵形或近圆形,厚纸质,长6～16cm,宽4～12cm,基部近圆形,间有心脏形先端渐尖的。老叶的叶面绿色,仅沿叶脉处有疏毛;叶背面密生灰白色或灰褐色星状茸毛。花腋生,聚伞花序。花序梗长2～5cm,每一花序有花3～5朵,以3朵的居多数。花柄长0.7～1cm。萼片2～3片,匙形,先端钝尖,浅绿色,密生白色茸毛。花粉红色,花瓣倒卵形,先端钝圆,边缘微皱,有淡紫色波状晕,一般5瓣,少数有6～7瓣。雌雄异株。果实短柱形、近圆形或短椭圆形,果皮密生浅灰白色相当厚的长茸毛,像蚕茧。果实重约30g,大的可达50～87g。果肉翠绿色,多汁味酸,含可溶性固形物5%～16%,总酸1.3%～2.9%,总糖9.7%,维生素C含量561～1379mg/100g。成熟的果实既可鲜食,又能加工成多种食品,是一种有价值的种质材料。物候期在湖北武汉5月中下旬盛花,果实9月中旬成熟。

五、软枣猕猴桃

(一)软枣猕猴桃原变种

主要分布于黑龙江、吉林、辽宁和河北、山西等省，黄河以南也有分布。其代表品种如吉林选育的魁绿等，属于软枣猕猴桃品种。这一种类也是我国耐寒性强、适应性广和利用价值较高的猕猴桃种类。如新西兰近年杂交育成的"黄瓜"品种，就是用美味猕猴桃×软枣猕猴桃→F1代×美味猕猴桃，即轮回群体选育而成的。其果形似黄瓜，果皮绿色，果重100g左右，已投入商品化生产。软枣猕猴桃为藤本果树，枝条无毛，灰褐色，有小而浅色的皮孔；髓片层状，嫩枝的髓部白色，随着枝条逐渐老化髓片转为黄褐色。叶片椭圆形或宽卵形，长8～17cm，宽5.6～9cm，纸质，先端突尖，近叶柄一端圆形，叶缘有尖锐锯齿，叶面绿色，叶背浅绿色，叶面侧脉分枝处具有白色或黄色簇毛；叶柄长3.5～6cm，有时具有刺毛。花腋生，为聚伞花序。雌株花序有花1～3朵，雄株花序为二歧或多歧聚伞花序。萼片5裂，卵形，长5～7mm，先端钝尖，边缘有毛；花瓣5片，卵形或长圆卵形，白色。果实长圆形或卵圆形，一般果重5～7.5g，最大果重25g。未成熟果实浅绿色、深绿色、黄绿色，近成熟果面绿色、黄绿色、浅红、紫红色，光滑无毛；果肉绿色，多汁，味甜微酸，具清香。可溶性固形物含量14%～15%，总酸含量0.93%～1.26%，总糖含量8.8%～11%，维生素C含量81～430mg/100g。物候期在4月份开花，果实8月中下旬成熟。

(二)紫果猕猴桃

分布于云南、贵州、四川、陕西、湖北、湖南、广西等省区。生于海拔700～3600m的山林中、溪旁或湿润处。

雌花为二歧聚伞花序；花白色，中央部分有浅绿色灰网纹，扇形，内卷；花萼5裂，白绿色，内卷。花冠直径1.5～1.7cm。花丝长约3mm，约23个。花柱白绿色，柱头丝状，极短，白色。子房白绿色，长椭圆形，花瓣5片。总序梗长2～4mm，小花梗长5～7mm。

果实近长圆柱形，果皮绿色，成熟果实紫红色。果皮光滑，有白色小果点，有喙。果梗长2～3.5cm，绿色，有极短的白色茸毛，果肉全部紫红色。果实较小，平均单果重5～10g，果实营养丰富，野生果实维生素C含量约62mg /100g鲜重，总糖含量9.2%，总酸含量1.1%。

落叶藤本植物，嫩枝浅红绿色，皮孔白绿色；两年生枝灰色，具有浅灰色斑块，支孔大小相间；老枝黑褐色或褐灰色，皮孔长椭圆形，大小相间。髓片层状，褐色或褐绿色。叶纸质，阔卵圆形，徒长枝上的叶片倒卵圆形或卵圆形。叶长6.0～9.8cm，宽4.2～5.6cm。叶面皱而不平展，深绿色；主脉及侧脉白绿色，稀被极短绒毛，稍有光泽。叶背绿白色至浅绿色。叶基部楔形至浑圆形，有的为不对称的楔形。先端急尖。叶缘近基部为全缘，其余部分为细锯齿，齿尖绿白色，内勾。侧脉每边5～6个。叶柄红色或紫红色,长 2.0～4.7cm,中粗。

第二节　猕猴桃育种途径与目标

一、育种途径与方法

猕猴桃育种途径包括野生种质资源评价、实生选种、芽变选种、杂交育种、胚乳培养和生物技术育种。

(一)种质资源评价

我国野生猕猴桃种质资源丰富,挖掘优异的野生猕猴桃种质,并从野生种质中进行优选,是我国猕猴桃品种选育的重要方式。如中国优良品种秦美、翠香、金福、亚特、贵长、金桃等,都是通过野生资源调查、评价发现并选育出来的。

(二)实生选种

实生选种是猕猴桃新品种选育的主要方法,如新西兰选育的世界主栽品种海沃德,中国的优良品种金魁、红美、徐香、魁蜜等,都是应用实生选种方法选育出来的。

(三)芽变选种

猕猴桃芽变频率较高,同一株上同一性状可存在多种表现型。意大利选育出海沃德芽变——最佳明星(TopStar)。中国利用芽变选种方法获得了一些优良品种(系),如海沃德芽变——皖翠,其较海沃德丰产,并保留了海沃德果实耐贮藏、货架期长等优良特性。

(四)杂交育种

猕猴桃雌雄异株,个体基因型高度杂合,通过杂交育种使双亲基因重组,产生变异新植株。我国通过杂交育种获得了一些优良品种(系),如中国科学院植物研究所北京植物园用美味猕猴桃 26 号与软枣猕猴桃杂交,获得了果大、绿色、无毛的新株系;四川自然资源研究所用中华猕猴桃变种红阳猕猴桃为母本,用美味猕猴桃为父本,选育出红华,改进了红阳品种果实偏小的性状;中国科学院武汉植物研究所自 1983 年开始进行了 9 个种之间的种间杂交,获得 5000 余株 F_1 实生苗,从中选出了江山娇、重瓣、满天星等 3 个观赏用品种;中国农业科学院郑州果树研究所用美味猕猴桃米良 1 号与太行雄鹰杂交,选育出中熟、大果类型的中猕 2 号品种。筛选具不同性状的亲本进行控制杂交,通过实生后代果实性状的综合比较,确定遗传性状稳定的亲本,供今后控制杂交亲本选择时参考。雌株较容易选择,雄株的选择较难,因其对果实性状的影响无法直接观察确定。

(五)胚乳培养育种

胚乳培养主要用于获得多倍体。如中国农业科学院郑州果树研究所从中华猕猴桃二倍体品种胚乳培养中得到了三倍体植株。

(六)生物技术育种

将生物技术应用于猕猴桃育种，产生了一些新种质、新育种材料和抗性基因。如中国科学院植物研究所通过胚挽救技术和胚培养获得了海沃德与毛花猕猴桃杂种胚植株；中国农业科学院特产研究所对软枣猕猴桃与美味猕猴桃进行种间杂种幼胚接种培养，得到了不定芽再生植株；北京师范大学用 PEg 法对中华猕猴桃、美味猕猴桃子叶愈伤组织原生质体与狗枣猕猴桃叶肉原生质体进行中间融合，获得中华猕猴桃与美味猕猴桃的八倍体融合体，获得中华猕猴桃与狗枣猕猴桃的三倍、四倍、五倍融合体；中国农业科学院郑州果树研究所用秋水仙素诱导中华猕猴桃二倍体品种琼露的试管苗茎段，得到了四倍体与二倍体嵌合体植株。

二、育种目标

(一)品种改良的方向

可分为产量和质量两方面，产量从果实重量、结果数量来改良，质量从外观(形状、大小、茸毛多少等)、内在品质(果肉颜色、可溶性固形物含量等)、风味、质地、贮藏性能等方面进行改良。对于具有某些突出优良性状的新株系，推广前必须进行三方评价：消费者评议、化学成分分析、专门的品质鉴评。改变果皮或果肉颜色是今后新品种选育的主要目标之一。

猕猴桃新品种选育应注重常规育种方法和现代育种技术的结合，加强新材料的创新和新理论、新技术的应用，如分子标记技术、体细胞杂交、转基因技术、数量遗传学、基因工程等。充分利用中国丰富的野生资源，加强在红肉类型、雌雄同株、砧木育种、抗性育种、雄性品种、高维生素 C 含量、无籽、加工专用品种等方面的选育工作。

(二)良种的基本要求

1. 优质

风味品质佳，营养丰富，如高维生素 C、高钾和高纤维；低糖但固酸比高；果实中猕猴桃碱含量低，无涩、麻等刺激性口味等。

2. 特色

果肉果皮颜色特别(如红肉、红皮，光皮绿肉)；果皮无毛可食用，果皮易剥离；果实成熟时果皮有明显转色的成熟标志；果实无籽；红色或黄色花等。

3. 耐贮

常温贮藏时间延长，软熟后货架期长。

4. 抗逆性强

如抗旱、耐渍、耐瘠、耐盐碱，高抗溃疡病、根腐病、花腐病等，即选育适应性广泛的新品种。

（三）品种改良的目标

1. 绿肉猕猴桃

绿肉猕猴桃品种改良的目标是其食用品质及产量优于海沃德和金魁，具体包括：①更甜；②更高的干物质及可溶性固形物含量；③更诱人的香型；④无硬果心；⑤翠绿色果肉；⑥更高的维生素C含量；⑦果面绒毛更软；⑧成熟期更早；⑨雌雄同株类型，可提高单位面积产量。

2. 黄肉猕猴桃

黄肉猕猴桃品种改良的重点包括：果实大小、形状、果肉色泽和贮藏期，贮藏期在1℃条件下＞24周，优于Hort 16A和金桃；果实干物质含量＞20％，可溶性固形物含量＞17.5％；香气浓郁；无硬果心；金黄果肉；高维生素C含量（＞85mg/100g）；抗病性强。

3. 红肉猕猴桃

我国选育的大部分红肉品种仅仅是果心部分呈现红色，而非全红色。软枣猕猴桃天源红（齐秀娟等，2010）和红宝石星（齐秀娟等，2011），虽然果皮、果肉和果心均为红色，但果实偏小。红肉猕猴桃品种改良的目标是果肉色泽鲜红、果大、果形一致，其他商品性状至少与Hort 16A、金桃、海沃德或金魁相似，需要克服目前红肉品种对溃疡病敏感、环境适应性差等不足。

4. 新颖猕猴桃

新颖猕猴桃品种改良的目标是外形美观、食用方便、风味浓郁，具体改良内容有：①果实干物质含量＞20％，可溶性固形物含量＞17.5％；②果实贮藏期＞24周；③果实货架期10d以上；④鲜果产量30t/hm^2以上；⑤果皮可食；⑥果皮易剥；⑦果肉或果皮红、黄色；⑧与海沃德、金魁、Hort 16A或金桃等现有主栽品种外观上不同。

5. 雄株

目前我国推广栽培的猕猴桃品种虽然很多，但很少有专用授粉品种与之配套，往往存在授粉不亲和、花期不遇、授粉不良等问题，这也是导致部分果园产量与商品性不高的原因之一。由中国科学院武汉植物园选育的雄株磨山4号（黄宏文等，2006）在猕猴桃实际生产中被认为是“万能雄株”，被广泛应用于我国的猕猴桃生产中，然而磨山4号与早、中和晚熟的猕猴桃品种以及红肉、黄肉和绿肉栽培品种的适应性仍有待研究（Chen等，2019）。优良雄株授粉可改良果实品质，目前在新西兰为海沃德授粉的雄株有：Chieftain、加州雄、马图阿、汤姆利、M 51、M 52、M 54和M 56（姜正旺等，2003）。雄株选育目标必须是树形紧凑、与主栽品种花期相遇、花量大、花粉活力高、花期长，且授粉后的果实有较好的果形。

6. 砧木

我国猕猴桃建园多采用实生苗嫁接目标品种的方法，但实生苗多为野生或未知种子繁育，苗木质量参差不齐。因此，选择合适的无性系砧木可减少植株间的变异，控制树体营养生长势，促进幼树成花，提高果实产量，增强对不同土壤类型的适应性，甚至提高抗寒力。目标是选育抗旱、耐渍、耐盐碱、抗根腐病、抗溃疡病等的专用砧木。

第三节 主要优良品种

一、猕猴桃品种发展趋势

目前，我国猕猴桃品种已经发展了三代。

第一代品种：以新西兰品质海沃德为代表的美味系列猕猴桃品种。第一代品种新西兰领先，引领世界猕猴桃品种发展。我国以此为目标，选育出了秦美、金魁等系列美味猕猴桃品种。

第二代品种：新西兰 Hort16A（早金）为代表的中华系列猕猴桃品种。全世界都在重点发展美味猕猴桃品种时，新西兰推出黄肉中华猕猴桃品种，在世界绿肉美味猕猴桃市场掀起一股进购黄肉高品质猕猴桃品种的热潮。我国跟随新西兰，选育出了金桃、金丰等中华猕猴桃系列品种。

第三代品种：我国选育的以红阳为代表的红心中华猕猴桃系列，红美为代表的美味红心猕猴桃系列，以魁绿、龙成二号为代表的绿皮绿肉软枣猕猴桃系列，以天源红、红贝为代表的红皮红肉软枣猕猴桃系列，以华优、金艳为代表的猕猴桃属中间杂交品种系列。

第四代品种中国引领了世界猕猴桃以红心、红肉为代表的多样化品种时代。

表 3-1 世界红肉猕猴桃品种一览

国家或地区	育成的红肉猕猴桃品种名称	品种总数（个）
四川	红阳、红华、红美、龙山红、红什 1 号、红实 2 号、华红 4 号、红华	8
江苏	金红 1 号、金红 18 号、金红 44 号、金红 50 号	4
陕西	脐红、晚红	2
湖北	东红、东玫	2
湖南	湘吉红、楚红	2
中国其他地区	桂红（广西）、平原红（安徽）、仲和红阳（广东）	3
新西兰	ZES005（R6）、ZES006（R19）	2
合计		23

第四代品种：猕猴桃品种有可能是雌雄同株、无籽猕猴桃，也有可能由于种间杂

交技术的突破，出现优质、大果、多彩果肉、风味个性化的品种。

尽管我国猕猴桃面积、产量居世界首位，但缺乏国际性的品种仍然是目前我国猕猴桃产业做大做强的主要制约因素。

（一）美味猕猴桃

1. 海沃德

海沃德属美味猕猴桃系列，由新西兰苗木商人海沃德·赖特 1924 年选育。我国于 1980 年引进种植，由于该品种果形好、耐贮运，已成为我国商业栽培猕猴桃主要品种之一。海沃德品种果实椭圆形至阔长圆形，果形优美，果皮棕褐色，覆短茸毛。一般单果重 80～110g，最大单果重 160g；果肉翠绿，味道偏酸，有浓厚的清香味，维生素含量高。其最大特点是果形美、耐贮藏、货架期长，具有较好的丰产性。果实生长发育期 155d 左右，10 月中下旬成熟，鲜果采收期标准可溶性固形物含量达到 6.5%～7%，果实硬度≥10kg/cm^2 以上，果实干物质含量≥14.5%。常温硬果催熟 7d 软熟，货架期 30d 左右，冷藏可贮藏 6～8 个月，极耐贮运。该品种长势旺盛，抗性一般，萌芽率 38%，果枝率 60%，坐果率 76%。生长良好的结果母枝能萌发 3～6 个结果枝，能连续抽生 2～4 年。结果枝一般着生于结果母枝的第 2～8 节，但以第 3～5 节居多。以长果枝结果为主，长果枝占总果枝的 62%。在一般管理水平下，嫁接苗定植后第三年开花株率 52%，5 年生树平均株产 16kg，盛果期平均株产 27～36kg。

图 3-2　海沃德

2. 徐香

徐香原代号徐州 75－4，是江苏果园场 1975 年从中国科学院植物研究所北京植物园引入的美味猕猴桃实生苗中选出，1985 年进行无性繁殖，扩大试验，1990 年 11 月通过省级鉴定。徐香属美味猕猴桃系列，徐香猕猴桃抗性强、丰产性好、口感佳，是目前国内多地区主栽品种之一。徐香果实圆柱形，果形整齐，平均纵径 5.8cm，横径 5.1cm，侧径 4.8cm，一般单果重 75～100g（周至地区徐香平均单果重可达到 100g），最大果重 137g。果皮黄绿色，被黄褐色茸毛，果脐平齐，果顶微突，果皮薄易剥离，果肉绿色，汁液多，肉质细嫩，有浓香味，酸甜适口，品质佳。果实生长发育期 145d 左右，一般采收期为 10 月中旬，鲜果采收期标准可溶性固形物含量达到 7%，果实硬度 ≥10kg/cm^2 以上，果实干物质含量≥14.5%即可采收。果实后熟期 15～20d，室温下可存放 30d 左右，0℃贮藏库内可存放 3～4 个月，耐贮运。该品种长势旺盛，抗性强，始果早。花单生或三花聚伞花序，以短果枝结果为主。两年生植株开花株率达 68%，三年生平均亩产 1350kg。徐香在陕西、江苏、江西等地均有引种栽培，表现良好，适应性强，在碱性土壤条件下，叶片黄化和叶缘焦枯较少。

图 3－3　徐香

3.翠香

翠香猕猴桃原名西猕9号，属于美味猕猴桃系列，是周至县农业科学技术试验站自主选育的早熟优质猕猴桃品种。2008年通过陕西省果树品种审定委员会审定。2012年9月获得“西安市人民政府科学技术进步奖”。翠香猕猴桃果实美观端正，椭圆形，果喙端较尖，果皮绿褐色，被褐色茸毛，果皮薄，易剥离。平均单果重82g，最大单果重130g，果肉深绿色，酸甜适口，芳香味极浓，质地细而果汁多，口感极佳。果实生长发育期135d左右，9月上中旬成熟，鲜果采收标准可溶性固形物达到7%以上，果实硬度≥8kg/cm^2，果实干物质含量≥14.5%。是周至县目前最早熟的鲜食优良品种，采后室温下可存放20～23d，0～1℃环境温度可贮藏4个月左右，较耐贮藏运输，货架期长。该品种生长势强，萌芽率60%～70%，成枝率55%～60%，结果枝率80%以上。以中果枝结果为主，占总结果量的60%，长、短果枝分别占总结果量的20%。结果枝从基部第2～3节始花结果，花单生，一般有3～6朵花。早果性较强，丰产性好，苗木定植后第三年始花结果产量300kg，第四年产量1260kg，盛果期产量2000kg。品种适应性广，抗寒，抗日灼，较抗溃疡病。

图3-4 翠香

4.金美

金美猕猴桃属于猕猴桃科猕猴桃属多年生藤本植物，从野外美味猕猴桃资源中挖掘，由中国科学院武汉植物园猕猴桃种质资源研究人员与育种研究团队共同培育的特早熟高糖猕猴桃品种，2018 年获得农业植物新品种权证书，2023 年通过了湖北省林木品种审定。该品种果实卵形，平均单果重 70～90g，果肉浅黄色或黄绿色，肉质细腻，香气浓，平均干物质 23.52%。软熟果实可溶性固形物含量 18%～24%，可溶性总糖含量 13%～17%，可滴定酸含量 1.2%，维生素 C 含量 90～160mg/100g 。果皮灰褐色，果面密生硬毛；软熟果实果肉绿色或黄绿色，质细味浓，香气浓。果实耐贮性一般，在 1～2℃环境温度下可存放 100～120d。该品种树势强旺，萌芽率 61.51%，果枝率 79.99%。一年生枝褐色粗糙，皮孔较大，褐色，叶片心脏形，花以二歧聚伞花序为主。在武汉地区，8 月上旬可进入采收期，1～2℃低温贮藏可保存 3 个月。该品种主要通过嫁接繁殖，抗寒能力强，可在湖北猕猴桃适生区种植。

图 3－5　金美

5. 贵长

贵长原代号是“黔紫 82－3”，是 1982 年贵州省果树研究所在贵州紫云县野生资源调查时发现的优株，因果实细长而得名。该品种果实长圆柱形，外形修长，果皮褐色，覆盖灰褐色较长的糙毛，果实纵径 8.3cm，横径约 5.0cm，侧径约 4.1cm，平均果重 84.9g，最大果重 120g，果喙端椭圆形凸起，果柄长 2.6cm。果肉翠绿色，肉质细嫩多浆，汁液较多，甜酸适度，清香可口。可溶性固形物含量 12.4%～16%，总酸 1.45%，维生素 C 含量 1134.3mg/kg，品质优，是鲜食与加工兼用品种。贵长猕猴桃主要在贵州省修文县种植，一般3月中旬萌芽，4月下旬至5月上旬开花，9月下旬至10月上旬果实成熟，盛果期产量2000kg/667m²。

图3-6 贵长

6.米良1号

米良1号由湖南吉首大学选育而成，来源于1983年10月在湖南省湘西凤凰县米良乡发现的优株。吉首大学的科研人员于1985年2月采优株枝条进行扦插、嫁接繁殖，1987年进行果实评价筛选，1989年10月通过省级品种鉴定。“米良1号”果实较大，纵径7.5～7.8cm，横径4.6～4.8cm，平均果重86.7g，最大果重170.5g，果实长圆柱形，美观整齐，果皮棕褐色，被长茸毛，果喙端呈乳头状凸起；果肉黄绿色，汁液多，酸甜适度，风味纯正具清香，品质上等。总糖含量7.4%，有机酸含量1.25%，维生素C含量2070mg/kg。果实耐贮性强，在室温下可贮藏20～30d。米良1号猕猴桃生态适应性良好，且丰产、稳产，果实品质优良，抗高温干旱能力强，具有较强的抗病虫能力。植株生长势较强，叶片厚，正面深绿色，花多为单花，少数为聚伞花序。3年初果，盛果期产量2000kg/667m²，在湖南地区，10月上旬果实成熟。植株生长健壮，适宜栽培地区广泛，已在全国大面积试种推广。

图 3-7 米良 1 号

7. 金魁

金魁猕猴桃是湖北省农业科学院果树茶叶研究所猕猴桃课题组从野生猕猴桃竹溪 2 号中经实生选育而来，1993 年通过了湖北省农作物品种审定，定名为鄂猕猴桃 1 号。该品种果个大，平均果重 100～120g，最大果重 173g。阔椭圆形或圆柱形，果面黄褐色，茸毛中等密，果肉翠绿色，汁液多，风味特浓，甜酸可口，具清香，果心较小，品质佳。可溶性固形物含量 18.5%～21.5%，最高达 25%，总糖含量 13.24%，有机酸含量 1.64%，维生素 C 含量 1200～2430mg/kg。果实耐贮性强，室温下可贮藏 40d。该品种栽后第二年可挂果，第四至第五年可达到丰产期，每亩结果 3000～4000kg。该品种生长势和抗逆性均较强，高抗溃疡病，3 月上旬萌芽，5 月上旬至 5 月中旬开花，10 月底至 11 月上旬果实成熟。经过区域引种栽培试验，可适于我国大部分地区种植。

图 3-8 金魁

8. 瑞玉

瑞玉猕猴桃是陕西省农村科技开发中心联合陕西佰瑞猕猴桃研究院有限公司杂交选育的早中熟绿肉新优品种，2015 年 1 月通过陕西省果树品种审定委员会审定。该品种果实长圆柱形兼扁圆形，果皮褐色，密被金黄色硬毛，果顶微凸，平均单果重 95g，最大单果重 142g。果肉绿色，细腻多汁，风味香甜。可食可溶性固形物含量 21.3%，平均干物质含量 23%，可滴定酸含量 0.82%，可溶性总糖含量 11.55%，糖酸比 14.09，维生素 C 含量 118.09mg/100g。常温下后熟期 20～25d，货架期 30d 左右，冷藏可贮藏 5 个月左右。瑞玉 3 月中旬萌芽，5 月上旬开花，果实第一次膨大期发育快，果实生长发育期 145d 左右，果实 9 月中下旬成熟。鲜果采收标准可溶性固形物达到 7%以上，果实硬度≥8kg/cm^2 以上，果实干物质含量≥14.5%。在陕西省秦岭北麓广泛栽培。

图 3－9　瑞玉

9. 华美 2 号

原代号 86－5－1，由河南省西峡猕猴桃研究所从西峡县米坪乡石门村野生群体中选育。1992 年获农业部中华猕猴桃开发联合体优良株系奖，通过河南省林木良种审定委员会审定，命名为豫猕猴桃 2 号，2002 年国家林业局审定为林木良种华美 2 号。该品种果实长圆锥形，黄褐色，密被黄棕色硬毛，果实大，平均果重 112g，最大果重 205g。果心小，汁液多，酸甜适口，富有芳香，可溶性固形物含量 14.6%，总糖含量 8.88%，总酸含量 1.76% ，维生素 C 含量 152mg/100g。果肉黄绿色，肉质细，果心小，汁液多，酸甜适口，富有芳香味。果实耐贮藏，果实在常温下可存放30d左右。华美2号猕猴桃植株生长势强，枝条粗壮，叶大质厚，芽子饱满，花单生或聚伞花序，成花容易。嫁接第二年始花结果，以中长果枝结果为主，结果部位在1～3节，每条结果枝一般坐果2～6个，结果母枝芽萌发成枝率高，丰产稳产，抗旱性、抗病性均强，多雨季节无早期落叶，干旱季节极少发生萎蔫现象。成熟早，9月上中旬成熟。

10. 中猕2号

原代号S6,7－52是由中国农业科学院郑州果树研究所猕猴桃品种改良团队育成，以美味猕猴桃米良1号为母本，美味雄株太行雄鹰为父本杂交培育的中熟美味猕猴桃品种。2014年通过河南省林木良种审定，2017年5月获得国家植物新品种权。该品种果实椭圆形，果肉翠绿色，果喙端形状浅凹，平均单果重108g，最大果重145g。经农业部果品及苗木质量监督检验测试中心（郑州）检测，维生素C含量0.71mg/g，氨基酸总量1.07%，可溶性固形物含量17.4%，总酸含量1.88%，总糖含量12.4%，干物质含量21.05%。中猕2号猕猴桃树势健壮、早果性好、丰产性强。结果以中、短枝结果为主，盛果期树不使用膨大剂产量可达2500kg/667m^2。在郑州地区5月初开花，9月中下旬成熟。该品种在河南、陕西、四川、湖北、湖南、江苏等无霜期180d以上，≥10℃积温3700℃以上的地方种植。

图3－10　中猕2号

11. 农大郁香

农大郁香是西北农林科技大学从徐香的实生后代中选育的猕猴桃新品种，2016年12月通过陕西省果树品种审定委员会审定。该品和果实长圆柱形，果形大，平均纵径7.2cm，横径5.1cm，平均单果重110g，最大单果重160g。果皮褐色，果面被有粗糙茸毛，软熟后果肉为淡绿色，果心较小，果肉质细，风味香甜爽口。可溶性固形物含量18.8%，总糖含量11.2%，总酸含量1.04%，糖酸比为10.8，维生素C含量2.52g/kg。果实后熟期30～40d，在(1±0.5)℃贮藏条件下，可存放150d左右。农大郁香猕猴桃生长健壮，树势旺，具有质优、早果、丰产、稳产等特点。一年生枝粗度中等，阳面深褐色，表皮粗糙，新梢茸毛密，糙毛，以长果枝结果为主，单生花序，无侧蕾，花冠直径特大。在陕西关中地区4月25日左右为盛花期，果实采收期10月上旬，果实发育期为155～160d。第3年开始结果，成龄树株产30kg左右。植株生长健壮，抗逆性强。适宜陕西关中及类似生态区域栽培，也可在秦岭以南地区栽培。

图3-11 农大郁香

12. 金福

金福猕猴桃是2004年在秦岭深处发现的优株，后通过繁育推广，2020年由西北农林科技大学刘占德教授牵头通过了省级审定。该品种果实长圆柱形，果皮黄褐色，生有淡灰色硬短毛，平均单果重108g，最大单果重149g。果肉翠绿，肉细多汁，酸甜可口，香味浓郁，可溶性固形物含量19.6%～23%，鲜果维生素C含量达172mg/100g，总酸含量1.26%。优质晚熟，耐贮藏，一般10月下旬成熟，可常温贮藏30～50d。金福猕猴桃植株生长健壮，抗逆性强，一年生枝萌发率高达80.5%～85.1%，成枝力强。每年均能形成足量的强旺结果母枝，且芽体饱满。以长果枝结果为主，长结果母枝着生结果枝7～8个，每个结果枝着生雌花序4～6个，坐果率高达92%，亩产量可达2000～2500kg。

图3-12 金福

(二)中华猕猴桃品种

1. 红阳

红阳属于中华系列猕猴桃，是由四川省苍溪县在野生资源中发现并经实生选育的世界级珍稀特优猕猴桃新品种，为我国所独有。该品种其最大持点是沿果心处有红色线条呈放射状分布，果实为短圆柱形，一般单果重 60～110g，最大单果重 130g。果顶凹陷，皮绿褐色，无毛，果肉黄绿色，果心外呈红色，果肉细腻，香气浓郁，口感香甜，营养丰富，品质极佳。可溶性固形物含量 18.5%，果肉维生素 C 含量达 250mg/100g。果实生长发育期 135d 左右，一般采收期 9 月上旬，鲜果采收期标准可溶性固形物含量达到 7.5%，果实硬度≥8.5kg/cm^2 以上，果实干物质含量≥15%即可采收。一般室温下保存 20～30d，货架期 15d，0℃贮藏于库内可存放 3 个月左右。红阳弥猴桃早果性强，盛果期平均亩产 3000kg，成熟期为 10 月下旬至 11 月上旬(南方的采摘时间为 9 月中旬至 10 月下旬)。

图 3－13 红阳

2. 东红

红肉品系的新秀，武汉植物园选育，2011 年获新品种权，2012 年通过国家林木品种审定。该品种果实中大、整齐，一般单果重 80～130g，最大可达 160g，果实为短圆柱形，果皮绿褐色，无毛，果心横截面呈放射状红色，果汁特多，酸甜适中，清香爽口，鲜食加工俱佳，特别适合制作工艺菜肴。总糖含量高达 13.45%，高出世界流行品种海沃德近 5%，而总酸含量只有 0.49%。可溶性固形物含量 16.5%，富含钙、铁、钾等多种矿物质及 17 种氨基酸，维生素 C 含量高达 135mg/100g。8 月下旬陆续上市，在常温下可存放 40d 左右开始软熟，软熟后食用期可达 15d，采用温控法可贮藏至翌年 2 月。

图 3 - 14　**东红**

3. 脐红

脐红猕猴桃是由西北农林科技大学园艺学院从红阳猕猴桃中选育出来的芽变优系。该品种于 2014 年 3 月通过陕西省果树品种审定委员会审定，并命名为脐红。脐红猕猴桃因其果顶凹陷处有一凸起，形似“肚脐”而得名。该品种果实近圆柱形，平均纵径 5.83cm，横径 4.95cm，平均单果重 97.7g，最大单果重为 126g。果皮绿色，无茸毛，果顶下凹，萼洼处有明显肚脐状凸起。果肉黄绿色，果心周围有放射状红色图案，风味甜，具香气。果实可溶性固形物含量 19.9%，总糖含量 12.56%，总酸含量 1.14%，维生素 C 含量 97.2mg/100g。9 月下旬果实成熟，较耐贮藏，果实后熟期 22～32d，室内常温下可存放 1 个月左右，在 1～2℃ 普通冷库贮藏条件下，可存放 4～6 个月。脐红猕猴桃树势强旺，芽体饱满，自然萌芽力强，平均萌芽力为 83.6%，成枝率 87.5%。易结果，一般定植嫁接后第 2 年开始结果，坐果率高，丰产，5 年生树亩产可达 2000kg 左右。

图 3-15 脐红

4. 金丰

金丰猕猴桃属晚熟中华猕猴桃，产自湖北。该品种果实大，平均果重 91.8～110.3g，最大果重可达 169g 左右，果实椭圆形，果形端正，整齐一致，果肉黄色，质细、汁多，酸甜适口，有清香。金丰猕猴桃果实大，结果早，丰产稳产耐储藏，加工性好，是鲜食和加工兼用的优良品种。在海拔较高的低丘、平原地区均可栽培，并且树体易管理，抗逆性较强，适应性广泛。金丰猕猴桃在中华猕猴桃品种中属于较耐贮存的品种，货架期为 10～15d。适宜在海拔较高和低丘、平原地区栽培，海拔较高处果实品质更优。植株长势较强，萌芽率、成枝率较高。幼树一年发枝 2 次，自然授粉花朵坐果率 94%～98%，果实生育期 145d 左右。适应性较广，可在我国中南部猕猴桃栽培区推广。

图 3-16 金丰

5. 金桃

金桃是中国科学院武汉植物园从中华猕猴桃野生优良单株武植 6 号单系中选育的黄肉猕猴桃品种。2000 年在欧盟国家申请专利，2004 年 10 月通过湖北省林木品种审定委员会审定。果实长圆柱形，平均单果重 82g，最大单果重 121g，果皮黄褐色，果肉金黄色，肉质细嫩、脆，风味酸甜适中，可溶性固形物含量 18%，鲜果维生素 C 含量 147～152mg/100g。在武汉地区 9 月中下旬采摘，常温下可贮藏 40d 左右。授粉品种为磨山 4 号。

6. Hort 16A

又名早金(Early gold)，由新西兰选育。果实卵圆形，果肉金黄色，质地细嫩，味甜具浓郁芳香，可溶性固形物含量 16%～18%，单果重 100～120g。10 月中旬成熟。耐贮藏，冷藏条件下可贮存 4 个月。其配套授粉雄株为米 Eteor 和 Sparkler。该品种是第一个在中国以外从中华猕猴桃中选育出来被广泛种植的品种。

(三)软枣猕猴桃品种

1. 魁绿

中国农科院吉林特产研究所于 1980 年选自吉林省集安节复兴林场的野生软枣猕猴桃优株，经扦插，扩大繁殖成无性系，1993 年通过省级品种审定(赵淑兰等，1994)。果实扁卵圆形，平均果重 18g，果皮绿色光滑。果肉绿色，多汁，细腻，酸甜适度，可溶性固形物含量 15%左右，总糖含量 9%，有机酸含量 1.5%，维生素 C 含量 430mg/100g 鲜重，总氨基酸含量 934mg/100g，每个果中含种子 180 粒左右。果实加工后的果酱，色泽翠绿，含丰富的营养成分，保持了果实独特的浓香风味。萌芽率 58%，结果枝率 50%。主蔓和一年生枝灰褐色，皮孔梭形，嫩梢浅褐色。叶片卵圆形，绿色，有光泽，叶柄浅绿微黄。雌花生于叶腋，多为单花，花瓣多为 5～7 枚。坐果率高，可达 95%以上。果实多着生于结果枝的第 5～10 节叶腋间，以短果枝和中果枝结果为主，每果枝可坐果 5～8 个。8 年生树单株产量 13kg，最高株产 21kg。适应性广，抗逆性强，在绝对低温 −38℃ 的地区栽培多年无冻害和严重病虫害，在无霜期 120d 以上，≥10℃ 有效积温达 2500℃ 以上的地方均可栽培。

2. 龙成二号

辽宁省宽甸县龙成种植合作社 2002 年在辽宁省东部山区发现了野生优株，经人工驯化栽培后选育的软枣猕猴桃品种。树势生长旺盛，花期 5 月，雌雄异株，果实 8 月下旬成熟。果实长柱形，平均纵径 5.15cm，横径 2.9cm，平均单果重 22.8g，最大单果重 36.8g。果皮绿色，光滑无毛，果肉中厚、绿色、肉质细腻。大型多年生落叶藤本植物，喜温、湿环境，抗寒能力强，耐热性差。栽植 3 年开始结果，4 年结果株率达 100%。

图 3-17 龙成二号果实

图 3-18 秦德 3 号果实

3. 秦德 3 号

秦德 3 号是陕西藤秦农业科技有限公司从秦岭山区野生软枣猕猴桃变种紫果猕猴桃资源中发现的优株，经人工驯化栽培后选育的红皮红肉软枣猕猴桃品种。秦德 3 号果实成熟后果皮和果肉都是紫红色，在口感上甜中带有清香，开花结果性好。其叶片卵圆形，叶相对小，无茸毛，新梢棕红，嫩叶淡黄，叶柄红色，叶色绿，叶基截形，叶缘锯齿、叶尖急尖，花色黄，单花，花瓣排列分离，花柱斜生。果形长倒卵形，喙端急凸，果柄相对长，果皮无茸毛，成熟后果皮剥离难，平均单果重 23.1g，最大单果重 28.2g，可溶性固形物含量 14.5%，果实维生素 C 含量高。抗病性强，易种植，易丰产。

(四)毛花猕猴桃

1. 华特

华特由浙江省农科院园艺研究所从野生毛花猕猴桃中选育，2008 年获中国植物新品种权(谢鸣等，2008)。果实大，单果重 82～94g，是野生种的 2～4 倍，最大单果重 132.2g。果实长圆柱形，果肉绿色，肉质细腻，略酸，品质上乘。可溶性固形物含量 14.7%，可滴定酸含量 1.24%，鲜果维生素 C 含量 628.37mg/100g，可溶性糖含量 9%。果实常温下可贮藏 3 个月。

2. 赣猕 6 号

赣猕 6 号由江西农业大学从野生毛花猕猴桃自然变异群体中选育，2014 年 12 月通过江西省农作物品种审定委员会认定(徐小彪等，2015)。果实长圆柱形，果皮绿褐色。果实中大，平均单果重 72.5g，最大单果重 96g。果肉墨绿色，果心淡黄色。可溶性固形物含量 13.6%，可溶性糖含量 6.30%，可滴定酸含量 0.87%，干物质含量 17.3%，鲜果维生素 C 含量 723 mg/100g。成熟期 10 月下旬。果实后熟达食用状态时易剥皮，肉质细嫩清香，风味酸甜适度。鲜食加工兼用。耐热性强，抗湿性好，田间未发现溃疡病害，适宜江西产区及生态条件相近区域种植。

（五）其他品种

1. 华优

华优属于中华系列黄果肉猕猴桃，是陕西省农村科技开发中心、周至县华优猕猴桃协会和陕西中华猕猴桃科技开发公司等单位合作选育，于 2006 年 12 月通过陕西省品种委员会审定通过，2007 年通过省级品种审定，2011 年获农业部植物新品种权证书。该品种果实椭圆形，一般单果重 80～120g，最大单果重 150g，无毛，果皮棕褐色或绿褐色，果皮较厚、难剥离。果肉黄色或绿黄色，果肉质细汁多，口感香甜，香气浓郁，风味独特，质佳爽口，果心细柱状、乳白色。鲜果采收标准可溶性固形物达到 7.5%以上，果实硬度≥8kg/cm^2 以上，果实干物质含量≥14.5%。采摘后在室温下后熟期为 15～20d，在 0℃条件下可贮藏 5 个月左右。华优猕猴桃萌芽率高，成枝力较强。3 月份萌芽，4 月底至 5 月初开花，果实生长发育期 145d 左右，果实最佳采收期 10 月上旬，华优猕猴桃长势健壮、抗性强，优质丰产，是黄肉猕猴桃的典型代表。

图 3－19　华优

2. 金艳

金艳猕猴桃是由中科院武汉植物园开发出的新品种，是以毛花猕猴桃为母本，以中华猕猴桃作父本进行杂交，从杂交后代中选育而成。金艳猕猴桃以金黄果肉为主要特点而得名。该品种树势强壮，枝梢粗壮，果长圆柱形，平均单果重 101g，最大果重 141g，丰产性突出，美观整齐，果皮黄褐色，果子光滑、茸毛少。金艳猕猴桃果肉金黄、肉质细嫩多汁、风味香甜可口、维生素 C 含量高、营养丰富。果实硬度大，耐贮藏，货架期长，在常温下贮藏 3 个月好果率仍超过 90%，0～2℃环境温度下可储存 6～8 个月，与最耐贮的品种"海沃德"相当，远优于国内其他猕猴桃主栽品种。金艳树势生长旺，萌芽率 67%，果枝率 90%～100%，以长果枝结果为主，每果枝坐果 4～7 个。嫁接苗定植第二年开始挂果，在高标准建园的情况下，第三年平均株产可达到 18kg，第四年进入盛果期，平均株产 45kg。3 月上旬萌芽，4 月底至 5 月上旬开花，花期持续 12d，10 月底至 11 月上旬果实成熟，果实生育期 200d 左右，比一般品种长 1～2 个月。

图 3-20 金艳

第四章　猕猴桃苗木繁育新技术

猕猴桃的经济寿命较长，但由于需要立支架、投产迟等原因，其建园成本相对较高。因此，良种良苗对于猕猴桃生产显得尤为重要。当前猕猴桃栽培正趋向于宽行距种植，且要求植株生长均一，适于机械化作业和标准化管理，所以迫切需要良种良苗生产的专业化、标准化、设施化及智能化，以确保能为猕猴桃生产提供在长势、产量和品质等方面都具有优势和潜力的高质量苗木。

第一节　实生苗的培育技术

猕猴桃种子播种后生长成的苗木称为猕猴桃的实生苗，这种符合植物生长规律的培育方法，使苗木根系健康发达，具有树体活力高、寿命长等特点。实生苗繁殖速度快，数量大，但由于种子繁殖后出现性状分离不能保持原有优良特性，因此主要作为嫁接繁殖的砧木，还可用于杂交育种和实生选种等。

一、收集种子

首先，选择无病虫害、生长健壮、果实大、产量丰富的优良果进行采收用于育苗的种子，最好等果实充分成熟后再采集种子，因为未成熟果实内部种子幼胚发育不完善，营养不充足，种子颜色不深，形状不饱满，生命力弱，影响发芽率和成苗率，导致苗木质量差，不建议使用。

在北方地区，美味猕猴桃比中华猕猴桃更适宜生长，一般选择美味猕猴桃做砧木，南方地区则两者皆可。育苗质量也与品种有关，例如秦美品种的猕猴桃种子发芽率高，实生苗长势旺，而海沃德品种的猕猴桃种子则发芽率低，实生苗长势也弱。有条件能使用野生猕猴桃种子，其抗逆性和生长势更强。

在室温条件下，将采集好的果实通过堆积的方法后熟变软，在果实发霉腐烂前完成清洗脱种，否则发酵高温产生的有害物质会损伤种胚影响种子活力，降低发芽率。

少量果实脱种，挤出软熟果肉，用纱布、纱网袋或筛子包裹后用力搓揉，经过多次冲洗揉搓，使果肉和种子分离，在水中搅拌，过滤掉含有果肉杂质和秕种子，饱满种子沉于下部，即可清洗取出种子。对于果实数量较大的果种，可用粉碎机慢速搅烂果实，也可放入较深容器捣烂，加入清水，取出果肉等残渣，随后清洗滤出种子。

清洗滤出的种子需在室内阴干，阴干方法一般选用将种子在吸水木板上摊平晾干，注意种子不能暴晒在阳光下，高温和紫外线会使其丧失生命力。阴干后的种子需在凉爽处通风贮藏，装入纸袋或布袋中，放在无鼠害的地方，或在 3～5℃ 冰箱内贮藏。

二、催芽

休眠状态的猕猴桃种子，虽然形态已经成熟，即使具备发芽条件，但生理并未成熟，种子也不发芽或很少发芽。种子经过自然休眠才会陆续发芽，为尽快打破其休眠，提高发芽率，需在适宜的低温条件下，做后熟处理，才能正常发芽。

（一）沙藏法

沙藏法是最常见的破除种子休眠的方法，发芽率可达 80%以上。在播种前 50～60d，55℃左右的温水浸种后再用凉水浸泡 24～48h。准备干净且湿润的细沙，与阴干的种子充分混合，沙：种为(5～10)：1，达到手握变成团、松手后手掌湿润沙团散开的程度即可。藏沙的容器底部要有排水孔，与湿沙混合的种子放入前，容器底部要铺一层 3～5cm 的湿沙，放入后，种子上面再盖一层 3～5cm 的湿沙，为确保通风透气，上端要留存 3cm 空隙。沙藏好的种子同样要贮藏在通风、干燥、凉爽，没有鼠害病虫害的地方。以后每 15d 左右检查沙子是否在半干状态，通过洒水或通风摊晾，保持湿度均匀，待种子露白即可播种。

（二）变温处理

猕猴桃种子变温处理是一种通过模拟昼夜温差和光照的自然条件来提高种子发芽率的方法。这种方法通过将中华猕猴桃种子与含水量 20%的湿沙混合，在露地自然变温和室内控制变温交替处理，95d 后做发芽试验，结果显示自然变温的发芽率为 98.5%，而控制变温的发芽率为 74%。此外，自然变温的发芽始期较控制变温的早 43d。

变温处理的具体操作是将干种子用清水浸湿，白天在(25±1)℃、晚上在(4±1)℃处理 14～32d。这种方法通过模拟自然界的昼夜温差，为种子提供一个类似自然环境，有助于提高种子的发芽率。

（三）激素处理

赤霉素可以促进种子细胞分裂，加快组织增生，可破除种子休眠，且发芽率高，长势良好。先准备好赤霉素溶液，按一定比例配制，一般用2.5～5.0g/L赤霉素溶液浸泡种子24h，等种子内部渗透完全，休眠状态被打破，清洗干净后取出，即可直接播种。

三、播种

(一)苗床准备

因猕猴桃耐旱性差，应选择交通方便、土壤肥沃，灌溉条件好，不易积水的疏松平坦地块，最好是保水保肥力强、通透性好、土壤pH在5.5～6.8的沙壤土。不宜在容易遇水变涝、天干板结的黏重土壤、溃疡病、根结线虫、蛴螬、介壳虫等危害严重的地方以及连作土地播种。也可进行无土营养基质培养出幼苗，移栽到环境适宜的土壤中，可获得优质苗木。猕猴桃种子细小如芝麻，需在秋冬季节进行精细整地。为防治病虫害，播种前应使用甲敌粉、甲醛溶液、多菌灵、敌克松等根据情况对土壤消毒，随后深翻土壤20～30cm，整细耙平，清除杂物，施基肥后与土壤充分拌匀，适量加入磷肥和钾肥。高畦便于排水与灌溉，畦面不板结，利于苗期管理，更适合南方多雨地区；浅畦或平畦便于保水保湿，更适合北方少雨地区。

(二)播种

猕猴桃种子一般在春季日平均气温9～12℃为宜，由于南北温度差异，南方春播比北方早，一般在3月下旬播种，北方待土壤解冻后，一般4月中旬进行播种，若在大棚中播种，可提前15～20d。猕猴桃种子小，最好采用条播，要求挖深2～3cm、宽10cm的播种沟，行距25cm左右，播种量是3～5g/m^2。也可以进行撒播，将均匀撒种，真叶期移栽。播种前在苗床上均匀灌浇清水，下渗浇透后即可播种。种子中掺入细沙混匀撒在沟内，用细筛把营养土薄薄一层筛盖在种子上面，把握薄厚在2～3mm，厚则幼芽不能破土，薄则种子因干缺水而死。为保持苗床处于适宜温度和湿度，播种后覆盖地膜，再盖上稻草，既防高温直射，也防种子接触稻草。大概半个月后即可发芽。

(三)苗床管理

1. 揭覆盖物

待种子发芽出土达到1/5后，大概播种20d时，下午太阳快落山气温下降时要揭掉稻草，动作要轻，避免伤到幼苗，为防止幼苗被强光照射，将覆盖的地膜搭成小拱棚，既能遮阴又能接收阳光。或搭建遮阴篷或遮阳网，使遮光率达到75%。遮阴篷的好坏关系到出苗质量的高低，需做到早上覆盖，晚上揭开，晴天覆盖，阴天揭开。

2. 喷水保湿

幼苗期苗木适应性差，环境因素影响成活率占比很大，需要每天定期检查，保持苗床湿润，早晚各喷水一次，出水量少而缓慢，避免将种子冲出或冲倒刚萌芽的幼苗。幼苗2～3片真叶时，将0.1%～0.2%的尿素和磷酸二氢钾溶于水进行喷施，以促进幼苗生长。

3. 间苗、拔草

幼苗长到3～5片真叶时，剔除长势不佳的病弱畸形苗后，可进行间苗，间苗保持苗距3～5cm，拔除影响苗木生长的杂草。

4. 移栽幼苗

猕猴桃幼苗移栽一般在气温逐渐回升的春季进行，对猕猴桃生长及根系恢复都有一定的好处。高温干旱或阴雨天气应避免移栽，以免对移栽效果造成影响。当幼苗长到4～5片真叶时，在移栽地块上挖坑，根据幼苗大小决定坑的大小。在坑内放苗，保证根系舒展，再将土填回，稍压实。移栽后，再设置遮阳网避免苗木被太阳暴晒的同时，立即浇透水，促进根系与土壤紧密结合。移栽密度要适中，过密会影响通风和透光，造成移栽苗长势不佳；太稀疏会对产量和经济效益造成影响。一般以15～20cm的行距和5～10cm的株距为宜。

图4－1 育苗圃

5. 移苗后的管理

(1)水分管理。完成移植后的植株，要保证土壤中有足够的水分供应，但也要避免过度浇水以免造成根系腐烂的情况出现。在干旱天气里要增加浇水的次数；在多雨的季节里，要做好排水防涝。

(2)施肥管理。猕猴桃移植后的20～30d便长出新叶，早期施肥以氮肥为主，每月追施一次尿素，可以促进猕猴桃的生长；中后期适当增加磷钾肥的使用比例，以提高猕猴桃的抗逆性、品质和生长量。

(3)松土保墒。为防止猕猴桃的根系损伤，一方面要松土保墒，一方面要除去争夺营养的杂草，并有效防止土壤板结对猕猴桃的生长和成活率产生的不良影响。

(4)及时摘心。30～40cm 大小的幼苗，为了使它增粗生长，需进行摘心处理，剪除它下部萌发的嫩芽，保证嫁接部位表面光滑。用插杆法防止枝条互相缠绕，立秋后把遮阳网去掉，加大光照面积，并使之获得良好的通风条件。

(5)病虫害防治。猕猴桃移植后，常规检查苗木生长状况，要加大病虫害防治工作力度，及时采取相应的防治措施，以免因病虫害扩散而影响到猕猴桃的生长和产量。管理得当的猕猴桃植株在秋天能生长至 0.6～1cm 的直径，并能在来年春天完成嫁接工作。

第二节　扦插育苗技术

一、扦插砧木的选择

目前栽培的中华猕猴桃和美味猕猴桃系列扦插成活率极低，主要繁殖方式为种子繁育。用于扦插的猕猴桃一般有对萼猕猴桃和软枣猕猴桃等，有一定的利用价值。

(一)对萼猕猴桃

俗名水杨桃，又名水羊桃、沙梨藤、水洋桃、光叶猕猴桃。原产于浙江、湖南一带，是一种生长在近水边的猕猴桃属植物。其包括对萼猕猴桃、大籽猕猴桃、葛枣猕猴桃、狗枣猕猴桃等。根据观察其中对萼猕猴桃的雄株做砧木嫁接猕猴桃后表现较为理想。目前生产上采用水杨桃砧木嫁接育苗，利用其生长特性有效提高猕猴桃抗逆性，有其利好的方面。一是水杨桃的特性耐瘠薄，抗病，耐盐碱，耐水涝，用水杨桃做砧木的猕猴桃苗在生长环境恶劣的情况下，如水肥条件不佳或土壤盐碱度较高时，能表现出较强的生命力和适应力，提高猕猴桃的种植成功率，能有效抗重茬。二是水杨桃的砧木根系长势强劲，对猕猴桃的营养支持充足，能更好地吸收水分和养分，确保猕猴桃树苗壮成长、果实增产提质。

但是用水杨桃做砧木培育出的猕猴桃苗木也有缺点，由于水杨桃的生长速度小于美味系列和中华系列猕猴桃的生长速度，嫁接后经过几年的生长，在嫁接口会形成一定比例的上大下小现象，俗称“小脚病”，目前还未有多年生水杨桃砧木猕猴桃生长情况的数据记载。笔者建议由于猕猴桃建园投资大，周期长，苗木选择一定要谨慎，在生产上要因地制宜选择合适的苗木，不要盲从跟风。

(二)软枣猕猴桃

软枣猕猴桃包括软枣猕猴桃原种、陕西猕猴桃变种、紫果猕猴桃变型等，是继中华、美味猕猴桃之后最有栽培价值的猕猴桃属植物。常作为扦插钻木来育苗。

图 4－2　水杨桃嫁接苗

二、硬枝扦插

(一)时间

在北方地区必须放在温室里边进行扦插育苗，控制好温湿度，做好苗床，在春季地温达到 20℃以上，湿度达到 95％进行苗床的管理育苗。选择适宜的扦插时间是确保水杨桃扦插成功的关键。通常硬枝春季三四月份是最佳的扦插时间，此时气温适宜，生长萌动性强，有利于扦插后生根。到 6 月份以后再向大田进行移栽，到了 10 月下旬后开始起苗，进行水杨桃苗木种植。

(二)插穗准备

培育水杨猕猴桃种苗木，在水杨桃采穗圃或山上原生态地区采摘对萼猕猴桃苗木，选择直径 0.8cm 以上的枝条。采摘回来后保湿保存。插枝前两三天用清水充分浸泡枝干，保证吸水充分。将枝条剪截成长度 15～20cm 的插穗，插穗至少要有 2 节，顶部平剪、基部削成 1 个小斜面，用 IBA、萘乙酸等生根剂进行浸渍处理，促进生根。

(三)扦插技术

扦插基质选用肥沃、湿润、排水良好的土壤。扦插前要深耕细土，除杂草、去石子，保证土质疏松，透气性好。在预备好的泥土上挖出深约1/3插穗长度合适大小的扦插穴。将处理过的枝条插在插穴里，保证枝干和泥土的充分接触。再用手指将泥土轻轻压实，让树枝固定住。浇足水，保持土壤湿润。

(四)苗床管理

1. 水分管理

在插穗扦插成活以后，保持土壤处于适度湿润状态。过度浇水容易造成烂根现象的发生。根据天气状况选择浇水的频率和合理的田间管理。

2. 温度和光照管理

为了使得水杨桃扦插育苗生长良好，温度宜保持在20～25℃的适宜范围之内；应提供适量的自然光线或使用人工灯光进行照明。使其生长更加迅速。

3. 施肥

在插条生根后即可进行施肥提供足够营养支持植株生长。但一定要注意控制施肥量，以免对植株本身产生危害。

4. 病虫害防治

在育苗过程中，对苗木生长状况的观察和检测非常重要。对出现的任何病虫害问题都要及时地加以控制，为了有效地进行病虫害防治，可以利用物理防治、生物防治和化学防治相结合的方法进行科学防治。

三、绿枝扦插

绿枝扦插法可以快速生产优质苗，因此也是较常用的苗木繁育方法。

(一)插穗采集

插穗常于初夏采集，此时的枝梢正处于半成熟生长阶段的半木质化新梢。初夏后至9月采集的插穗生根较难。插穗可取自盆栽砧木、砧木母树和果园修剪下来的枝条。理想的插穗粗0.5～1.0cm、长10～15cm，节间相对较短。不可取未成熟的“水枝”。益于幼嫩组织形成的条件将促进插穗发根。插穗发根的难易与其在枝梢上所处的位置有关，第9～12节的枝梢发根最好。雌、雄株之间的发根情况差别不大。

(二)保湿

因为取穗时的叶片和春梢正处于生长时期，插穗离体后会在很短时间内迅速失水并使叶片受损，插穗叶片的组织缺失会导致发根率大幅度减小。因此，取下的插穗需保湿，以保持其处于“膨胀”状态。

(三)插穗处理

扦插条按等级分剪成长度约为 10cm 或 20cm 以上的插穗，并将其基部削成一个 1cm 长的斜面。在插穗上保留 20%～50%的叶片。可在选留的叶片中间横向剪去半张叶片，也可按叶片的自然形状剪成圆弧状。

最好用杀真菌剂或杀虫剂对插穗进行浸泡处理，以有效防控高温高湿繁殖条件下易发生的红蜘蛛及有关病害。插穗经吲哚丁酸等生根剂处理可提高扦插成活率。

(四)扦插时间

选择旺盛幼嫩的枝梢作插穗，发根良好、萌芽一致，良苗率高。5～7 月初通常被视为猕猴桃插穗的适宜采集期。迟于这个阶段采穗(剪自成熟蔓)，虽发根尚可，但其萌芽水平和生长量均达不到适宜期采穗的扦插效果。

(五)扦插

从小型拱棚到大型温室，均可选作扦插育苗设施。可在苗床上扦插，也可在直径为 50～70mm($100～200cm^3$)的营养钵里扦插。盆(钵)栽的基质宜选用等比例混合的泥炭、细沙混合基质，其内不加矿质营养。通过弥雾系统对插穗进行间歇式喷雾，喷雾间隔时间由控制系统控制在合适的范围内。例如，扦插后前 10d 里，每隔 20min 喷雾 10s，之后的 3～4 周内逐渐减少喷雾次数。猕猴桃插穗对其根的伤害十分敏感，特别是由高浓度肥料引发的伤害。因此，在插穗的根系生成之前，不宜将其移植于具有平衡营养的基质里。如果插穗在含有养分的基质里发根，则在 6 周的发根期内，基质里的营养会缓慢积累到较高的浓度，这对早期的发根将造成不良的影响。扦插后第 6 周停止喷雾，此时根系已形成，可将其移入具有遮阴功能的温室内。接下来的 2 周根系将进一步发育，在这个时期萌动芽将膨大，在某些情况下可伸长到约 10cm。扦插 8 周后应换成直径为 12cm($1100cm^3$)的大号营养钵，因为当年生长的植株至少可增长 15～30cm。

绿枝扦插的关键是时间的选择和插穗的类型，特别在喷雾时对水分的控制要恰到好处。选用易于排水的基质也很重要，以确保基质在插穗发根和以后的生长期间足够透气。

第三节　嫁接育苗

嫁接是将一种植物的枝条或芽(称为“接穗”)接在另一种植物的茎上或根上(称

为“砧木”)来进行植物繁殖的一种技术。接穗与砧木结合的部位叫嫁接点。嫁接苗通常可结合接穗和砧木的优点,如提高植株的适应性,增强其生长势,改善果实品质或在不同品种间实现遗传特性的交流,提高植株的抗病性、耐寒性或产量。同时也可采用嫁接的方式对受损植株进行修复,使其再生。

一、接穗采集

接穗应来自适应当地环境的优良品种,选择品种纯、芽孢饱满、健康无病虫害的结果枝或发育枝作为接穗,以保证嫁接后的品种纯正和生长旺盛。

(一)选择纯种优良植株作为母树

选择生长健康、无病虫害、适应当地环境的纯种猕猴桃植株作为采穗母树。这样的母树能提供健壮、有活力的接穗,增加嫁接成功的可能性。

(二)采集健壮的枝条

在母树上选择生长充实、芽体饱满的健壮结果枝或发育枝作为接穗。这些枝条具有较高的生命力和生长潜力,有利于嫁接后的生长和发育。避免选择有病虫伤口、芽眼不饱满和徒长枝芽的枝条。

(三)接穗的成熟度

选择的接穗应与砧木新梢的成熟度基本一致才可以提高嫁接的成活率。通常选择半木质化的新梢作为接穗,这样的接穗既具有一定的硬度,又保持了一定的韧性,易于操作且成活率高。

(四)不同季节的接穗要求

季节不同,接穗的选择不同,春季的接穗,是使用进行沙藏或冷藏过的先年冬天修剪好的优良品种的接穗,注意修剪后,要尽快涂蜡保护或包扎好剪口,贴好标签分类存放;夏季则选择枝条完成木质化后的饱满芽,采集后尽快嫁接。

二、接穗保存技术

如果条件允许,最好现嫁接现采集,可以保持接穗的新鲜度和活性。短时间保存或外运时,剪掉接穗的叶片,将其下部浸入水中,或准备湿布、湿苔藓包裹,甚至可再包裹一层塑料膜防止水分蒸发,避免接穗失水干枯。

长时间保存的猕猴桃接穗可采用沙藏和冷库保存,由于沙藏工序繁琐,目前生产上多将接穗保存在冷库中。先将采集的接穗进行消毒处理,目的是把表面存在的病菌和害虫等都消灭,减少嫁接后发生病害的概率。库内用臭氧机或0.1%的高锰酸钾溶液进行消毒，将需要保存的接穗用塑料袋密封避免失水，堆垛在冷库内，库温保持在 1～3℃之间，可保存 4～5 个月。

三、砧木的选择

根据实际生产需要选择适宜本地种植且生长势强的苗木做砧木。所选择砧木生长程度应与接穗相匹配或略快，以保证嫁接后植株的整体发育均衡和稳定，砧木应具有良好的适应性和抵抗力。一般直径需达到 0.6cm，嫁接部位要保持光滑平整。

四、嫁接时间

猕猴桃嫁接的时间除伤流期和寒冷的冬季，春季、夏季和秋季均可嫁接。春季嫁接一般在 2～3 月份（发芽前 20～30d 到展叶前）进行；夏季嫁接在 5 月上旬至 7 月中旬（枝条木质化后）进行；秋季嫁接则在 8 月下旬至 10 月上旬进行，以 9 月份为佳，过迟遇冬容易冻死苗木。其中，春季嫁接效果最好，由于气候适宜，植株营养充足，出圃率高。

嫁接时要考虑地区的气候差异，确保嫁接时的温度、湿度等条件适宜。具体的时间段因地区和气候条件而异。在陕西地区，适宜的嫁接时间大致为 2 月上旬至 3 月下旬以及 5 月上旬至 7 月上旬。

五、嫁接方法

嫁接的方法主要有插皮舌接、劈接、带木质芽接和皮下接等。具体操作时，要根据砧木的大小和嫁接季节选择合适的方法。

（一）劈接

春季主要采用猕猴桃劈接法嫁接幼苗，此法要求接穗粗度比砧木小。

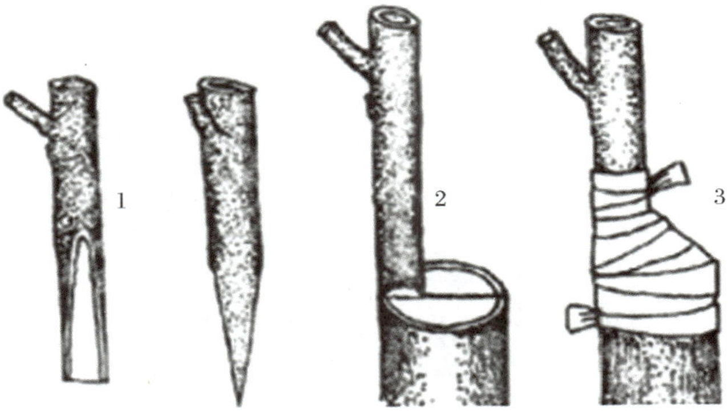

图 4－3 劈接

1. 准备砧木和接穗

选用生长健壮、根系发达、无病虫危害的猕猴桃苗为砧木，要求根茎粗度应在0.6cm以上，茎秆至少有5个饱满芽。

2. 处理砧木

在砧木离地5～10cm处用嫁接刀切开，深度控制在1.5～3cm。

3. 削接穗

将接穗下端削成楔形斜面，斜面长2～3cm，且楔面一侧较另一面稍粗。剪下接穗前，要留1～3个饱满芽，上部离芽2cm，下部离芽3cm，并要求切面上一刀削成，保证切面顺滑平整。

4. 插入接穗

将削好的接穗从砧木的接口中间插入，确保两边的形成层对齐(如果砧木与接穗粗度不一致，应尽量保证一边的形成层对齐)。

5. 包扎

使用嫁接膜或塑料薄膜带将接口缠严扎牢，注意要将芽露出。

(二)舌接

在冬季室内和春季萌发前常用的嫁接方法，这种方法使两面形成层对接，要求嫁接材料粗度相近，可有效增加成功的概率。

图4-4　舌接

(1)将多余枝条进行修剪,寻找方便削接穗和缠绑的光滑侧面,在离地 5～10cm 的砧木上,削出 3cm 的舌形斜面,注意切口要见木不伤木,使其露出形成层。挑选芽眼饱满的接穗,削成类似砧木切干的形状。切面要一刀切好,保证光滑平整。

(2)将削好的接穗反过来插入砧木切口,保证接穗与砧木侧面形成层相互对齐,嫁接时应迅速进行防止失水,提高嫁接成功率。所有的创口都要用嫁接膜紧密缠绕包裹起来,防止水分和病菌的侵入。

(三)单芽腹接

此法适用于各个季节中猕猴桃的嫁接,这种方法速度快,成活率高。

(1)处理接穗:在所选芽头下 1～2cm 处斜切 45°角至接穗的 2/5 处。再从芽头上方 1cm 处斜向下切,与第一个切口的底端相交,形成带有芽的接芽片。

(2)处理砧木:在砧木离地 5～10cm 处的光滑表面,切开一个切口,大小与接芽片差不多。

(3)嫁接:砧木切口内嵌入接芽片,保证两者形成层对齐。再将嫁接部位用塑料膜或接膜包扎紧密,只露出叶柄和嫩芽。嫁接初期,要适当遮阴,以免接穗因受阳光直射而出现干燥、干枯的现象。为利于嫁接部位愈合,嫁接后要及时浇水,保持土壤湿润。嫁接部位的愈合情况要定期检查,如果发现没有愈合的,或者是已经干枯的接穗,要及时补接。

图 4-5　单芽腹接

(四)皮下接

猕猴桃的皮下接多用于接穗粗度小于砧木时的嫁接,适用于猕猴桃的幼树嫁接。

一般在春季萌芽前进行，此时树液开始流动，嫁接成活率较高。

1. 处理砧木

在砧木离地面10cm处选择一个平滑无节疤的位置，用刀横切一刀，然后从横切口往下纵切3cm，形成一个“T”形切口。

2. 处理接穗

将接穗的下端削成斜面，削面要平滑，长度与砧木的“T”形切口相适应。接穗留1～2个小芽，上端离芽0.5cm，下端离芽1.5～2cm。

3. 嫁接

将接穗的削面插在砧木的切口上，随即包严扎紧，使两者的形成层紧密结合，防水分蒸发和病菌侵入。嫁接过程要尽可能快，以减少削面的氧化和形成层的风干，增加嫁接的成功率。如果砧木较粗，可以在砧木上切多个切口，分别插入接穗。

4. 嫁接完成后

嫁接完成后，及时浇水并保持土壤湿润，同时注意避免阳光直射和风吹。待接口愈合后，及时解绑并去除砧木上的萌蘖，以促进接穗的生长。嫁接后的几周内，应定期检查接口的生长情况，查看是否有病虫害发生。一旦发现问题，应及时处理。

（五）嫁接时的注意事项

（1）嫁接过程迅速进行，且要保持削面的新鲜和湿润，防止削面氧化和形成层风干，降低嫁接成功率。

（2）嫁接工具必须进行彻底的消毒灭菌处理，保持接口的卫生与清洁，防止病菌和病毒的传播。

（3）嫁接时采用具有较高的韧性和弹性的专业塑料膜或绑带，可以有效地保护嫁接口不受外界环境干扰和伤害。

（4）嫁接完成后必须及时清除砧木上萌发的新梢与芽眼，它们与接穗争夺养分和水分，影响嫁接苗的生长与成活率。

（5）嫁接后的两周时间是检测嫁接成活情况的关键时期。此时可通过轻轻触碰嫁接口的叶柄来判断其牢固度，如果一触即落表明嫁接已成功；叶柄没有脱落则说明可能需要重新进行嫁接。

（6）除此之外，还应注意猕猴桃嫁接后的生长环境及田间管理，保持适宜的土壤湿度、光照及温度条件，定期施肥与修剪，以利于嫁接苗的正常生长发育。

六、嫁接苗的管理

(一)定植技术

1. 定植前准备

首先确保所选地块土壤肥沃,排水良好,具备猕猴桃生长条件。然后再进行土地整理和施肥,给猕猴桃提供一个良好的生长环境,以备嫁接苗之需。选择撩壕法或挖穴法,按照一定比例施入土杂肥、猪牛粪、秸秆、饼肥等有机肥料,根据土壤酸碱度的高低决定是否添加生石灰。这样可以提供充足的营养物质,改善土壤结构。用土杂肥、腐熟猪粪、鸡粪、菜园土等做成堆肥。后续施肥中,每个植穴都要准备适量的堆肥。

图 4－6　苗圃整地

2. 定植时间

一般在春季或秋季为猕猴桃嫁接苗进行定植。春季是猕猴桃生长的旺季,此时定植嫁接苗,生长发育快、成活率高。秋天气候适宜,所以也是嫁接定苗的好时机。

3. 定植方法

在定植前,对猕猴桃苗进行处理,包括对腐烂、损伤、根系过长等嫁接苗的修剪,但要做到根系健全。在准备好的地块上挖定植穴,要根据猕猴桃嫁接苗的大小、根系长短等因素,决定穴的大小、深浅。定植穴内放入处理过的猕猴桃苗,注意摆平舒展根系,保证根系正常生长。覆盖一层薄薄的细土,轻轻压实,使根系与土壤紧密接触。

浇足水，再覆一层土，使土壤始终保持湿润状态。填土时要注意不能破坏嫁接口。

4. 浇水与施肥

定植后要及时浇水，保证土壤水分适宜，并根据植株的生长状况，适时施肥，提供充足的营养，加快猕猴桃的生长发育。

5. 管理与修剪

关注植株生长情况，及时解除嫁接口处的薄膜，以免妨碍生长。再适当进行灌溉、施肥、修剪、除草松土等工作确保苗木健康生长。

图 4－7　嫁接苗定植

（二）田间管理

嫁接后需要进行一系列的管理措施，包括剪砧、除萌、解绑、摘心等。

1. 剪砧

采用单芽腹接或芽接的嫁接苗需及时剪砧，以去除砧木对接芽生长的限制，还能防止砧木上的病虫害对接芽造成感染，使之更好地吸收养分和水分。剪砧过迟会导致徒长的枝芽抑制接芽生长。春季嫁接的猕猴桃苗，嫁接成活后立即剪砧，剪口离接芽 3～4cm，使接芽有足够的空间和养分进行生长。夏季嫁接的猕猴桃苗，有两种剪砧方法，第一种是分两次剪，第一次在接芽上方留几片叶子，接芽抽枝长叶后在其上方 4cm 处二次剪砧；第二种方法是在接芽成活后，可以先进行折砧使根系继续汲取营养，直至接芽长出 3～5 片叶子后再进行剪砧，折砧时只需在接芽上端 6cm 处折弯，利于接芽生长。秋季嫁接的猕猴桃苗，应在翌年早春伤流前进行剪砧。若随接随剪，可能会导致新梢嫩枝受冻而死。

2. 除萌

除萌是指及时将砧木上已萌发的新芽抹除，这些新芽会与接芽争夺水分和营养，影响嫁接的成活率。所以从春季萌芽后每隔 4～5 天进行一次除萌工作，保证接芽优先获得营养达到良好的嫁接效果。发现嫁接芽未成活时，可以选择保留一部分萌发出比较粗长的枝条，为以后的补接做好准备；另外，在除萌过程中一定要注意力度及方式，以免对嫁接苗造成不必要的伤害。另外，在除萌过程中也要注意对嫁接穗进行适当的护理和保养。

3. 解绑

嫁接成活后，大约两个月，待苗木开始加粗生长时，及时进行解绑。解绑过早，芽体会因风干翘裂而死，解绑过晚，塑料包扎物会对苗木造成束缚，影响苗木加粗生长甚至因无法汲取营养而死亡。

4. 立立柱

猕猴桃嫁接苗长到 20cm 左右时，由于其极易被风吹倒，影响苗木生长，所以需要用绳子把竹棍绑在嫁接苗旁边作为立柱。

5. 摘心

摘心的目的主要是控制枝条的生长，促进侧芽的发育，增加枝条的粗壮度和充实度。嫁接苗到达第一次生长高峰后，当新梢长至 50～60cm 时，枝条容易出现先端缠绕现象，应及时剪除新梢顶端 3～5cm 进行摘心。摘心后，要注意观察猕猴桃的生长情况，及时进行疏枝。过密的枝条要按照一定的距离进行修剪，确保树体通风透光，减少病虫害的发生。同时，可以结合喷雾防治病虫害，加入叶面肥等营养物质，增强枝叶的抗逆性。

6. 补接

猕猴桃嫁接苗的补接方法主要是在嫁接未成活的情况下进行的。首先，通过观察嫁接部位的愈合情况、新梢的生长状况以及叶片的颜色等来判断检查猕猴桃嫁接苗的生长情况，确定哪些嫁接部位没有成活。然后，准备好砧木，确保砧木的生长状态良好，与接穗的亲和力好。补接的时间一般选择在 6～7 月进行，因为此时猕猴桃的生长旺盛，嫁接成活率高。补接可以采用与初次嫁接相同的方法，如插皮舌接、劈接、切接法等。在嫁接过程中，要确保接穗与砧木的接触面紧密贴合，形成层对齐，以提高嫁接成活率。

7. 水肥管理

猕猴桃嫁接苗需要充足的水分，根据土壤湿度和气候条件，干旱时要进行灌溉，由于嫁接苗不耐涝，还要确保排水良好。同时，要施基肥，主要以腐熟的动物粪便或植物残渣等有机肥为主，生长初期，追施氮肥，生长中后期，增加磷钾肥，并通过喷施含有微量元素和生长调节剂的叶面肥来快速补充养分，提高嫁接苗的抗逆性和产量。

8. 病虫害防治

嫁接苗容易遭受金龟子、叶蝉等病虫害，坚持以防为主综合防治的原则，按照病虫发生的具体情况科学用药，运用生物防治与化学防治相结合的方法，喷施有菊酯类成分的农药进行治理，也可引入天敌。若是土壤偏碱、根深、根腐病等可能导致黄化病，需在萌芽前，用施肥枪在根系分布区灌注含有硫酸亚铁、醋、菌剂及黄腐酸的混合液，叶面喷雾螯合铁，每 20d 一次。嫁接苗成活后，及时施加速效肥，促进生长。新梢展叶后，喷洒尿素和磷酸二氢钾的混合溶液，补充营养。保持园内清洁，及时清除落叶、病枝等，减少病虫害的滋生环境。

图 4-8　成品苗

第四节　苗木出圃与运输

一、苗木质量标准

猕猴桃嫁接苗的分级标准主要依据其生长状况、纯度、根系、苗木高度与粗度以及嫁接愈合度等因素来综合评定，根据我国猕猴桃苗木标准 GB 19174—2010，猕猴桃的苗木质量标准分为 3 级(见表 4－1)。

表 4－1 猕猴桃苗木质量标准

项目			一级	二级	三级
品种与砧木			品种与砧木纯正。与雌株品种配套的雄株品种花期应与雌株品种基本同步,最好是同步。实生苗和嫁接苗砧木应是美味猕猴桃		
根	侧根形态		侧根没有缺失和劈裂伤		
根	侧根分布		均匀、舒展而不卷曲		
根	侧根数量/条		≥4		
根	侧根长度/cm		当年生苗≥20.0,两年生苗≥30.0		
根	侧根粗度/cm		≥0.5	≥0.4	≥0.3
苗干	苗干直曲度/(°)		≤15.0		
苗干	高度	当年生实生苗/cm	≥100.0	≥80.0	≥60.0
苗干	高度	当年生嫁接苗/cm	≥90.0	≥70.0	≥50.0
苗干	高度	当年生自根营养系苗/cm	≥100.0	≥80.0	≥60.0
苗干	高度	两年生实生苗/cm	≥200.0	≥185.0	≥170.0
苗干	高度	两年生嫁接苗/cm	≥190.0	≥180.0	≥170.0
苗干	高度	两年生自根营养系苗/cm	≥200.0	≥185.0	>170.0
苗干	苗干粗度/cm		≥0.8	≥0.7	≥0.6
根茎与茎皮			无干缩皱皮,无新损伤,老损伤处总面积不超过 1.0cm²		
嫁接苗品种部饱满芽/个			≥5	≥4	≥3
接合部愈合情况			愈合良好。枝接要求接口部位砧穗粗细一致,没有大脚(砧木粗、接穗细)、小脚(砧木细、接穗粗)或嫁接部位凸起臃肿现象;芽接要求接口愈合完整,没有空、翘现象		
木质化程度			完全木质化		
病虫害			除国家规定的检疫对象外,还不应携带以下病虫害:根结线虫、介壳虫、飞虱、螨类、根腐病、溃疡病		

注:苗木质量不符合标准规定或苗数不足时,生产单位应按用苗单位购买的同级苗总数补足株数,计算方法如下:差数(%)=(苗木质量不符合标准的株数+苗木数量不足数)/抽样苗数×100,补足株数=购买的同级苗总数×同级苗差数百分数(%)。

二、苗木主要质量指标

1. 饱满芽

指嫁接口以上的饱满芽。

2. 根皮及茎皮损伤

因人为、自然、机械或病虫引起的损伤。无愈伤组织为新损伤处，有环状愈伤组织的为陈旧损伤处。

3. 侧根基部粗度

侧根距茎基部 2cm 处的直径。

4. 全根

根系在起苗后完好无损，没有缺根、劈裂伤和断根。

5. 苗干高度

地面至嫁接品种茎先端芽基部的长度。

6. 苗干粗度

低接苗是指苗干离地面 5cm 处的直径，高接苗是指离地面 160cm 处的直径。

7. 扦插苗苗干粗度

当年生扦插苗苗干粗度是指扦插苗干上距原插穗 5cm 处苗干的直径，两年生扦插苗苗干粗度是指高接苗离地面 160cm 处的直径。

8. 苗木年龄要求

实生砧苗要求砧木生长 1 年。嫁接苗要求砧木生长 1 年，嫁接后生长 1 年。扦插苗要求扦插后生长两年。

三、苗木出圃管理

苗木出圃前，需仔细核对品种做好标注，防止起苗时品种混杂，便于统计苗木成活率与出圃量。猕猴桃苗木出圃程序通常包括以下步骤：

（一）苗木病虫害的检疫

为确保检疫结果的准确性和可靠性，猕猴桃苗木病虫害的检疫工作应该由具备专业知识和技能的检疫人员来执行。对猕猴桃苗木进行详细的外观检查，留意患病部位、芽眼、叶片和根系等是否有异常，观察是否有病斑、虫洞、畸形或变色等迹象，经过检疫并确认无病虫害的猕猴桃苗木，出具检疫证明，检疫合格才能出圃。

(二)起苗与整理

起苗通常是在落叶后至伤流前。在苗木处于休眠期时去掉苗木的细弱枝叶，修剪过长枝，在起苗时，防止碰伤枝干以及根系，准备好包装材料。

(三)分级与捆扎

整理好的苗木应按照其生长状况和品质进行分级。每20～50株为一捆，将同一等级和品种的苗木捆扎在一起，并挂上相应的品种标签，注明品种或品系、砧木、等级、数量与产地等信息。

(四)假植与贮藏

猕猴桃苗木的假植应选择土壤排水性好、干爽且背风的地方进行。挖好深50cm、宽1～2m、沟底铺湿沙10cm的假植沟，将苗木按品种和等级直立紧密排在沟内，用湿沙填实，埋没茎段25～30cm，不留空隙，地表锥形填土后浇透水。在寒冷地区，为确保苗木不被冻伤，还需要在苗木上覆盖草帘等防冻材料。

(五)苗木出圃

出圃时，准备好苗木品种等信息的标签和质量检验证书，统计好苗木的数量，做好交接工作，若存在检疫问题，严禁外运。

四、苗木的运输

将贴好信息标签的苗木用稻草、麻布进行捆扎，并填充湿锯末确保苗木湿度适中，运输中及时补充水分和养分，确保苗木的鲜活度。运输车辆做好防晒、防雨、通风工作，装卸和运输过程中避免苗木受到挤压或碰撞，维持适宜苗木生长的环境。要求到达目的地后，苗木新鲜有活力，生长情况良好，无病虫害现象，并及时做好定植、假植工作。

第五章 猕猴桃高标准建园技术

第一节 猕猴桃栽培的适宜地区

猕猴桃为多年生落叶藤本果树，喜温暖潮湿环境，自然分布在海拔 200～2300m 的背风阴湿地块或隐蔽的山窝、荒坡、溪谷和林地中。在长期的进化过程中，猕猴桃形成了怕高温干旱、涝渍、强风、霜冻和盐碱的特性。在新西兰、日本等国家，传统上猕猴桃与柑橘以及亚热带作物番茄树的栽培区域相同。

表 5－1 中国、新西兰和日本猕猴桃产地的气候条件

国别/地区	中国			新西兰		日本	
	陕西西安	上海浦东	广西桂林	陶朗加	北地	山梨	松山
年平均最高气温/℃	18.8	18.5	21.5	18.9	20.1	19.9	20.3
月最高气温/℃	26.5	27.4	33.7	24.0	24.7	31.4	31.7
年平均最低气温/℃	8.6	14.5	15.8	8.9	11.4	8.9	11.5
月最低气温/℃	－1.2	3.6	6.7	4.6	6.1	－3.6	1.5
年平均气温/℃	13.2	15.7	18.8	14.0	15.1	13.7	15.6
年降水量/mm	700	1190	1921	1312	1682	1.093	1337
年日照时间/h	1.993	2.080	1.670	2298	2.004	2197	2133

注：中国的数据是 1971～2010 年的平均值，日本的数据是 1951～1980 年的平均值，新西兰的数据是 1980～1990 年的平均值。

一、温度

落叶果树一般都需要经历低温阶段后再打破休眠，恢复正常生长，猕猴桃大约需要 4℃的低温积累 950～1000h。在广东南部地区引种秦美等品种的猕猴桃，结果只萌芽长叶而不开花，就是因为不能满足需冷要求。猕猴桃生长要求年平均气温在 11.3～16.9℃，极端最高气温不超过 42.6℃，极端最低气温不低于－15.8℃。猕猴桃耐寒性弱，极端最低气温在－10℃以下时就有危险。＞10℃的有效积温在

4500～5200℃。猕猴桃比柑橘类耐寒性强，但如果春季萌芽后遇到晚霜，最低气温不能低于－2～－1℃。收获期前后遇到初霜会影响叶片和果实的正常生长，也会影响果实的耐贮性。无霜期宜在160～240d，不宜选择在晚霜和初霜容易发生和容易导致寒气积聚的地域建园。在日本，猕猴桃最适栽培地的气温条件标准是年平均气温在13℃以上、4～10月平均气温在19℃以上。一般适宜温州蜜柑栽培的地区也适宜栽培猕猴桃。

二、土壤

猕猴桃对土壤的适应性广，但对排水性和保水性要求高，要求土壤通透性强、排水良好，最好选择地下水位1～1.5m以下、排灌便利的地块。积水较多的黏重土壤，地下水位高的水田转换园，以及容易干燥、高温干燥持续时间较长的环境容易引起生理障碍。过湿或者排水不良容易导致叶片黄化，容易受到颈腐病的感染（颈腐病的病原是一种类似真菌的病原菌）。猕猴桃枝蔓在生长的第一阶段和第二阶段，土壤最适的相对含水量分别为45.0%和48.4%。猕猴桃园最好建在土层深厚、疏松肥沃的沙壤土地块。猕猴桃的土壤最适pH值为6.0～7.0，大于7.3时容易引起黄化，酸性较强的土壤容易引起生理障碍，需要调整土壤的pH值。

三、降水量和光照

猕猴桃对年降水量的适应性广，从甘肃部分450mm的地区到福建2000mm的地区，均有猕猴桃集中栽培区。相对湿度要求在60%～85%。成年猕猴桃渍水3d左右，会导致枝蔓叶萎蔫，甚至整株枯死。1年生猕猴桃在生长旺季淹水1d后，在1个月内相继死亡。

猕猴桃幼苗期喜欢阴湿的生长环境，但进入结果期后对光照要求较高，属于喜光耐阴植物。中华猕猴桃、美味猕猴桃、软枣猕猴桃和毛花猕猴桃需要的最少年日照时数分别为1700h、1700h、1300h和1800h。光照时长与光合速率直接相关，影响新梢和果实的生长、花芽分化和果实品质，但是光照过强通常伴随高温和干旱，容易引起日灼病。

四、地形

猕猴桃生长适应多种地形，在平原、丘陵和山地均可建园。高海拔山区立地条件差异大，机械化操作困难，经营成本较高，不利于规模化栽培。山地果园需要做好水土保持工作，避免在夏日太阳直射的西南向山坡建园。与南坡相比，北坡容易发生低温冻害。应避免选择在地势低洼、冷空气容易积聚和容易发生霜冻的地域建园。中低海拔地区多为平原丘陵，地势平坦，经过改良后的平整旱地和易排水的水田可以集中成片种植猕猴桃，实现规模化栽培。

五、陕西省猕猴桃的气候适宜性区划

（一）区划指标

表 5－2　陕西猕猴桃气候适宜性区划指标

区划因子	年平均气温（多年平均）/℃	年降水量/mm	无霜期/d
适宜	≥13.0	≥700	≥220
次适宜	7.0～13.0	400～700	130～220
不适宜区	＜7.0	＜400	＜130

（二）区划评述

以秦岭为界，分为秦岭以北和秦岭以南两个区分别评述。

1. 秦岭以北

适宜区。本区包括秦岭北麓海拔 1200m 以下至渭河北岸以及韩城市城区周边海拔 600m 以下区域。本区西起宝鸡峡引渭工程渠首，东至潼关塬，南起秦岭北麓海拔 1200m 以下的南山支流河谷和山前阶地，北至渭北二道塬。韩城市城区周围海拔 600m 以下区域亦属适宜区。该区属暖温带半湿润半干旱气候，年平均气温为 10.9～14.9℃，呈东高西低分布；年降水量为 530～873mm，2～8 月降水量 337～496mm，呈南多北少分布；无霜期 180～234d。此区水热同季，气候资源优越，土壤肥沃，地势平坦，交通发达，水利设施好。主要气象问题是东部部分地区年降水量偏少，夏季高温热害天气每年都有不同程度发生；宝鸡市辖区及蓝田县猕猴桃萌芽展叶期存在 4～13 年一遇的晚霜冻害。

次适宜区。北部次适宜区自适宜区北界渭北二道塬以北到北山海拔 1100m 以下地区。该区年平均气温 9.5～14.4℃，年降水量 495～655mm，无霜期 178～225d。春季晚霜冻害较多，降水偏少，干旱较重，对猕猴桃生长、产量和品质形成有一定影响。

南部次适宜区自秦岭北麓适宜区以南到南山支流河谷海拔 1400m 以下区域。该区年平均气温 7.9～12.0℃，年降水量 639～949mm，无霜期 158～201d。本区水分条件较好，但热量资源不足。

不适宜区。北部主要包括次适宜区以北海拔 1100m 以上冷凉干旱区。该区年平均气温低，冬季寒冷，冻害严重，春、秋季多霜冻害，降水量少，无法满足猕猴桃生长需求，不宜栽培。南部主要包括秦岭北麓高海拔地区。该区虽降水条件适宜猕猴桃生长，但其山高坡陡，土地贫瘠，生长期光、温条件差，不适宜猕猴桃栽培。

2. 秦岭以南

适宜区。本区包括陕南秦巴山区海拔 780m 以下的浅山丘陵区。可分为：

汉中盆地周边适宜区，包括汉中盆地及周边海拔 720m 以下浅山丘陵区。该区年平均气温12.3～16.0℃，无霜期212～249d，年降水量637～1246mm。本区热量和水分都能满足猕猴桃生长，汉中盆地地势较为平缓，土层深厚，水利发达，交通便利，立地条件较好，猕猴桃生长的气候条件是陕西最好的，其产量高、品质好，适栽品种以中华猕猴桃为主。

安康盆地周边适宜区，包括凤凰山以北的石泉、汉阴和汉滨区海拔700m以下，汉滨区火石岩以东的盆地周边及汉江和支流两岸海拔700m以下，凤凰山以南和平利北部海拔700m以下的浅山丘陵区。该区年平均气温12.3～17.7℃，无霜期222～264d，年降水量776～1119mm。本区具备猕猴桃生长的气候条件，其中热量、水分条件好，但高温热害每年均有不同程度发生。该区立地条件不如汉中盆地，凤凰山南北两侧坡陡土薄，土地分散，立地条件差，但气候条件优于秦岭以北适宜区。建园选址应选择30°以下的缓坡地带，避免栽种在土壤瘠薄、容易受旱的地块，适栽品种以中华猕猴桃为主。

商洛南部适宜区，包括金钱河、丹江及支流两岸海拔780m以下浅山丘陵区。该区年平均气温12.9～15.8℃，无霜期212～247d，年降水量637～887mm。本区水热条件可满足猕猴桃生长，建园以川道两侧的支流沟岔缓坡地为宜。

汉中市的宁强广坪一带河谷丘陵，海拔700m以下的局部地区亦属适宜范围。该区年平均气温13.8～15.1℃，无霜期231～259d，年降水量773～983mm。该区水热条件可满足猕猴桃生长需要，但立地条件次于秦岭以北适宜区，宜选立地条件好的缓坡地建园。

次适宜区，本区包括陕南秦巴山区28县（区）海拔1100m以下的山区。该区与适宜区相比，除立地条件差外，生长期热量条件亦不满足适宜所需下限要求，易导致猕猴桃产量低，品质欠佳。可分为：

汉中次适宜区，主要包括汉中市位于秦岭南坡的汉台区、勉县、留坝、城固、西乡、镇巴、南郑、洋县、略阳海拔1000m以下及宁强、佛坪海拔1100m以下山区。该区年平均气温11.4～15.1℃，无霜期201～254d，年降水量646～1428mm。该区虽水分较好，但热量条件次于适宜区，且坡陡土薄，立地条件差，土地面积少，该区猕猴桃不宜大面积种植。

安康次适宜区，包括石泉、汉阴、汉滨区、岚皋和平利北部海拔1070m以下，旬阳大部、镇坪东部1050m以下，白河大部和宁陕海拔1000m以下的山区。该区年平均气温10.5～16.2℃，无霜期198～245d，年降水量730～1255mm。该区水分条件尚可，但热量不足，且坡陡土薄，立地条件差，土地面积少，该区猕猴桃应选择合适地形小范围种植。

商洛次适宜区，包括商洛地区中南部河谷两岸浅山坡地。分布在旬河、乾佑河、金钱河、丹江流域海拔930m以下丘陵地区。该区年平均气温11.2～14.8℃，年降水量554～903mm，无霜期184～229d，年热量条件尚可，水分条件不足。由于山大沟深，立地条件差，只宜根据有利地形选择立地条件良好的小范围进行栽培。

不适宜区。陕南秦巴山区海拔1100m以上的深山区，虽水分条件好，一般在1000mm左右，但因立地条件、生长期热量条件都不能满足猕猴桃生长需求，不宜栽培。

第二节　园地规划

建立面积较大的猕猴桃园，要认真搞好规划和设计，按园地成方，渠路成行，路、沟、渠配套成网的要求进行规划，标准要高。

一、小区划分

为方便排灌和机械作业，应根据地形、坡向和坡度划分为若干小区。要求同一小区内的气候、土壤、品种等保持一致，集中连片，以便于进行有针对性的栽培管理。

二、道路规划

道路系统规划应根据园地面积大小而定。面积较小的果园，只需把个别行间距适当加宽就可以作为道路使用。对于面积较大的果园则要有主干路、支路和小路三级道路。

三、排灌系统

猕猴桃抗旱耐涝性均比较差，所以一定要做到旱能灌，涝能排。排灌系统的规划要与道路系统相结合，大型果园要设置总灌渠、支渠和灌水沟三级灌溉系统；排水系统要有小排水沟、中排水沟和总排水沟三级。特别是南方多雨，一定要建好排水系统，园地内三沟畅通。新建果园应安装节水灌溉系统和肥水同灌系统，既能节约用水用肥，又能根据猕猴桃不同生长时期的需求实现精准供水、供肥。

四、防风林与风障

猕猴桃叶大质脆，果实皮薄质嫩，枝蔓木质化程度差，6级以上大风对猕猴桃的生长发育易造成很大的危害。据调查，开阔地栽培的猕猴桃易受春季干热风的危害，新梢的年生长量仅为防护林内猕猴桃的30%。猕猴桃建园时要特别考虑防风问题，一般用设立风障或营造防风林的方法来减轻风害。

在猕猴桃防风林的树种选择方面，要避免所选树种的开花期与猕猴桃相同，树种应当生长迅速、根冠紧凑、根系分布深、寿命长、抗性强，没有与猕猴桃相同的病害或者不会为病虫提供寄主。可供选择的乔木树种有白杨、水杉、木麻黄、香樟、柳树等，灌木树种可选择的有冬青、竹类、枸橘、酸枣、花椒等。一般防风林设计有主林带和副林带，主林带种植在主干道和干道两侧，副林带种植在小区之间。防风林带和果园间用深沟隔开，以防止防护树的根系向果园内快速生长。为更好地发挥防风林的作用，果园可以规划成狭长长方形，长边与主风向垂直。新西兰猕猴桃栽培小区的设置一般为 40m 宽、150m 长，防风效果较好。防风林最有效的防风范围为树高的 10～30 倍。

五、水土保持

对于建在山坡地的猕猴桃园一定要注意防止水土流失，在坡度较大的山地应修筑梯田，每一梯田的边缘用石块修砌，并种植深根型的小灌木，如荆条、紫穗槐等。坡度小于 10°的地段，可采用垄沟栽植法，即在坡地上等高开沟，在沟外缘筑壕，猕猴桃栽植于沟内侧的壕缘上。

第三节　园地准备

适宜猕猴桃生长发育的土壤 pH 值为 5.5～6.5，猕猴桃在中性（pH 值为 7.0）或微碱性（pH 值为 7.1～7.5）土壤中也能生长，但常出现叶片黄化、生长缓慢等问题，土壤 pH 值在 8.0 以上时，这些问题尤为严重，甚至会造成植株衰弱、不长、死亡等。另外，土壤盐离子浓度偏高，猕猴桃根系也会因水分、养分运输不畅出现以上问题。

一、土壤改良

（一）深翻熟土

猕猴桃是浅根性肉质根植物，对土层质地和土壤通透性要求很严。猕猴桃根系在土壤中分布较浅，范围较广。一年生苗的根条入土深度为 20～30cm，水平分布达 25～40cm；两年生根系入土深 40～50cm，水平分布 60～100cm；三年生根系明显加粗，不向土壤深处发展，而向水平方向发展。成年植株的根系广泛分布于土壤深 1m 以内，在地表下 40cm 处分布密度最大，因此创造一个好的土壤条件，是改善养分、水分供应、提高产量品质的基础，对于那些不太适合猕猴桃生长的地区，如土层浅、土壤瘠薄的山地或土壤孔隙度差，排水透气不良的黏重土壤，必须深翻改土。深翻的要求，活土层要达到 60cm 以上，改变树苗栽在穴里、沟里根系积涝受害、伸展不开等状况，通常当树苗种下去以后，由于树坑中的土已松活，而树坑周围的土却比坑中的土硬，这样就容易形成花盆式难透水的穴，当雨水过大时，不宜排走，使树根处于积涝状态，这样就容易造成幼树的死亡。深翻改土分为两类，一是建园时即苗木栽植前进行的深翻改土，二是栽植后逐年进行的深翻扩穴。

（二）改土提质

1. 掺沙改良

定植前、幼树期是掺沙改良的重点时期。一般秋末或早春在全园压沙 10～

20cm，再进行深翻。成树期可结合施基肥在施肥穴内掺沙，连年进行轮换，3～5 年达到全园掺沙改良的目的。

2. 增施有机肥和深埋农作物秸秆

黏土的土壤有机质含量低，土壤通透性差，在掺沙改良的同时要加大有机肥的施入力度，并结合幼树土壤扩穴每年深埋 30～40cm 农作物秸秆，增加土壤有机质含量。

二、平整土地

这是高标准农田不可缺少的内容之一。土地平整是否符合标准，不仅关系到园地的规范化栽培与管理，也影响到能否保证安全生产及植株结果年限的长短。因此，应在建园之初搞好平整土地的工作，使果园地面基本保持水平状态。1 个种植小区要平整成 1 个水平面，便于管理。并对杂草、石块等杂物进行清理。

三、起垄作畦

多雨或地下水位较高的地区要起垄栽培，深沟高畦，挖好畦沟和排水沟，畦面宽 3～3.5m，畦按南北走向，长度 60～80m；北方地区也要起垄栽植，垄高 20～30cm，宽度 1.5～2m，下湿地要增加垄高。

四、挖栽植沟

在垄中心线开栽植沟，沟宽 70～80cm，深 40～50cm。挖沟时应把表土与底土分开堆放。

五、施底肥

底肥施于栽植沟内，一般每亩施 3000～5000kg 农家肥或 2000～3000kg 的商品有机肥加 100kg 钙镁磷肥，农家肥需事先堆沤，充分腐熟。先在种植沟底填一层稻草或杂草，第二层填入腐熟有机肥，与土拌匀，再把表土覆于畦面。

第四节　棚架搭建

猕猴桃是藤本果树，必须在定植前搭建坚固耐久的棚架，以利于其生长发育和结果。生产上常用的有水平大棚架和“T”形小棚架。

一、水平大棚架

水平大棚架由水泥柱和钢丝组成。每畦 1 行水泥柱，在畦中心线立柱，水泥柱规格 240cm×10cm×8cm，埋入土中 60cm，柱距 4m；畦两头各设立 1 根边柱，规格 270cm×12cm×10cm，柱埋入土中 60cm，并向外倾斜 30°左右与垂直立柱构成三角形，用钢丝牵引锚石入土。果园沿行向两侧各设立1行边柱，规格270cm×12cm×10cm，设立方法与畦两头边柱相同。在距畦面1.80m高度，按畦走向沿立柱拉一道10号钢丝，钢丝从预设的孔眼穿过，在同高度沿立柱横向拉1道10号钢丝；沿畦走向距立柱两侧40cm、80cm、120cm处各拉1道12号钢丝，形成网格架面，架面与地面平行，形似1个平顶的大荫棚，故称水平大棚架（见图5-1、图5-2）。

优点：架面平整，采光均匀一致，果实产量高，品质好；结构牢固，抗风能力强；果实采收方便，成形后可减少除草成本。

缺点：建造成本较高；架式成形后通风条件不是很理想。

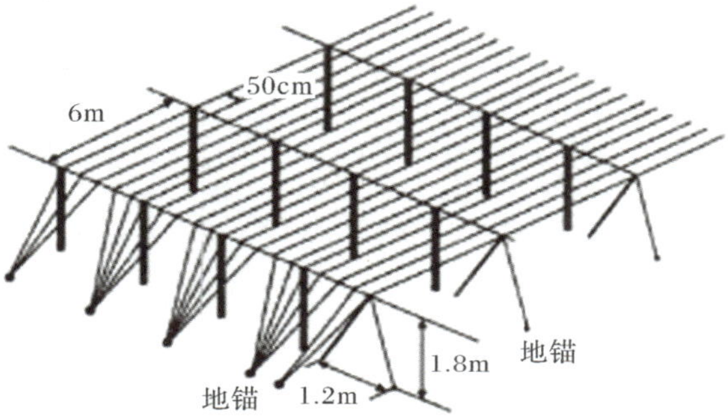

图5-1 水平大棚架

图5-2 大棚架

二、"T"形小棚架

在直立支柱的顶部加一水平横梁，构成架形像英文字母"T"的支架，其架面比水平大棚架小，故称“T”形小棚架(见图 5－3)。支柱长 2.8～3.0m，每隔 6m 立 1 根，埋入土中 0.8～1.0m，地上高 1.8～2.0m。横梁长 2.5～3.0m，可与支柱浇铸在一起，也可单独浇铸，再用螺丝固定在支柱上。在支柱上，距地面 60cm 处拉 1 道钢丝牵引猕猴桃上架，再在横梁上拉 3～5 道平行铜丝，间距 50cm，中间 1 道正对种植行。每排支架的两端支柱需加长、向外斜埋、加锚石，并向外倾斜，或在内侧加撑柱加固，以防钢丝拉紧后支柱向内倾倒。

优点：适用于不规则的地块和高低不平的地块；可以独立存在，使用方便灵活，成本较低且容易建造；田间管理方便，通风透光条件好，果实产量高，品质优。

缺点：抗风能力相对较弱，架面不平整，易倒塌；果实品质好但不一致，在生产中还需改良。

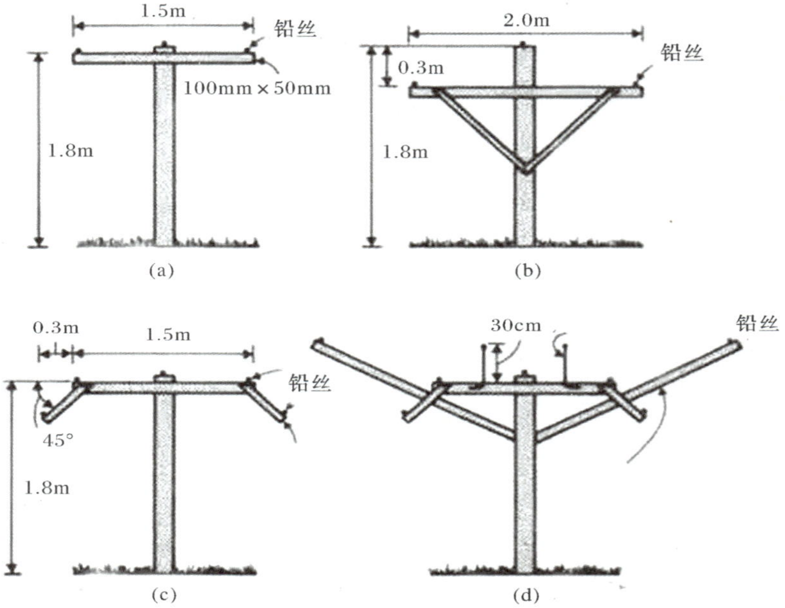

图 5－3 “T”形小棚架

三、高枝牵引棚架

高枝牵引是新西兰猕猴桃管理上的先进技术，近几年我国部分猕猴桃果园也在积极探索和引进这一技术。该技术将猕猴桃枝蔓分为两层，更新枝在上层，因牵引向上，始终保持生长优势，显著降低当年侧芽萌发率，保障来年花芽质量。结果母枝和结果枝在下层，枝梢管理简化，通风透光改善，果品质量提高。

(一)高枝牵引技术的优势

(1)充分发挥植物顶端优势和猕猴桃藤蔓攀缘生长习性，通过牵引使枝条无阻碍、快速顺畅生长，实现水肥高效利用，提高标准化生产水平，节约劳动力成本。

(2)精准选留营养枝，通过高拉牵引，为来年培养一定长度的粗细均匀、木质充实、芽体饱满的优质结果母枝。

(3)形成立体架面，增加果园通风透光性能，实现"零星光斑"散射果面，提高果实商品性；减少因通风、透光性差以及潮湿引起的病害，减轻农药使用；降低果实遭受风害、日灼等伤害，减少套袋工作。

(4)大量减少冬、夏季修剪工作量，真正实现"傻瓜式"修剪。

(二)牵引结构组建

1. 牵引柱

使用国标天 N20 或天 N25 规格镀锌钢管。镀锌钢管固定在立柱或者架面横梁上，顶端有可插拔的吊环螺杆。

2. 牵引线

18～24 股的聚乙烯材质线，粗度 1.0～1.5mm。顶端固定在牵引柱的吊环螺杆上，往左右引出，每个牵引柱单边使用 10～15 根牵引线，每隔 30cm 固定在主蔓处。

3. 隔行牵引组建方式

牵引柱为国标天 N25 镀锌钢管，位于雄株定植行。单根牵引柱长 6m，下端 1m 用两个 U 形螺栓固定在雄株行的立柱上，架面以上高度 5m(见图 5-4)。隔行牵引适用于所有架型与所有架材。

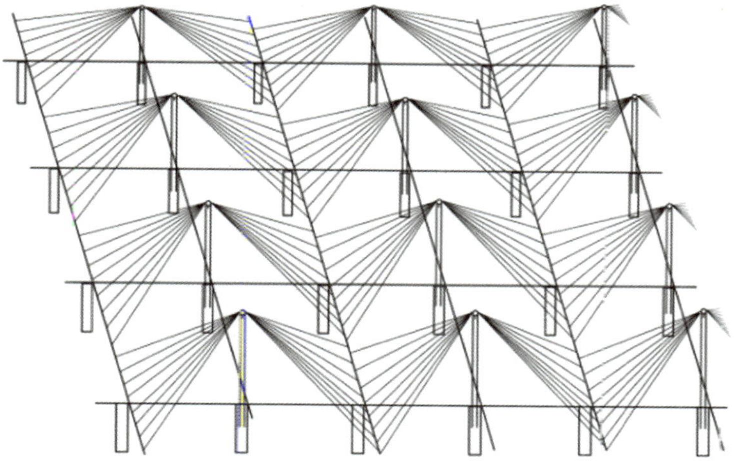

图 5-4 隔行牵引示意图

4. 逐行牵引组建方式

牵引柱使用国标天 N20 镀锌钢管，单根牵引柱长度 3m，位于每两行中间的架面横梁上(见图 5-5)。

若架面横梁为镀锌钢管，可在横梁中间位置上焊接一段高度为 25cm，直径大于牵引柱的镀锌钢管，作为牵引柱的固定底座。在底座 15cm 与牵引柱下端 15cm 处各打孔，牵引柱插入底座中，使用吊环螺杆穿过打孔处固定牵引柱（见图 5－7）。

逐行牵引适用于平顶大棚架结构。

图 5－5 牵引架

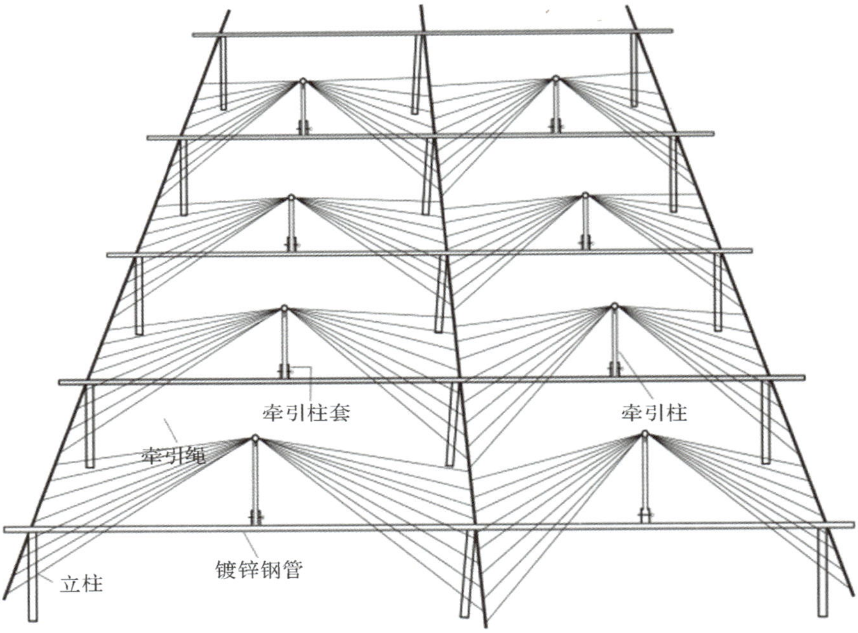

图 5－6 逐行牵引示意图

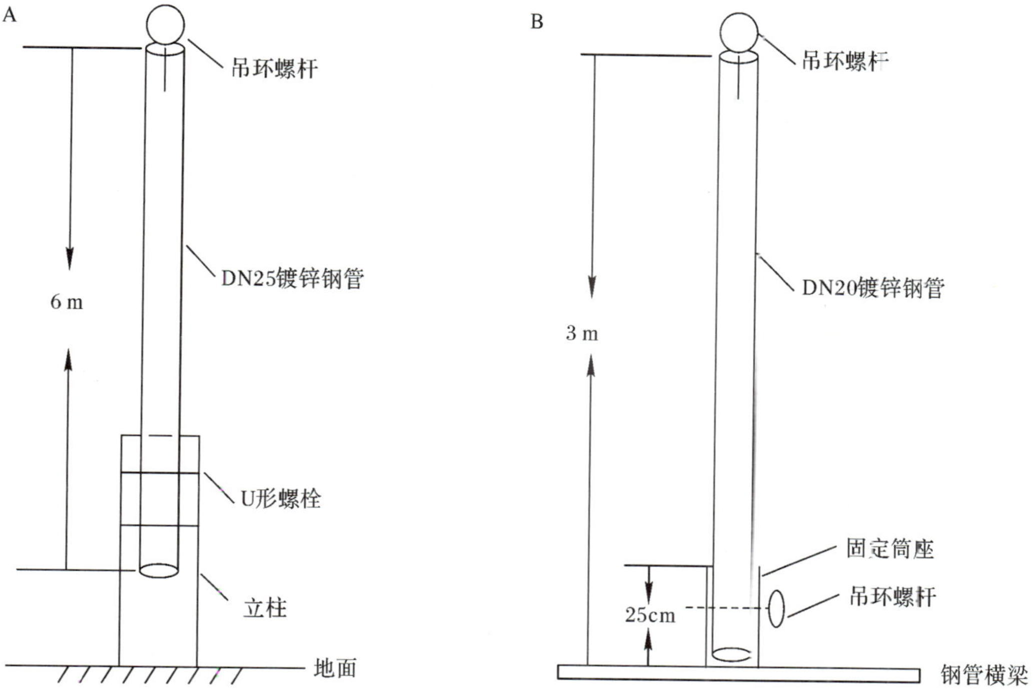

图 5-7 不同牵引方式所用的牵引柱结构示意图

5. 牵引结构组建时间

定植后即可进行牵引柱的组建。牵引绳在冬季修剪时放下，冬季修剪后至翌年3月前重新固定新线。

第五节 苗木栽植

一、栽培品种的选择

选择栽培品种要遵循“适地适栽”的原则，不可一味求新，要充分考虑果园地理位置、种植面积、栽培模式、销售方式和劳动力等因素。

(1)栽培面积小，以观光采摘为主的果园，要早、中、晚熟多品种搭配，选择风味浓、品质优的品种。

(2)栽培面积大，以批发销售为主的果园，要品种单一，选择耐粗放管理、耐贮藏运输的品种。

(3)要选择适合当地栽培的通过审定或登记的优良品种。

(4)栽植的品种应该形成一定的规模，便于统一管理和销售。

二、授粉树的配置

选择雌性品种专用授粉树或配套授粉雄株系。授粉树必须与主栽雌性品种花期相同或略早，具有授粉亲和力高、花量大、花期长等特点。雌株和雄株的搭配比例以(4～6)∶1较为适宜，采用隔行定植雄株的栽植方式。

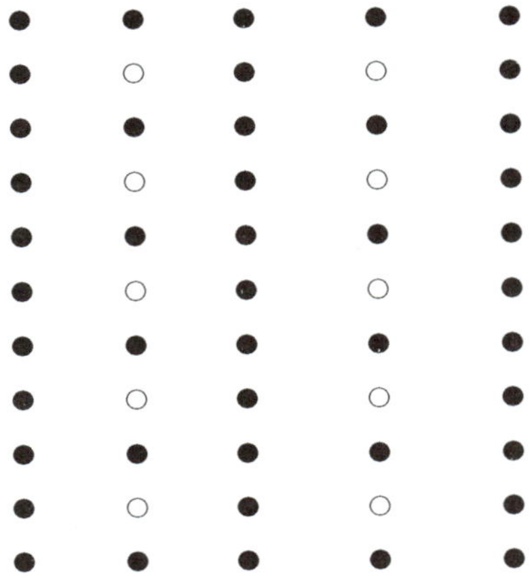

注：●为雌株品种 ○为授粉雄株

图 5－9　猕猴桃授粉树配置图

三、苗木选择

无论自繁苗木还是从外地调运苗木，都必须进行认真检疫，防止检疫对象的病虫在园内传播、蔓延。如猕猴桃溃疡病、根结线虫等都属于检疫对象，凡有检疫对象的苗木一律烧毁，禁止栽培。

一般可选用优质成品苗或实生苗建园，栽植的成品苗应选大苗、一级苗，且苗木品种纯正，嫁接口愈合良好。接合部以上 2cm 处粗度 0.9cm 以上，高度 60cm 以上，有 5 个以上饱满芽。无论成品苗还是实生苗都要根系发达，主侧根数目 3 个以上，副侧根数 5 个以上，根长 25cm 以上；无病虫危害(特别不能带有根结线虫、溃疡病等传染性强的病虫害)。栽植前应检查苗木的根系，要剪去受伤较重的部分，以利于根系伤口的愈合。

砧木选择：陕西地区应以美味野生实生苗为主，地下水位高、年降雨量大的地区或关中下湿地应采用耐涝的对萼猕猴桃(水杨桃)。

四、定植时间

10 月下旬至翌年 3 月上旬都可以定植，春季栽植在萌芽前进行，秋季栽植落叶后进行。

五、定植密度

生长势偏弱或中庸的品种，如“红阳”等中华系列猕猴桃，按行、株距 3m×2m 的密度定植，每亩栽植 110 株。对生长势强的品种，如“海沃德”“翠香”“金魁”“徐香”等可以按行、株距 3m×4m 的密度定植，每亩栽植 55 株。大棚架栽植行距可以达到 5m。

六、苗木处理

定植前剪去损伤的根系，对长达 30cm 以上的根适当进行短截。检查嫁接苗的塑料绑条是否完全解开，未完全解开的可用刀片将塑料条纵向划开。嫁接部位以上保留 2～3 个饱满芽。

七、苗木栽种

栽种时，在定植墩中心挖小穴，把苗木放在穴内，舒展根系，用细肥土填入根间，边填边压实，苗木嫁接口应高出土面。以苗木主干为中心，做一直径 30～40cm 的盘状穴，用水浇透，适当加盖肥表土。在定植树盘 60～80cm 直径范围内盖上塑料薄膜或防草布。

八、种植当年管理

种植当年的管理直接关系到树体骨架培养和进入投产期的迟早。西部和北方产区，因春季回温迟，秋季降温早，造成生长周期短，树体骨架需 2 年培养成形，第五年至第六年进入投产期。在南方产区，因光照充足，雨量充沛，只要管理得当，种植当年树体骨架可以培养成形，第二年可少量挂果，种植第四年进入投产期。

1. 枝蔓管理

(1)抹芽、除萌。春季新梢生长至 3～5cm 时，每株选留 1 个健壮新梢，其余抹除。对嫁接苗要及时抹除嫁接口以下实生苗所萌发的新梢。

(2)牵引上架。定植后在距离苗木根部 10cm 处立直径 1.5～2cm，高 1.8～2m 的小竹竿，顶部绑在架面钢丝上。新梢长至 20cm 高或不能直立生长时将新梢及时绑缚在小竹竿上，牵引新梢直立向上生长。生长势比较弱，不能一次上架的，进行摘心，促使加粗生长。

(3)主蔓培养。按照“一干两蔓”标准树形培养树体骨架。

培养方法一：当新梢生长至架面下 10cm 高时，剪除顶端 10cm 长的新梢，使其加粗生长并分枝；选留顶端抽发出的两个副梢培养成两条主蔓，其余副梢抹除；将两条主蔓按种植行方向绑缚在中心钢丝上，当两条主蔓与相邻植株的主蔓相接时，进行摘心，使其加粗生长；两条主蔓上抽发的新梢每隔 40cm 保留 1 枝，培养成为下一年的结果母枝。

培养方法二：当新梢生长至架面下 10cm 高时，剪除顶端 20cm 长的新梢，使其加粗生长并分枝；选留顶端抽发出的两个副梢，交叉弯缚，培养成两条主蔓，其余副梢抹除；之后的培养同方法一（图 5－10）。

以上两种培养方法的区别是后者将 2 条主蔓架下交叉弯缚。经近年实践发现，主蔓架下交叉弯缚的优势：一是树体骨架更加牢固，增强树体抗风能力，减少主干与主蔓分枝处的劈裂；二是避免因结果母枝随年限增长外移造成的中部位置出现空当，可以提高产量。

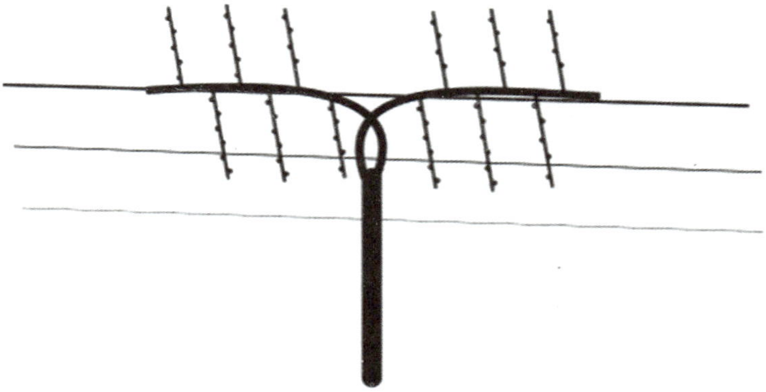

图 5－10　猕猴桃“一干两蔓”树形示意图

2. 肥水管理

（1）水分管理。定植后，每隔 1 周左右检查土壤墒情，注意补充水分。前期水分要充足，8 月以后注意控水，使枝梢老熟。南方梅雨季节，要做好清沟排水，防止发生涝害。

（2）施肥。第一次新梢长至 20cm 以上且叶片展开后，才开始追肥，以稀薄水肥为主，一般每 15～20d 浇水肥 1 次，有水肥一体化设施的每 10d 滴 1 次肥。施肥先淡后浓，薄肥勤施、少量多次，共追施 5～6 次。8 月下旬以后停止施肥。结合病虫害防治进行 3～4 次根外追肥，补充微量元素肥料。

3. 病虫害防治

（1）病害。主要做好褐斑病、黑斑病和溃疡病等的防治。

（2）虫害。主要做好叶蝉、叶甲和金龟子等的防治。

（3）防治方法详见后面章节。

第六节　猕猴桃避雨栽培

避雨栽培是近年来在猕猴桃栽培中推广使用的一项新技术，在我国长江中下游的浙江、上海和江苏等省市应用比较普遍。适用于“红阳”“黄金果”等品质优、经济效益高，但萌芽早、抗病性弱、易感溃疡病的品种。

一、避雨栽培的优势

经过我国南方多年猕猴桃避雨栽培经验总结，其优势主要表现在：

（一）减轻不良天气的影响

"倒春寒"天气。我国南北方，春季回温早，经常出现"倒春寒"天气，致使新梢、花蕾冻伤，造成减产、减收。

春季多雨天气。春季多阴雨天气，并且经常连绵不断，而红阳等中华猕猴桃大多在4月上中旬开花，连续阴雨天造成无法授粉，或影响授粉效果，导致授粉受精不良。

连阴雨。南方的梅雨季节，北方夏秋季的连阴雨一般降雨持续时间长，猕猴桃根系呼吸活跃，长时间的降雨导致果园积水或排水不畅，往往造成猕猴桃生长不良、烂根，甚至整株死亡。

通过避雨栽培，就能明显减轻以上不良天气的影响。

（二）减轻叶面病害的发生

猕猴桃的大多数病害都是通过雨水传播，特别是褐斑病、黑斑病等叶面病害，在多雨年份往往特别严重，而通过避雨栽培，就能显著减轻叶面病害的发生。

（三）降低猕猴桃溃疡病的发病率

猕猴桃溃疡病是严重威胁猕猴桃生产的毁灭性细菌性病害，是当前制约猕猴桃生产的国际性问题，而雨水是溃疡病的主要传播途径之一。鲍金平等于2015～2019年在浙江省遂昌县北界镇周村开展红阳猕猴桃避雨栽培防控溃疡病试验，发现避雨栽培能有效抑制溃疡病的发生，将溃疡病的发病率控制在2%以内；而在溃疡病发病区，通过避雨栽培能显著降低溃疡病的发病率，并使树体逐步恢复正常的生长和结果，试验地溃疡病发病率从2016年的21.6%下降至2019年的1.7%。

（四）提高产量和果实品质

通过避雨栽培能减轻不良天气的影响，减轻病害的发生，有利于提高和稳定猕猴桃的产量；同时，避雨栽培可以减少病害防治次数，提高防治效果，从而提升果品质量，保障果品安全。

二、避雨栽培技术要点

（一）避雨棚搭建

常用的有小拱棚、单体钢管棚和连栋大棚3种。

1. 小拱棚

山地果园、梯田和小面积的平地"T"形架果园一般采用小拱棚。每畦1个棚，由立柱、棚顶和8道拉丝组成。棚顶高3.0m，肩高1.8m，猕猴桃架面与棚顶间距不低于1.2m。每畦1行水泥柱，在畦中心线立柱，柱长360cm，柱埋入土中60cm，柱距

4m；在距畦面 1.8m 高度，按畦走向沿立柱纵向、横向各拉 1 道 10 号钢丝；纵向距立柱两侧 40cm、80cm、120cm 处再各拉 1 道 12 号钢丝，形成架面。棚顶用直径 20mm 热镀锌钢管弓成弧形，长度为畦面宽的 1.25 倍，每隔 1.0～1.2m 立 1 根，固定在中心柱上。棚顶用 0.05～0.06mm 农膜覆盖，并用压膜带压住农膜。

2. 单体钢管棚

较规则的梯田和小面积平地果园一般采用单体钢管棚，由猕猴桃架面和钢管大棚组成。架面高度、材料规格（除畦中心线柱长度用 240cm）和构建方法同小拱棚，架面高格钢管棚单棚跨度 6.0m，肩高 2.0m，顶高 3.3～3.5m，每两畦 1.8m 1 个棚；棚由立柱、拱管、卡槽和农膜组成；棚两头各两根立柱。立柱用直径 25mm 热镀锌钢管，并用卡槽与拱管连接；拱管用直径 20mm 热镀锌钢管，长度为畦面宽的 2.15 倍，间距 1.5m；棚顶用直径 20mm 热镀锌钢管连接，肩部用卡槽连接。选用 0.05～0.06mm 的农膜覆盖，农膜用两边肩部的卡槽固定，肩部以下不围农膜。

3. 连栋大棚

面积较大的平地果园，宜建连栋钢管大棚。连栋大棚的单栋跨度 6.0m 或 8.0m，两畦 1 栋，最多 10 连栋。由架面、主立柱、副立柱、顶拱杆、纵向拉杆、横向水平拉杆、加强杆、天沟、卷膜机构和基础等组成，一般不需要配置外遮阳和侧膜。

4. 3 种大棚的优缺点

小拱棚建设简便，可以在小面积果园或不规则的山地果园搭建，造价较低，一般 10～12 元/m^2，但因架面与棚顶距离短，通风散热条件较差，盛夏高温季节易发生高温热害；单体钢管棚造价中等，一般 25～30 元/m^2，棚顶比小拱棚略高，但也存在通风散热条件较差的问题；连栋大棚通风散热条件好，农事操作方便，特别适合于观光旅游采摘果园，但造价比较昂贵，一般 85～90 元/m^2。

（二）覆膜与揭膜

每年春季萌芽前 10d 左右覆盖农膜。早熟品种在果实采收后 1 个月左右，选择阴雨天气减少后的阴天揭膜；其他品种在 10 月上旬揭膜；连栋大棚可以两年揭膜 1 次。

（三）温度调控

在 7～8 月高温季节要注意通风散热，防止果实和叶片灼伤。小拱棚每隔 3～4d 要卷高侧膜，留出一个长 1.5～2m，宽 50～60cm 的通风口；单体钢管棚要打开两头的棚门；连栋大棚要经常检查顶部和侧边的通风带是否完好，确保通风散热效果。

（四）肥水管理

避雨栽培条件下，肥料利用率高，较常规栽培要适当减少施用量。成年结果树每年施基肥 1 次，追肥 4 次。施肥时间、肥料种类、数量和方法详见本书“第六章”，但要适当减少施用量。避雨栽培果园需水量大，要安装喷滴灌系统，在覆膜期，根据不同生长阶段的需水量及时供水。每次施肥后也要及时用滴灌供水。

第七节 猕猴桃遮阳网覆盖

遮阳网覆盖是近年来在果树等作物栽培中推广使用的一项新技术。猕猴桃喜光怕晒，在夏季容易发生高温热害。特别是美味猕猴桃中的翠香、徐香和毛花猕猴桃中的华特，耐寒性强，而耐高温能力弱；又如金艳、金阳等品种因叶片薄，特别惧怕高温。这些品种如果在低海拔区域种植，则容易发生焦边、卷叶等热害现象。

一、遮阳网格

(一)尺寸规格

果园遮阳网的尺寸规格一般为 2m 或 4m 宽，长度可根据果树的行距和株距设定，一般为 50m，100m 或 200m。

(二)材质规格

果园遮阳网的材质一般分为聚乙烯和聚丙烯两种，聚乙烯材质的寿命一般为 3～5 年，而聚丙烯材质的寿命则要长一些。

(三)密度规格

遮阳网在编织过程中可通过调节纬线密度，使遮光率达 25%～75%，甚至高达 85%～90%。在覆盖栽培中可根据不同的需要加以选择。伏暑高温季节，猕猴桃遮阳网一般选择遮光率低、透气性好的黑色聚乙烯、聚酯、聚丙烯材质遮阳网，密度规格为 25%～40%的密度，即遮光率为 25%～40%。

二、使用时期

一般在高温干旱的夏秋季节(6 月中下旬)使用。气温下降后(8 月下旬)选择阴天或多云天气及时揭除遮阳网。

三、使用效果

经观察发现，有遮阳网覆盖的金艳猕猴桃叶片无明显高温热害现象，果实无日灼现象；而露地栽培的金艳猕猴桃叶片焦边、卷叶严重，果实日灼明显，叶片热害发生率 34.2%，果实日灼发生率 16.1%，对产量、品质造成较大影响。从温湿度记录仪统计数据来看，经遮阳网覆盖的叶幕层，上午升温慢，特别在午后高温出现时降温效果明显，可降低 2.1～2.7℃不等。

通过遮阳网覆盖栽培，可显著降低果园叶幕层气温，减轻夏季高温对猕猴桃叶片和果实的影响，减轻或避免高温热害的发生，从而解决一些不耐热品种在低海拔区域不能种植的问题，有利于扩大优良品种的种植区域和优化品种布局。

第六章　猕猴桃新型土肥水管理技术

第一节　猕猴桃土肥水管理的基础

一、猕猴桃土肥水管理的重要性

果园土肥水管理是猕猴桃生产的基本环节，是猕猴桃高产、优质、高效的基础。加强土壤管理、注重科学施肥、实施节水灌溉的技术措施，可使果园的土壤结构得到改良，达到节省肥料、节约用水、少投入、多产出的目的。果园土肥水管理的好坏直接关系到猕猴桃果园经济效益的高低和猕猴桃产业发展的成败。

果树生产先进国家对猕猴桃土肥水管理极为重视，相关研究成果很多，并用于指导生产。我国的相关研究工作起步虽晚，但成绩显著。

二、猕猴桃根系的特性

猕猴桃土肥水管理的核心就是根系管理。

（一）猕猴桃根是肉质根

（1）猕猴桃根系需氧量大。肉质根和其他植物根系相比有更强的呼吸作用，在生长发育的过程中需要大量的氧气。因而在栽培时首先要改良土壤，改善土壤结构和质地，同时要防止栽植过深。

（2）猕猴桃喜水又怕涝，喜肥但怕烧。当根系的呼吸受抑制时，活力差，不发新根，进而会使原有的根系腐烂，皮木分离，根系完全失去功能后，就会导致地上部位死亡。和其他果树比较，猕猴桃的根系分生能力比较差，一旦根系受伤后就难以重新萌发新根。

（3）猕猴桃根系含水量比较高，细胞液浓度较低，抵抗高浓度溶液的能力比较差，施肥过量、施肥距离过近容易造成烧根。施肥过量会导致叶片发黄、质地变软、边缘卷曲、生长停止等肥害现象。

(二)猕猴桃侧根发达

猕猴桃的侧根比较发达造成了主根不发达。主根会随着生长逐渐退化，在幼苗长出2～3片叶子的时候，主根就开始衰弱了，停止生长了。但在这个过程中，侧根还会像树枝般不断长出来，最后形成密密麻麻的须根网络。随着树龄的增长，根群中只有少数的侧根能持续延伸、加粗，最后长成骨干根。

虽然侧根上陆续有新根长出，但是寿命比较短。年龄比较大的果树侧根导管发达，根压强大。根疏导的作用非常重要，在生产中如果切断一条大根，可能就导致整个植株萎蔫。因此与幼树相比，更不能去伤害成年树的大根。在幼树的时候，我们尽量要做到把土养好，把根养好，成年的时候少动土、少伤根。

(三)猕猴桃根导管发达，韧皮部较厚

根的导管比较发达，韧皮部比较厚，在根的横切面上可以看到许许多多的小孔，这就是木质部的导管。与其他的果树相比，猕猴桃在冬季的时候更容易产生伤流。

(四)猕猴桃是丛枝菌根植物

猕猴桃是丛枝菌根植物，靠其共生的真菌来进行吸收活动，真菌能给根系提供所需要的矿质营养，并增强根系的抗旱和抗病能力。土壤真菌群落的数量和种类多少决定猕猴桃土壤养分吸收和抵抗不良环境的能力。和其他果树相比，猕猴桃对土壤生物菌群落的要求更高。

三、猕猴桃土壤管理存在的问题

(一)土壤有机质含量低

我国土壤的有机质含量平均为1%左右，而欧美等先进国家的果园土壤有机质含量在4%～5%以上，德国有些地区果园的土壤有机质含量高达15%。土壤有机质含量过低，导致我国猕猴桃园通透性差、肥力低下、土壤病害严重，尤其是溃疡病、黄化病、根朽病、根结线虫、缺素症等普遍发生，成为制约我国猕猴桃产业大发展的主要限制因素。

(二)猕猴桃果园土壤管理不规范

没有建立起适合不同猕猴桃砧木、品种的土壤管理技术体系，土壤改良标准不统一、管理不规范，导致猕猴桃果园苗木生长慢，园区苗木整齐度差，进入盛果期间隔时间长。

(三)猕猴桃园土壤管理投入少

重视地上管理轻视地下管理成为我国果树土壤管理的通病，不愿意在土壤改良上投资，有机肥施用普遍偏低，过分依赖化肥，导致单产低、丰产稳产性差、果实外观质量和内在品质不理想。

(四)过量施肥问题较为突出

经调查，我省猕猴桃主产区平均氮(N)、磷(P_2O_5)和钾肥(K_2O)施用量分别为893kg/hm^2、388kg/hm^{2}及556kg/hm^2，分别是猕猴桃推荐施肥量的3～4倍、2～3倍、2.5～3倍；过量施用氮、磷和钾肥的果园分别占65%、32%和39%。

(五)先进技术应用速度慢

生物或微生物土壤改良、土壤施肥、水肥药一体化等技术应用率低。

第二节　土壤管理新技术

一、土壤质地类型及改良

(一)土壤质地和土壤肥力的关系

土壤质地与土壤肥力的关系较为密切，土壤蓄水、供水、保肥、供肥、容气、通气、保温、导温性等均受土壤质地的影响。一般将土壤划分为砂质土、黏质土、壤质土三大类，不同质地土壤具有不同肥力特性。

1. 砂质土类

砂质土类是指含砂粒较多，与砂土性状相近的一类土壤，其物理性黏粒含量<15%，主要分布于山前平原及各地沿江(河)或沿海地带。这类土壤粒间孔隙大，总孔隙度低，毛管作用弱，透水性强而保水性弱，养分含量低。由于土壤大孔隙多，通气性好，氧气充足，好气性微生物活动旺盛，土中有机养分分解迅速，不易积累，易发生作物生长后期脱肥而早衰的现象。砂质土往往水少气多，热容量小，土温不稳定，白天易升温，夜间易冷却，对植物生长不利。特别是早春时节，砂质土易于转温转暖，因土温容易上升而称为“热性土”。砂质土耕性好，松散易耕，宜耕期长；耕作质量较好，耕后疏松不结块。总之，砂质土土层较薄，保水肥能力较低，土温昼夜变幅大，但通透性好，易于耕作。施肥后肥效快，但持续时间较短，即肥劲猛而短。针对这类土的特点，应加强抗旱保墒措施，注重灌水；基肥与追肥并重，少施勤施，防止后期脱肥。

2. 黏质土类

黏质土类是指含黏粒较多，包括黏土以及类似黏土性质的一类土壤，其物理性黏粒含量>45%，主要分布于地势相对较低的冲积平原、山间盆地和湖洼地区。这类土壤的土粒间孔隙小，毛管细而曲折，透水性差，保水抗旱力强，易涝不易旱，栽培时宜深沟垄作，以利透水通气，并避免还原物质的产生。黏质土壤往往水多气少，热容量大，温度不易上升，特别是早春升温阶段，由于土温不易上升而被称为“冷性土”。黏质土壤土粒细小，比表面积大，吸附能力强，养分含量较丰富，且保肥力强，特别是钾、钙、镁等含量较高。由于黏质土壤黏结性、黏着性强，耕作费力，耕后质量较差，宜耕期短。总之，黏性土通透性和耕性差，土温变幅小，保水保肥，肥效稳而持久。由于土质黏重，耕性不好，影响作物根系生长，在生产上应注意中耕松土和排水。

3. 壤质土

壤质土由于砂粒、粉粒和黏粒的比例适宜，大小孔隙比例适当，通气透水性好，土温稳定，养分丰富，有机质分解速度适当，既有保水保肥能力，又供水供肥性强，耕性表现良好。总之，壤质土兼具黏质土和砂质土的优点，土壤中水、肥、气、热条件协调，其性状表现最符合作物生长发育的要求，是猕猴桃种植最为理想的土壤质地。

(二)土壤质地的改良

过黏或过砂均难以满足猕猴桃正常生长发育的需求，需加以改良。主要改良途径如下：

1. 客土改良

客土是一种改良土壤的方法，是用其他地方的土壤(通常质地较好，如沙壤土)或根据需要人工配制的土壤置换原生土壤。客土可以改善土壤的理化性状，提高土壤的有机质含量。

(1)掺砂、掺黏。搬运别处质地不同的土壤掺和到当地过砂或过黏的土壤里，以改良土壤质地，称为“客土”。实施客土法，工作量大，一般要就地取材，因地制宜，在沙地附近有黏土或河泥，可搬黏压砂；黏土地附近有砂土或河沙，可搬砂压黏。有的土壤剖面中，上下层土壤质地有明显差别，则可利用深翻耕进行翻淤压砂或翻砂压淤，以达到改良耕层质地的目的，逐年客土调剂，使之达到三泥七砂或四泥六砂的质地。

(2)引洪漫淤、引洪漫砂。洪水中所携带的淤泥是充实地表的肥土，养分丰富。在有引洪条件的地区，放淤或漫沙是改良土壤质地行之有效的办法。对沿江河的砂质土壤，利用洪水中携带的泥沙来改良砂土和黏土。但要注意引洪漫淤改良沙土时，要提高进水口，以减少沙粒的流入量，引洪漫沙时，则要降低入水口，以便有更多的粗沙进入。在引洪之前，需开好引洪渠道，地块周围打好围埂，并划分地块，按块放淤或漫砂。在引洪漫淤过程中，注意边引边排，做到留沙、留泥不流水。

2. 秸秆还田

(1)秸秆还田的作用。猕猴桃作为藤本植物，其秸秆中空易碎，含有植物所需的多种营养成分，是一种数量庞大的生物资源，具有改善土壤理化性状、增加有机质、提高微生物活性、培肥地力的作用，是秸秆综合利用的一项主要措施。

(2)秸秆还田技术要点。把猕猴桃冬季修剪下来的枝条，通过机械粉碎，直接翻压在土壤里或覆盖于地表。

1)秸秆粗度适宜。将过于粗壮的主干枝条带离果园，以免损伤机械，影响粉碎效果。

2)粉碎机型号合适。选择合适的粉碎机型号,确保秸秆粉碎的细度,粉碎后的颗粒大小一般以长度不超过5cm为宜。

3)微耕机旋耕深度要浅。调节微耕机旋耕深度尽量浅,以免损伤猕猴桃根系。

4)合理增施氮肥。按每100kg秸秆加10kg碳酸氢铵的比例补施氮肥,以加强微生物的分解作用,加快秸秆腐熟,避免与作物争肥现象。

5)土壤墒情适宜。缺水秸秆分解转化慢,湿度过大秸秆易腐烂滋生病虫害,确保土壤墒情适宜,以促进分解转化。

6)还田数量不可过大。还田数量要根据实际情况而定,原则上应保证当年还田秸秆充分腐烂,不影响下一季耕作,一般每亩秸秆粉碎翻压还田不超过300kg。

7)谨防病虫害传播。秸秆还田时要选用生长良好的秸秆,切忌把有病虫害的秸秆还田,以尽量控制翌年害虫基数和病害初次侵染源。

3. 种植绿肥

(1)绿肥。直接翻埋或经堆沤后做肥料施用的绿色植物体。是重要的有机肥源之一,具有提供养分、增加土壤有机质、改善土壤理化性及生物学性状、提高保水保肥能力等作用。主要用于猕猴桃建园前和幼树期的土壤改良。

(2)果园绿肥覆盖栽培。在果园行间或全园种植一年生或多年生绿肥作物作为覆盖物的一种果园管理方法,是发展现代生态果园的建园标准之一。

(3)绿肥种类。

1)豆科绿肥作物。光叶苕子、毛叶苕子、紫云英、箭舌豌豆、白三叶草等抗旱性强,越冬性好,耐迟播,半匍匐生长,覆盖度高,生物量大,有生物固氮作用。植株养分腐解释放快,土壤培肥效果好,对杂草压制效果好;也是良好的蜜源植物,花期长,产蜜量高,品质好,是当前果园绿肥覆盖栽培首选绿肥作物。

2)十字花科绿肥作物。二月兰、油菜。二月兰抗旱性中等,宜早播,油菜抗旱性强,宜迟播。花期3月下旬至5月上旬,与桃、杏、梨等花期重叠,有明显的辅助授粉作用,花色绚烂,景观效应突出,是良好的蜜源植物,花期长,产蜜量高,品质好,适宜生态观光果园选用。

3)禾本科绿肥作物。鼠茅草又称果园绿毯,耐寒不耐旱,春季自然倒伏,无需刈割,草层厚度10~20cm,覆盖度高,覆盖期长,对杂草压制效果较为突出,绿毯景观效应较好,一年播种,多年利用,适宜具有灌溉条件的果园选用。黑麦草对土壤要求比较严格,喜肥不耐瘠,略能耐酸。

(4)播种量及播种期。光叶苕子、毛叶苕子、白三叶草等一般播种量为1.5~2kg/亩,箭舌豌豆为3~4kg/亩。通常以冬季绿肥作物为主,即秋季或初冬播种,最适宜播期为9月中下旬至10月上旬,越冬生长,次年春夏刈割还田或自然落籽再生。

(5)播种及管理。光叶苕子、毛叶苕子、箭舌豌豆在杂草少的果园可以不旋耕、不除草。在降雨后土壤湿润的条件下均匀撒播于距离树干 0.5m 以外的行间或全园撒播。在杂草生长茂密的果园，播前可采用机械或人工割草后撒播。三叶草、紫云英、二月兰、黑麦草等绿肥种子小，播前需清除杂草、旋耕平整土地，沙土与种子按照 2∶1 的比例混匀后均匀播撒。三叶草、紫云英、二月兰播种后的前两个月应加强除草管理。

(6)利用方式。

1)刈割覆盖或翻压还园。在绿肥盛花期或旺长期(冬绿肥为翌年 3～4 月)，将绿肥刈割后覆盖于果树树盘及行间，或者结合果园施肥，将绿肥翻压于施肥沟或行间，翻压深度以 15～30cm 为宜。

2)自然枯萎覆盖。前期让绿肥自然生长，开花结实后自然枯死，覆盖于行间，种子落地后成为下一季绿肥新的种源。

4.深翻扩穴，增施有机质

通过深翻扩穴并增施有机肥料，可以培肥土壤、改良土壤的物理结构、提高土壤的有机质含量。深翻扩穴一般在树苗定植后的次年进行，时间宜在根系生长缓慢期，一般在 2～4 月和 9～10 月，以 9～10 月最适宜，此时温度、湿度适中，深翻时受损的根系容易愈合，也容易生长新根。深翻扩穴时，沿树冠滴水处向外挖深、宽各 50cm 的环状沟，向沟中施入肥料。最好分层施入有机物和有机肥，如绿肥、牛圈肥、人畜肥、煤灰、堆肥、阴沟泥、塘泥等，适当加油枯、磷肥、石灰等，每穴用量为 25～50kg，一般有机物填入最底层，上层为有机肥，施一层肥回填一层土。

5.调整土壤酸碱度

酸碱度是果园成土条件理化性质、肥力特征的综合反映，其对果园土壤肥力及果树生长的影响很大。酸碱度直接影响果园土壤中养分的存在状态、转化特性和有效性，从而影响果树根系对养分的吸收。可根据土壤的酸碱特性来调整土壤的酸碱度。

(1)碱性土壤的调整方法。

1)重视有机肥料的施用，选择施用具有中和土壤碱性、改良碱化土壤的肥料。

2)施用石膏($CaSO_4$)、硫酸亚铁或硫黄等来调节碱性土壤。使用石膏时，通过离子代换作用将土壤中有害的钠离子代换出来，再结合灌水将之淋洗出去。

3)盐碱地中的可溶性盐碱较高，不适于果树生长，因此在盐碱地上种植果树，种植前必须排盐碱。可在果园内修条田和排水系统进行洗、排盐碱。具体做法是：顺行间每隔 20～40m 挖一道排水沟，沟深 1m，上宽 1.5m，底宽 0.5～1m。同时还要深耕施入有机肥。采取地面覆盖麦秸、玉米秸、杂草等措施，减少水分蒸发、防止盐碱上返地面。

(2)酸性土壤的调整方法。

1)重视有机肥料的施用，选择施用具有中和土壤酸性、改良酸化土壤的肥料。

2)施用石灰类含钙物质进行改性，我国常用氧化钙或氢氧化钙，国外常用碳酸钙粉末。石灰的使用量可参考潜性酸度计算，并根据石灰的种类和性状、土壤的质地、有机质含量、植物种类及气候条件等综合考虑。过量使用石灰会使有机质过度分解，导致土壤板结。

3)果园覆盖植被可增加土壤中的腐殖质，腐殖质在吸收、保持水分和养分的同时，能与周围环境中的其他离子互相代换，提高土壤对酸碱度的缓冲力。

二、土壤管理

(一)中耕除草

在猕猴桃生长季，根据果园土壤板结及杂草生长的情况中耕2～3次，深度为5～10cm。发芽前(3月上中旬)，结合追肥松土1次。在5月上中旬的果实迅速生长期，结合除草追肥松土1次。初建园，可结合间作物的管理及时清除树盘杂草，保持土壤松透、无杂草。

1. 中耕除草的作用

可以疏松表土，提温保墒；切断土壤毛细管，减少水分蒸发；利于益微生物的活动、繁殖；减少养分消耗，降低水分蒸腾量。

2. 中耕除草的要点

(1)宜早宜巧。除草要早、要小，避免杂草开花结籽而难以根除。

(2)深度。适宜掌握“旱时浅，离根远”以及“根旁浅，行间深”的原则。树盘除草时尽量浅以免伤及猕猴桃根系，秋施基肥后可适当深松易打破犁底层。

(3)合理留草。在高温季节地面要适度留草，以降低地温，只对杂草进行刈割即可。

(4)化学除草。对于田边地头的杂草，宜选用内吸性除草剂，抑制杂草时间长、效果好；对于果园内的杂草，宜选用触杀性不伤根的除草剂。

(二)培土

培土是指在除草及整理沟渠时，用中耕机在作物之间翻土，将翻上来的土覆在作物根部的田间作业，在增加根部土壤的同时，还疏通了田间沟渠，有利于排水防涝。

丘陵山地土层瘠薄，水土流失严重，易使根部裸露。遇夏季雨后天晴高温时，易造成大量裸露的须根死亡，导致枝叶萎蔫。培土和客土可起到增厚土层、改良土壤结构、保肥保水的作用，是果园土壤改良及根系保护的一项有效措施。

一般每株培土150～250kg，培土厚度以5～10cm为宜。培土前须先耕松园土，然后耕耙或浅刨，使所培土与原土壤掺混，切忌原土层与新培土分开(即“形成两层皮”)。也可于秋末冬初将培(客)土置于树盘周围分散堆放，经冬季冻融松散后，翌年春季萌芽前将其与原土混合均匀后覆盖在树盘附近。注意培土时不得掩埋嫁接口部位。

(三)覆盖

夏季的树盘覆盖是防止土壤干旱的措施之一。树盘覆盖的好处有：

(1)可以降温。盛夏可降低地表温度6～10℃,有利于根系生长。

(2)可以防止土壤水分蒸发,保湿抗旱。覆草后10cm土层的含水量比清耕时提高11%～12%。可以防止杂草生长。

(3)覆盖物翻入土中,可增加土壤有机质,提高土壤肥力。

(4)覆盖可以减少地表径流,防止水土流失。可以利用稻草、杂草、山青、秸秆、锯木屑、塘泥等材料进行树盘覆盖。覆盖时间在旱季前、中耕后。覆盖厚度20cm,近主干处留空隙。旱季过后应及时将覆盖物翻入土中。此外,采用专用可降解地布覆盖方便实用。

(四)免耕法

又叫最少耕作法,即果园土壤表面不进行耕作或极少耕作,主要用化学除草剂除草的一种土壤管理方法。国外许多发达国家的果园土壤管理多采用。猕猴桃根系浅,应尽量避免使用除草剂。

(五)部分深耕法

进入盛果期后,土壤的养分减少,浅层根系已布满全园,为了确保盛果期猕猴桃的稳定生产,创造好的根系环境,适时进行土壤改良,可促进根系的生长和扩大根系的吸收范围,保持树体生长发育良好。利用施基肥可对猕猴桃园进行部分深耕,深度40～50cm,每年深耕范围占树冠面积的10%,3～4年完成,部分深耕的方法有条状深耕、放射状深耕、穴状深耕等(见图6-1),施入适量有机肥和土壤改良资材,对断面挖断的粗根要及时用剪刀疏除防止腐烂,深耕的沟要及时回填,不可长期暴晒。

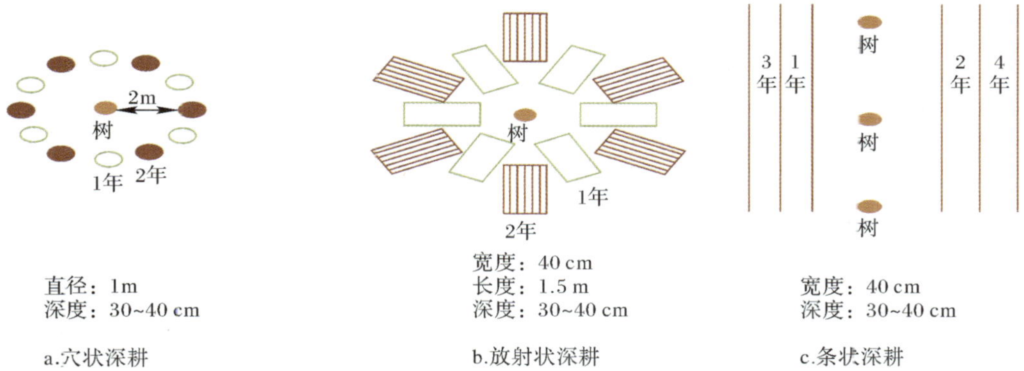

图6-1 猕猴桃园土壤深耕方法

(六)生草法

欧美国家和日本的果园土壤管理以生草法为主,果园生草面积达55%～70%以上，甚至高达95%左右。生草栽培是省工、高效的土壤管理技术，是现代果业生产的重要组成部分。和土壤改良种植绿肥区别是绿肥以豆科为主，强调的是生物生长量；生草以禾本科、豆科低秆草为主，强调的是低生长量、高覆盖量。

1. 果园生草的方式

树盘覆盖，行间生草。

2. 果园生草的条件

猕猴桃适合幼树期行间生草，原则上树干周围1～2m内不生草；成龄后，架面叶片全部覆盖，可以采取自然生草。

3. 生草种类

适合果园生草的种类有：早熟禾、剪股颖、黑麦草、蓝茅草、野牛筋、羊胡子草、燕麦草等禾本科植物和白三叶、红三叶、紫花苜蓿、扁豆黄芪、百脉根、田菁等豆科植物。对于土壤肥力较好的果园可采用禾本科草，土壤肥力十分贫乏的果园宜选用豆科草。

4. 播种

(1)时间。秋季9月播种，可避开猕猴桃园草荒的影响，减少剔除杂草的繁重劳动。

(2)播种方法。可播单一草种或两种以上草种混播。

(3)直播。直接将草种划沟条播或全园撒施。播前先平整土地，为减少杂草的干扰，最好在生草播种前半个月灌一次水，诱使杂草种子萌发出土，喷施短期内降解的除草剂(如克无踪)，10d后再灌水一次将残留的除草剂淋溶下去。然后再播草种，播种后最好采用喷灌保持土壤湿度，促进草种发芽生根。

(4)移栽。用苗床育苗，出苗后禾本科草长到3片叶以上，豆科草种长出4～5片叶以上时即可移栽，也可从其他草地移栽大苗。土壤墒情好的不用带土，栽时踩实即可。移栽后应及时浇水，确保成活率。

5. 播种量

禾本科牧草每亩用草种2.5～3kg，豆科牧草每亩用种量1～1.5kg。

6. 生草果园的管理

(1)生草。最初几个月，要适当采取增加水肥等措施促进草根扎深，草体覆盖地面，草高保持10cm以上。

(2)刈割。猕猴桃园土壤形成草地景观，草高25～30cm时进行刈割。为确保草体迅速恢复长势，要掌握好留茬高度，一般豆科草要留1～2.5个分枝即15cm，禾本科草要留有新叶即留茬10cm。带状生草刈割下的草覆盖于树盘上；全园生草的大型猕猴桃园刈割下的草就地撒开，也可开沟深埋，与土混合沤肥。一般一年刈割2～4次，水利条件好的可多割几次，干旱地区少割几次。

(3)增施氮肥。早春施肥,生草园应比清耕园增施 50%的氮肥,生长期尤其春季生草园对所种的草体应根外追肥 3~4 次,可缓和春季草与猕猴桃树争水夺肥的矛盾。

(4)翻压。生草 3~5 年后,草逐渐老化,应及时全园翻压或条状翻压。全园翻压休闲 1~2 年后重新播种或自然生草,翻压以春季为宜,使草迅速死亡腐烂分解。条状翻压生长季节都可进行,以春季为好,对行间进行条状部分翻压,轮换进行,2~3 年内将草皮全部翻压更新。对翻压过的条带,可利用草皮残根或重新播种、复生、移栽等,在 3 个月内恢复草皮。

三、土壤管理潜在问题及解决措施

(一)土壤管理的潜在问题

1. 养分过剩

相较于小麦、玉米等粮食作物而言,猕猴桃的高产出决定了其需肥量较多,而农户盲目追求高产的心理又导致施肥量过大,如此循环,导致猕猴桃果园养分逐步累积,出现多种问题(见图 6-2)。

图 6-2　过量施肥加之土壤湿度大,导致藻类生物大量繁殖

(1)肥料增产效益降低。土壤盐化风险加剧各元素间的相互拮抗和对农作物的胁迫以及毒害作用,导致肥料的报酬递减率凸显,增产增收效益降低。

(2)肥料利用率低。施入土壤中的肥料除被作物吸收外,还会发生土壤固定及损失。未被溶解和吸收的养分有的被土壤吸附固定,有的被分解为气态物质进入大气,还有的在降雨和灌溉等外界因素的驱动下,通过地表径流和地下渗漏跑到地表水和地下水中。研究表明,施用的化肥大约仅有三分之一被当季作物吸收利用。

(3)环境污染。"上天入地"的肥料最终又经水的大循环完成闭环回流到地表水体中,引起水体富营养化和硝酸盐含量超标,加剧酸雨和温室效应,危害人体健康并污染环境。

2. 土壤酸化

土壤酸化是土壤中盐基离子被淋失而氢离子增加、酸度增高的过程。

(1)土壤酸化出现的一般条件。一般出现在排水良好、氮肥施入过量、耕层氧化反应与还原反应交替进行、生理酸性肥料的施入以及有机酸的解离等条件下。

(2)土壤酸化的危害。导致土壤 pH 下降、盐基离子大量淋失、土壤酶活性降低、有机质分解减弱、土壤肥力下降以及毒性重金属的积累与活化,最终导致农作物减产、农产品品质下降。

3. 土壤重金属污染

(1)重金属污染的肥料来源。重金属元素是肥料中报道最多的污染物质。由于生产原料的差异,在作物必需的三大营养元素中,氮、钾肥料中重金属含量较低,而磷肥中的含量较高。由于磷肥的生产原料是磷矿石,其作为重金属的一个重要污染源已受到广泛重视。在我国化肥施用中,磷肥约占20%以上,农田施入磷肥的过程中将这些有害物质带入土壤,经土壤—植物系统的累积、迁移和转化对作物产生危害,最终经食物链又影响人体健康。

(2)常见的重金属种类及危害。常见的有汞(Hg)、镉(Cd)、铅(Pb)、铬(Cr)、砷(As)。以镉为例,镉随施肥进入土壤,由于在土壤中移动性小,淋失很少,也不会被微生物降解,在种植作物的条件下,常常会向耕层集中,就有可能在土壤中不断累积而危害生态环境和人类健康,如果人体食用了一定量被镉污染的食品,就可能损伤肝肾和生殖系统等多个器官。1955—1977 年日本的痛痛病事件就是由镉大米和镉污染水导致的。

(二)解决措施

1. 测土配方施肥,调整氮、磷、钾比例

(1)概述。配方施肥是以必需元素不可替代、养分归还学说、最小养分律、肥料报酬递减律等理论为依据,遵循土壤、作物、肥料三者之间的依存关系,以肥料与综合农业技术相配合为指导原则,产前确定施肥的种类、数量、比例以及相应的科学施肥技术,实现农作物优质高产、土壤培肥、提高化肥利用率、保护生态环境等综合目标的施肥方法。

(2)技术要点。按照技术标准采取土壤样品进行分析测试,根据测试结果,结合具体土壤供肥性能、作物需肥特性、气候以及农户生产水平和施肥习惯等因素,确定施肥量及施肥方法,开展田间试验示范,最终确定施肥配方。根据调查、试验研究,可以按照表 6-1 的猕猴桃园土壤养分评价指标来评定自己果园土壤养分处于哪种阶段,方便进行下一步施肥。

表 6-1 猕猴桃园土壤养分评价指标

指标	偏低	适宜	偏高
有机质/(g/kg)	<15	15~25	>25
全氮/(g/kg)	<1.0	1.0~1.5	>2.0
有效磷/(mg/kg)	<30	30~60	>60
速效钾/(mg/kg)	<150	150~250	>250

2. 优化施肥方式

(1)叶面喷施。将肥料配制成水溶液,直接喷施在叶片表面,通过叶片吸收进行追肥。应掌握好肥液浓度,在不造成叶片肥害的基础上,可适当提高养分浓度,增强叶面吸肥效果。水溶肥喷施浓度可参照产品标识说明。对于移动性差的铁、硼、钙等中微量元素的喷施要选择螯合态叶面肥。喷施时期应根据作物种类、生育期养分需求及环境条件等进行选择。喷施时气温 15~25℃、液肥温度 20~28℃ 为宜。适用于中微量元素的补充和部分追肥。

(2)水肥一体化。根据作物长势、灌溉方式选择水肥一体化模式和水溶性肥料。按照"肥随水走、少量多次、分阶段拟合"的原则制定灌溉施肥制度,充分利用灌溉系统进行施肥,适当增加追肥次数,实现少量多次,提高养分利用率的目的。根据施肥制度,对灌水时间和次数进行调整,需要施肥但不需要灌溉时,增加施肥次数,减少灌水定额,缩短灌水时间。根据天气变化、土壤墒情、作物长势等实际情况,及时调整灌溉施肥制度。

(3)施用化肥增效剂氮肥。化肥增效剂是一种有机化学物质,与氮肥混合施在农田中,能有效提高氮肥肥效并减少环境污染。常用的化肥增效剂包括脲酶抑制剂(一般与尿素混合作基肥或前期追肥,对土壤脲酶活性有明显抑制作用)、硝化抑制剂(能抑制或延缓土壤中铵的硝化作用,可作基肥和追肥施用,施前先与适量细土混匀,再和氮肥拌施)。

(4)有机无机配施。

1)有机肥+配方肥。通过有机肥与配方肥配合施用,合理搭配、缓急相济,实现增产提质、减量增效。有机肥以基施为主,均匀施入,耕翻入土,推荐机械深施,作追肥时,需要及时浇足水分。堆肥、沼渣一般做基肥施用,施用量 1~3t/667m^2。沼液一般作追肥,用量 5~10m^3/667m^2,采用条施、穴施、环状施肥或喷灌、滴灌等方式,及时覆土。秸秆可采用翻压、覆盖、堆沤等还田方式，配合施用氮肥或秸秆腐熟剂。根据有机肥养分含量和肥效特点确定化肥减施数量，因有机肥养分释放缓慢，长期未施用有机肥的地块，避免当季大幅度减施化肥。

2)有机无机复混肥料。有机无机复混肥料既能发挥无机部分肥效快、供应足的优势，又能发挥有机部分提高土壤有机质含量、培肥地力的优势。可作基肥、追肥，作基肥时，可采用条施、点施和穴施等方式，应避免与根系直接接触。磷钾含量较高的有机无机复混肥可替代普通复混肥料做基肥施用，高氮型有机无机复混肥也可以用作追肥。

3)绿肥种植＋配方肥。绿肥种植翻压还田，配合施用配方肥，可减少化肥用量，提高利用效率。可选择紫云英、三叶草、苜蓿等豆科绿肥或鼠茅草等非豆科绿肥，将其翻压还田做基肥，也可采用自然覆盖的方式，或刈割覆盖于果树树盘及行间，或结合果园施肥将绿肥翻压于施肥沟或行间，翻压深度为15～20cm。高秆型绿肥宜采取刈割覆盖与直接翻压相结合的方式还园，矮生型或匍匐型绿肥宜采取翻压方式。绿肥播撒量根据实际情况确定。种植绿肥还田后配施配方肥，通常可减少15%～30%氮肥用量。

3. 应用土壤改良剂

土壤改良剂，指能改善土壤结构和理化指标的制剂。具有改良土壤理化性状，治理盐碱地、缓冲pH值、吸附重金属、增加养分含量、有益菌数量，提高作物产量、改善作物品质的作用。按原料来源可分为天然改良剂、人工合成改良剂、天然—合成共聚物改良剂和生物改良剂。

(1)天然改良剂。按原料性质分为无机物料和有机物料。其中无机物料主要包括天然矿物(石灰石、膨润石、石膏、蛭石、珍珠岩等)和无机固体废弃物(粉煤灰等)；有机物料主要包括有机固体废弃物(作物秸秆、豆科绿肥和畜禽粪便等)、天然提取高分子化合物(多糖、纤维素、树脂胶、单宁酸、腐殖酸、木质素等)和有机质物料(泥炭、草炭等)。

(2)人工合成土壤改良剂。模拟天然改良剂人工合成的高分子有机聚合物。国内外研究和应用的人工合成土壤改良剂有聚丙烯酰胺(Polyacrylamide，PAM)、聚乙烯醇树脂、聚乙烯醇、聚乙二醇、脲醛树脂等，其中PAM是研究者最为关注的人工合成土壤改良剂。

(3)天然—合成共聚物改良剂。主要包括腐殖酸—聚丙烯酸、纤维素—丙烯酰胺、淀粉—丙烯酰胺，丙烯腈、沸石/凹凸棒石—丙烯酰胺、磺化木质素—醋酸乙烯等。

(4)生物改良剂。包括一些商业的生物控制剂、微生物接种菌、菌根、好氧堆制茶、蚯蚓等。其中研究应用较多的是丛枝菌根(AM)。

4. 土壤重金属污染的修复治理

(1)农艺调控类措施。利用农艺措施减少污染物从土壤向作物特别是可食用部分的转移，从而保障农产品安全生产。

1）优化施肥。根据土壤环境状况与种植作物特征，优化有机肥、化肥的种类与施用量。适用于所有耕地土壤、工程量小、易操作。有机肥做基肥，可配合深耕施用。化肥的施用要结合耕作制度、气候、土壤、水利等情况，选择优质化肥，施肥量可依照测土配方施肥结果确定。

2）品种调整。不同作物种类或同一种类作物的不同品种间对重金属的积累有较大差异，通过种植可食部位重金属富集能力较弱，但生长和产量基本不受影响的作物品种，可抑制重金属进入食物链，有效降低农产品污染风险。品种调整实施周期较长，但易操作、费用低。

3）叶面调控。通过叶面喷施硅、硒、锌等有益元素，提高作物抗逆性，抑制作物根系向可食部位转运重金属，降低可食部位重金属含量。该技术操作简便，主要选用可溶性硅、锌、硒等原料，可以根据作物种类、土壤中有效态硅或锌的含量优化组合。

4）深翻耕。通过深翻耕，将污染物含量较高的耕地表层土壤与犁底层甚至是母质层的洁净土壤充分混合，稀释耕地表层土壤污染物含量。深翻耕一般在冬闲或春耕时进行。不适用于连续两年深翻的稻田、沙漏田、潜育性田。深翻耕实施的时间、周期和深度等需根据当地种植习惯、作物类型、土壤类型和耕作层厚度等来确定。由于深翻耕会降低表层土中有机质和养分含量，因此，需进行配套施肥，满足农作物生长需要。

（2）土壤原位钝化修复技术。通过施用钝化剂等，降低污染物在土壤中的活性，阻控作物对土壤污染物的吸收。此技术主要通过向土壤中添加钝化材料，如海泡石、蒙脱土、黏土矿物粉、铁锰氧化物、泥炭等，将土壤中有毒有害重（类）金属离子由有效态转化为化学性质不活泼形态，降低其在土壤环境中的迁移、植物有效性和生物毒性。钝化技术效果和稳定性与土壤类型、土壤理化性质、重金属种类及污染程度、种植农作物品种以及当地降雨量等密切相关。在大面积应用前，必须加强该技术的适应性试验研究，正确选择钝化材料种类，精准把握施用剂量，避免对土壤理化性质及环境质量等带来负面影响。同时，钝化后需继续跟踪监测土壤重金属有效态含量及农作物可食部位重金属含量的变化，以及土壤质地、理化性质、微生物群落结构及生物多样性的变化情况，评估钝化的长期效应与可能产生的负面影响。

（3）生物修复技术。利用天然或人工改造生物的生命代谢活动来降低土壤中污染物浓度或者使污染物达到无害化的技术，主要包括微生物修复和植物提取等技术措施。

1）微生物修复。微生物修复材料包括微生物菌剂、微生物接种剂、复合微生物肥料和生物有机肥等，施用种类和施用量需根据当地土壤类型和作物类型确定。微生物修复技术比较安全，二次污染问题较小，对环境的影响较小，费用较低，适用于农药或重金属污染耕地。

2）植物提取。利用超富集（高富集）植物或络合诱导植物高效吸收污染土壤中的重金属并在地上部积累，收割植物地上部分并进行妥善处理，从而达到去除土壤中重金属污染物的目的。植物提取分为两类，一类为持续型植物萃取，直接选用超富集植物吸收积累土壤中的重金属；另一类是诱导性植物提取，在种植植物的同时添加某些可以活化土壤重金属的物质，提高植物萃取重金属的效率。在应用超富集植物修复重金属污染土壤时，应选择合适的栽培措施，包括育苗、翻耕、种植密度、除草、间套作、刈割等。根据植物的特点与当地气候结合做到科学种植，提高污染土壤的修复效率。植物提取的优点是实施较简便、投资较少和对环境破坏小，缺点是修复时间长，治理效果短期不显著，而且植物只能吸附浅表层的土壤，对污染较重的土壤效果较差。

第三节　猕猴桃果园施肥技术

一、猕猴桃需肥规律

根据植物营养与施肥原理，猕猴桃的正常生长需要合理补充各种营养元素。氮磷钾是需要量最大的三种营养元素，是施肥时应重点考虑的养分。具体施肥量要综合考虑土壤供肥特性、气候、肥料特性等因素，对猕猴桃来说建议施用氮、磷、钾的比例为1∶(0.3～0.5)∶(0.6～0.8)。猕猴桃对各类矿质元素需要量大，同时，各种营养元素的吸收量在不同生育期差异很大。早春萌芽期至坐果期，氮、磷、钾、镁、锌、铜、铁、锰等在叶中积累量为全年总量的80%左右，果实膨大期，氮、磷、钾营养元素逐渐从枝叶转移到果实中。据叶分析，猕猴桃对氯有特殊的喜好。一般作物为0.025%左右，而猕猴桃为0.8%～3.0%，特别在钾缺乏时，对氯有更大的需求量。

(一)猕猴桃幼龄期的需肥规律

猕猴桃幼年阶段需要养分相对较少，随着树龄的增加所需养分不断增加。5年以下的果树全年养分需求见表6－2。

表6－2　猕猴桃幼龄期需肥量(kg/亩，折纯量)

树龄	氮(N)	磷(P_2O_5)	钾(K_2O)
1年	2.1	0.8	0.7
2年	8.6	3.8	7.2
3年	22.1	10.7	18.9
4年	19.4	12.2	20.5
5年	26.9	14.6	29.8

(二)猕猴桃成龄期的需肥规律

成年的猕猴桃树体基本达到平衡，所吸收的养分主要用于果实生长。据测定，每生产100kg鲜果，需吸收纯氮1kg、纯磷(P_2O_2)0.8kg、纯钾(K_2O)0.9kg。不同产量猕猴桃树氮、磷、钾化肥推荐施用量可参考见表 6－3。

表 6－3 不同产量猕猴桃树氮、磷、钾化肥施用建议(kg/亩,折纯量)

产量水平	氮(N)	磷(P_2O_5)	钾(K_2O)
幼树	7～12	5～7	4～6
1000	15～20	7～10	8～12
2000	20～26	10～14	12～16
3000	26～32	14～18	16～20
3000 以上	32～36	18～21	20～23

(三)猕猴桃的需肥期及施肥量

1. 第一个需肥期(基肥)

在 10 月中下旬至 11 月中上旬,猕猴桃果实采收后,为恢复树体,积累养分,增强树体越冬能力,促进花芽分化,为下一年猕猴桃树萌芽、开花及结果打下基础,必须及时施肥,以采果后至落叶前越早越好,最好是在采果后立即施入。一般以有机肥为主配合速效氮、磷、钾肥施用。建议每年施用 1～2t/667m^2 有机肥或 8～10 袋生物有机肥;若有机肥用量更高,应适当降低化肥用量。老果园土壤肥力生物退化问题突出,土壤表层磷钾养分累积问题严重,应增加生物有机肥施用量,适当降低磷、钾化肥用量。建议将全部有机肥及磷肥、15%左右氮肥及钾肥做基肥于秋季施用。秋施基肥效果表现为春季新梢生长快、叶大而厚,花芽分化充实。

2. 第二个需肥期(追肥)

在 3 月中下旬至 4 月中上旬的花芽分化期,此时春梢初生并准备开花结实,正是根、枝、叶、果实各种器官的细胞分裂和膨大期,必须保证氮素有效充分地供应,此期应以速效氮肥为主配合磷、钾肥施用,建议将 45%氮肥及 30%钾肥于萌芽期追施。

3. 第三个需肥期(追肥)

一般在 5～6 月果实膨大期,果实开始膨大,为保证果实的品质及产量,对钾元素的需求大大增加,因此应以速效氮、钾肥为主配合磷肥施用,因此建议将 40%氮肥及 55%钾肥于果实膨大期追施。

4. 第四个需肥期(追肥)

果实成熟前一个月,一般在 8～9 月果实干物质增加期。此期猕猴桃果实淀粉含量达到最高,可溶性固形物迅速增加,应以钾肥为主、适量磷肥、全营养有机液肥和钙肥为主。另外,幼树期追肥由于树刚定植,在结果前 3 年,主要是树冠和根系的扩展,根系又分布很浅,需肥量不大。为了适应这个时期的特点,每次追肥量要少,追肥次数可随浇水次数适当增多,施肥量宁少勿多。

以上追肥时期，生产上可根据果园的实际情况酌情增减，但果实膨大期和果实生长后期的追肥对提高产量和果实品质尤为重要，一般均要进行。

二、猕猴桃的施肥原则、时间和方法

(一)施肥原则

猕猴桃施肥应适时适量，以有机肥为主、化肥为辅，不应对果园环境和果实品质产生不良影响。多施有机肥和复合肥，包括腐熟的优质农家肥、沼肥、绿肥、饼肥、腐殖酸类肥料和氨基酸类复合肥、果树专用肥等，提倡使用微生物肥料和矿质肥料。具体应用上要坚持：

1. 有机和无机相结合

这一原则强调了科学施用化肥的同时，大力推广施用有机肥料，如农家肥和商品有机肥，以及轮作绿肥，以优化土壤结构与微环境，提高土壤肥力。

2. 大量元素与中微量元素相结合

根据作物不同生育期的需肥规律和肥料效应，坚持氮、磷、钾大量元素与中微量元素肥料分种类、分时期、分数量配合施用，以提升农产品产量和品质。

3. 有机肥料和微生物肥料相结合

根据猕猴桃肉质根的特性，这一原则既保证了有机肥的腐熟转化，又确保了猕猴桃土壤微生物菌群的稳定。

4. 基肥与追肥相结合

根据耕地养分情况和作物不同生育期的养分需求，施足有机和无机底肥，适时合理追施大量元素与中微量元素及有机全营养肥料，及时补充作物生长所需养分。

5. 农机与农艺相结合

结合区域特征，科学推广使用机械深施、水肥药一体化等技术，农机和农艺配合使用，提高肥料利用率，加快施肥方式转变。

(二)肥料种类

1. 有机肥种类

(1)农家肥。包括堆肥、沤肥、厩肥、饼肥、沼渣和沼液。主要以作物秸秆、落叶、青草等植物残体和人畜排泄物等为原料，按比例混合或与少量泥土混合，进行好氧或厌氧发酵腐熟而成的肥料。施用此类肥料要求充分发酵，质量指标应符合GB/T25246和NY/T3442的技术要求。

(2)商品有机肥。普通商品有机肥。以畜禽粪便、农作物秸秆、动植物残体等来源于动植物的有机废弃物为原料，经无害化处理和工厂化生产的有机肥料，质量标准应符合 NY525—2021 的技术要求。

(3)生物有机肥。特定功能微生物经工业化生产增殖后，与有机肥料复合而成的一类兼具微生物肥和有机肥效应的肥料，质量标准应符合 NY884—2012。

(4)有机全营养液肥。是一种高浓缩、高肥效、多功能、全营养增效型的新型肥料。相对传统的化肥它能够在极短时间里被植物吸收，避免流失，且施用简单方便，容易运输储存。根据肥料功能，分别含有大量的活性细胞及高效的营养酶素，丰富的有机质、氮、磷、钾，以及钙、镁、硫、硼、锌、钼、铜、锰、铁等多种中微量元素，同时还具有氨基酸(鱼蛋白、多肽、寡肽、游离氨基酸)、水溶性蛋白、腐殖酸、海藻素、微生物菌剂等与大中微量元素复配的多种营养成分肥料。有机全营养液水肥一体化处理能够显著地提高猕猴桃果实的硬度、可溶性固形物、可滴定酸、可溶性糖和维生素 C 的含量，同时也可以提高猕猴桃果实中 K 和 Ca 的含量，特别是提高猕猴桃果实干物质含量 1%～2%，在一定程度上改善了果肉的营养结构，提升了猕猴桃的品质。

2. 大量元素肥料

(1)氮肥。主要包括铵态氮肥、硝态氮肥、酰胺态氮肥和长效氮肥等。常用氮肥的种类和性质：铵态氮肥如碳酸氢铵 NH_4HCO_3（含氮 17% 左右）、硫酸铵 $(NH_4)_2SO_4$（含氮 21%左右），易溶于水、速效、不易流失、遇碱挥发；硝态氮肥如硝酸铵(NH_4NO_3)，含氮 34%，易溶于水、易淋失和反硝化、易吸湿潮解；酰胺态氮肥一般指尿素 $CO(NH_2)_2$，含氮 46%，养分含量高，见效快，施用时应深施覆土，适宜根外追肥；长效氮肥又叫缓效氮肥，其农业化学性质可以分成 4 种类型，即合成有机氮肥、包膜氮肥、缓溶性无机肥料和以天然有机质为基体的各种氨化肥料。肥效长而稳定，后期不脱肥，可做基肥、追肥。

(2)磷肥。常用磷肥主要包括水溶性磷肥和弱酸溶性磷肥。常用磷肥的种类和性质：水溶性磷肥如过磷酸钙（也叫普钙，含 P_2O_5 2%～20%），重过磷酸钙（含 P_2O_5 40%～50%）；弱酸溶性磷肥主要指钙镁磷肥(含 P_2O_5 12%～20%，碱性)。

(3)钾肥。常用钾肥的种类和性质：主要有氯化钾 KCl（含 K_2O 50%～60%）、硫酸钾 K_2SO_4（含 K_2O 50%～52%）和草木灰（含 K_2O 5%～10%）。其中氯化钾和硫酸钾均为速效性的生理酸性肥料，草木灰为碱性肥料。

3. 中微量元素肥

猕猴桃生长发育需要大量矿质元素，如中微量元素钙、镁、硫、氯、硼、锌、硅等。

4. 无机水溶肥

泛指任何能够全部溶于水的，容易被施入和均匀渗散在土壤中或栽培基质中的化学肥料。一般是指含有N、P、K和多种中微量元素的配方肥料。水溶性肥料作为一种高浓度复混肥料，具有养分含量高（$N+P_2O_5+K_2O \geqslant 50\%$）、营养全面、杂质少、速效和完全水溶等特点，肥料利用率高，可应用于小管出流、滴灌等节水农业，实现水肥一体化，达到省水、省肥、省工的目的。水溶性肥料根据其使用方法、方式的不同，又可以分为冲施肥和叶面肥两种。

5. 矿物肥（多元素天然肥料）

精选麦饭石、方解石、黄金石、沸石等多种名贵天然矿石为主要原料，加以多种有益生物菌，运用现代高科技手段螯合而成的一种新型、绿色、环保、高效的多元素天然矿物肥，富含磷、钾、钙、硅、硫、铁、锌、锰、钼、硼、锶、钡、溴等50多种元素及多种有益菌。施用矿物肥能提高土壤肥力，改善土壤结构，减少毛细管水运动的速度和水分的无效蒸发，有明显的抑制返盐效果。

6. 缓控释肥料

通过各种调控机制使肥料养分缓慢释放或控制释放，满足作物全生育期养分需求的肥料，包括聚合物包膜肥料、硫包衣肥料、包裹型肥料、脲醛肥料等。聚合物包膜肥料主要作基肥一次性施用；硫包衣肥料以硫包衣尿素为主，氮的释放速度与包衣厚度、环境条件等有关，可控性不如聚合物包膜，但生产成本低，可补充硫元素，适用于缺硫土壤；包裹型肥料采用钙镁磷肥、磷酸氢钙、磷酸铵钾盐等包裹尿素，可做基肥或追肥使用。做基肥时注意肥料和根系要有一定间隔，做追肥时施肥时间稍作提前，宜采用沟施或穴施；脲醛肥料养分释放取决于土壤微生物分解矿化作用，一般成本较高。

7. 稳定性肥料

在氮肥中加入脲酶抑制剂和硝化抑制剂，抑制尿素水解和铵态氮硝化，使肥效延长，适用于大田作物和经济作物。稳定性肥料含氮量高，溶化速度快，易发生烧苗，施用时保证根肥隔离7cm以上。稳定性肥料一般配合农家肥，结合整地做底肥一次性施入，用量应根据种植作物及方式、施肥习惯等进行确定。

（三）施肥技术

1. 基肥

（1）施用时期。基肥宜在秋冬季与化肥结合时使用，最佳施肥时期为9月中下旬至10月，果实采收后及时施用；追肥宜在花前幼果期和果实膨大期施用。

（2）施用方法。基肥可采用环状沟施、条沟施、放射沟施和穴施以及地表覆盖等方式进行，局部集中施用；追肥可采用条沟施、放射沟施或管道施等方式进行。

1)环状沟施。在树冠滴水线处挖宽 30～40cm、深 30～40cm 的环状沟,有机肥与土掺匀后回填。适用于幼龄期和初果期果园。

2)条沟施。在果树行间或株间树冠滴水线处开条沟,条沟规格和使用方式同环状沟。适用于密植果园和盛果期果园。

3)放射沟施。从距树体主干 50cm 处开始,到树冠滴水线处挖放射沟。靠近树干内膛的沟约 20cm 宽、20cm 深,靠近树冠边缘的沟约 40cm 宽、40cm 深,依树冠大小,每株树挖 4～6 个放射沟,有机肥与土掺匀后回填。适用于盛果期果园。

4)穴施。在树冠滴水线处挖直径和深度为 30～40cm 的穴,有机肥与土掺匀后回填,依树冠大小确定施肥穴数量,每年变换位置。适用于盛果期果园。

5)地表覆盖。以作物秸秆或木屑等为原料发酵的体积较大的有机肥,可从距树干 20cm 处至树干滴水线处进行地表覆盖。覆盖厚度为 10～15cm,有机肥数量充足时,可选择树冠下全部覆盖,有机肥数量不足时,可选择树冠 1/4 或 2/4 区域进行局部覆盖,每年变换覆盖区域。

6)管道施。借助管道灌溉系统将沼液稀释至安全浓度,随水施入,适用于所有果园。

2. 追肥

全年追肥 4 次。

(1)催芽肥。春季猕猴桃萌芽前 10～15d,亩施高氮复合肥 20kg,加硼砂 2.5kg,全园撒施,浅耕入土。

(2)膨果肥。谢花后的 40d 是猕猴桃果实膨大最快的时期,要肥水供应充足。可在谢花 10～15d 亩施氮、磷、钾 3 种元素较均衡的复合肥 25～30kg,开浅沟施。看树体挂果量,因树施肥。

(3)提质肥。早熟品种在采收前 35～40d,中晚熟品种在采收前 45～50d 施用 1 次高钾复合肥,亩施 20～25kg,以提高果实糖度,提升品质。

(4)采后肥(补肥)。果实采收后 5～10d,亩施高氮复合肥 20kg,全园撒施,浅耕入土,以恢复树势,保障来年丰产。

3. 根外追肥

全年结合病虫害防治进行根外追肥 4～5 次。生长前期 2 次,以氮肥为主;后期 2～3 次,以磷、钾肥为主。常用叶面肥料浓度尿素为 0.3%～0.5%,磷酸二氢钾为 0.2%～0.3%,硼砂为 0.1%～0.3%。宜 10:00 前或 16:00 后进行,最后一次叶面肥在果实采收前 20d 进行。

4. 有机全营养液肥

全年根据植物生长发育不同时期,采取水肥一体化技术或灌根、叶喷等施肥方式，确保猕猴桃根系全年不断生长、叶片吸收制造有机养分不断供应果实膨大和品质提升。每株全年施全效有机营养液肥 2.0kg。花前肥、膨大肥和优果肥分别按全年总用量的 30%、40%、30%分 3 次施入，施肥方式为滴灌水肥一体化，平均每株每次灌水 16L。

5. 主要化肥的施肥要点

（1）氮肥。土壤中氮的特点及施用要点：由于氮肥都易溶于水，故在储存过程中需注意防潮；铵态氮肥易挥发，硝态氮肥易淋失，且都属于速效肥料，故应少施、勤施，浅施，施后覆土。

（2）磷肥。土壤中磷的特点及施用要点：磷在土壤中移动性小，一般不超过 1～3cm，特别容易被固定，故磷肥虽然当季利用率低但有后效，在风化、酸及微生物作用下，pH 在 6～7.5 时，磷的有效性最高。故磷肥施用时，需集中施用，与有机肥混合施用，酸性土壤中建议配合石灰施用。

（3）钾肥。土壤中钾的特点及施用要点：钾肥在土壤中易因淋洗和径流而损失，在作物体内流动性较大，因此钾肥应深施、早施、集中施，氮、磷、钾、有机肥配合施用。

（4）大量元素肥料施肥技术。

1）要求。因土壤施用：砂土透水性好，应少量多次施用；有机质含量较高、质地黏重的土壤可适当减少施肥次数、降低施肥量；有机无机相结合长期施用化肥养分含量高，释放快，肥效较单一，需采取与有机肥配合施用的方法，改善土壤结构，补充并均匀释放养分，更好满足猕猴桃生长发育的需求。安全施用：确保施用的化肥符合相关国家及行业标准、规范，严格控制重金属、某些中微量元素等有毒有害物质含量，避免因过量施肥产生肥害。

2）施用方法。与有机肥施用方法基本一致，可采用撒施法、环状沟施、条沟施、放射沟施和穴施等方式进行，因大量元素化肥为速效肥料，故建议于靠近根部的位置局部集中施用；追肥也可采用施肥枪点施、水肥一体化滴喷灌等方式进行。

（5）中微量元素施肥技术。

1）中微量元素肥的施用方法。中微量元素肥料可做基肥、种肥和追肥摄入土壤。向土壤施用中微量元素肥料有后效，一般 3～4 年施用一次；根外喷施是经济、有效使用微量元素肥料的方法。常用质量分数为 0.1%～0.3%的溶液，以叶片的背面都被溶液沾湿为足量，一个生长季可根据树体营养情况多次喷施；灌根，浓度与叶面喷肥一致，用于灌根的肥料应该不含危害幼根的物质。

2）中微量元素肥施用注意事项。①浓度和施用均匀。作物需要微量元素的数量很少，许多微量元素从缺乏到适量的浓度范围相当狭窄，因此，摄入土壤的微量元素要防止用量过大。向土壤中施用时，必须注意均匀或掺干细土（1kg 肥料加 10～15kg 土），或与有机肥料混拌使用。②优先考虑土壤环境。土壤中微量元素不足的重要原因是受土壤条件的影响，而土壤酸碱度是影响微量元素有效性的首要因素。因此，采取增施有机肥料、适量施用石灰等措施，可以改善植物的微量元素营养状况。③与大量元素肥料配合施用。中微量元素和大量元素对植物营养来说，都是同等重要不可替代的。只有各种营养元素均满足，才能达到最佳增产效果。④精准施肥。只有在严重缺乏的土壤上施用时，才能收到良好的效果，施用不当所造成的危害比大量元素肥料要严重得多。

（四）主要营养元素的作用和失调表现

1. 氮素

（1）作用。氮能促进营养生长，延迟衰老，提高光合效能，提高猕猴桃品质和产量。

（2）失调表现。健康的新叶片含氮量为2.2%～2.8%，当含量下降至1.5%以下时，叶色由深绿变为淡绿直至黄色，但叶脉仍保持绿色，老叶顶端叶缘为橙褐色日灼状，并沿叶脉向基部扩展，坏死组织部分微向上卷曲，因光合作用受阻而影响果实正常发育。氮过多时作物营养生长大于生殖生长，枝条旺长，果实晚熟。

2. 磷素

（1）作用。促进花芽分化、果实发育和种子成熟，促进根系发育，提高作物抗逆能力。

（2）失调表现。健康植株叶片含磷量为0.18%～0.22%，低于0.12%时出现缺磷症状，植株矮小，叶色暗绿，严重缺磷，茎叶出现紫红色条纹或斑点，症状先从老叶开始，作物根系不发达，生长缓慢，延迟成熟；磷过多时会促进呼吸作用，不利于产量形成，作物发育提前、茎叶早衰，同时会降低土壤中铁、锌、镁等元素的有效性。

3. 钾素

（1）作用。多分布在代谢旺盛的部位，可促进光合作用及其产物的运输，参与渗透调节和气孔开闭，增强作物抗逆能力，提高果实品质和耐贮性。

（2）失调表现。通常猕猴桃含钾1.8%～2.5%，低于1.5%时呈现缺钾症状。最初缺钾萌芽长势差、叶片小；随着缺钾加重，叶片边缘向上卷起，老叶叶尖和边缘发黄，进而变褐、枯萎。钾肥过多，也会引起果树抗逆性降低、果实品质下降。

4. 钙素

（1）作用。是质膜和细胞壁的重要组成部分，是某些酶的活化剂，具有重要的生理和结构功能，能够调控多种生物过程，显著提高植物抗环境胁迫的能力，如高温、低温、干旱、重金属等。

(2)失调表现。缺钙时,猕猴桃主要表现为生长点发黏、腐烂、死亡,幼叶卷曲、畸形,新叶叶缘坏死,幼叶先显症。

5. 镁素

(1)作用。镁对叶片中叶绿素的合成和光合速率具有重要的调节作用,是多种酶的活化剂,可提高作物抗病性。

(2)失调表现。缺镁时植株矮小、生长缓慢,果实小或不发育;叶脉间或叶缘失绿,但叶片基部近叶柄处仍保持绿色,还会出现褐色、紫红色斑点、条纹,严重时,失绿组织坏死,坏死组织与叶脉平行,老叶先显症。

6. 硫素

(1)作用。硫参与组成蛋白质、叶绿素、多种酶,能稳定维持猕猴桃叶片细胞和叶绿体结构,促进根系生长,增强作物抗逆性,有效提高产量和品质。能抑制猕猴桃溃疡病菌的分裂增殖,有效降低发病率,提高防效。同时土施硫质量分数低于800mg/kg时,对猕猴桃地上部分有促进作用;当质量分数大于1200mg/kg时,有毒害作用。因此,掌握合理的施硫量很重要。

(2)失调表现。缺硫时作物生长受阻,植株矮小瘦弱,叶片褪绿或黄化,茎细、僵直,分枝少,与缺氮相似但幼叶先显症。

7. 硼素

(1)作用。硼对花粉萌发分化、花粉管伸长、实现授粉、受精具有重要作用,被称为“生殖元素”。同时,硼有利于根尖、茎尖生长点伸长,加速果实膨大,提高作物的抗逆性和抗病能力。

(2)失调表现。缺硼时猕猴桃上部叶片及生长点表现突出,叶色暗绿,叶片皱缩以致畸形,生长点易死亡,花发育不全、易脱落;出现“花而不实”,果实萎缩,结实率降低,易畸形。

8. 铁素

(1)作用。铁有利于叶绿素的形成,促进氮素代谢,增强植株抗病性。

(2)失调表现。猕猴桃是需铁量较高的果树,连续下雨或pH超过7的土壤易缺铁。缺铁首先幼叶脉间失绿黄化,果树嫩枝易干枯,茎秆短而细,新梢易变白、枯梢。

(3)喷施稀释1000倍复合氨基酸铁肥时,可显著提高猕猴桃叶片中的铁含量,改善缺铁黄化病;氨基酸铁肥能够提高果实的维生素C、可溶性固形物、还原糖含量,降低可滴定酸,改善猕猴桃风味。

9. 锌素

(1)作用。是果树体内多种酶的辅助因子,参与果树的光合、呼吸以及碳氮代谢等多种生理过程。

(2)失调表现。缺锌使幼嫩叶片的生长受阻，出现小叶症，植株矮化，易造成病毒病的感染，果实大小不一，畸形；浓度过高时，出现植株矮小、叶片萎蔫、枯黄严重的现象。

10. 氯素

(1)作用。氯能够促进植物的光合作用，增加产量，增强作物的抗病性。

(2)失调表现。缺氯会导致生长发育迟缓，影响产量和品质。但氯过多会造成根系活力受阻，叶片灼烧状、早熟性发黄及脱落，严重时造成减产或绝收(见图 6－3)。

图 6－3 猕猴桃氯过多产生的肥害

三、猕猴桃水肥药一体化施肥技术

果园的灌溉、施肥和病虫害防治，是果品生产的三大管理措施。水肥药一体化技术指灌溉与施肥、病虫防治融为一体的农业新技术。这一技术借助于压力灌溉系统，根据作物的需水需肥规律和土壤水分、养分状况及病虫害发生程度，采用管道将肥料、农药和灌溉水一起适时、适量、准确地输送到作物根区土壤，供给作物吸收。实践证明，采用水肥药一体化，在保证产量的前提下，比传统沟灌施肥和漫灌施肥平均节肥 25％～30％，节水 30％～50％，同时将溶解的农药通过喷灌系统喷施于果树叶面、地面进行病虫害的防治，大大提高了病虫害的防治效果和农药的利用率，农药的用量可以减少 12％～30％。是一项省水、省肥、省药、省时、省工的综合农业工程技术。

(一)模式

1. 滴灌水肥药一体化模式

按照需水需肥和病虫害防治要求，通过低压管道系统与安装在毛管上的滴头，将溶液以水滴的形式均匀而缓慢地滴入作物根区土壤。优缺点：渗漏损失小，不破坏土壤结构，不受地形限制；但灌溉时间长，对水质要求严格，易发生毛管阻塞而影响效果。所以选择好灌溉水源、肥料和过滤设备是保证系统长期运行的关键。常用的过滤器主要有筛网式过滤器和碟片式过滤器，过滤网规格一般为100～150目。

2. 微喷灌水肥药一体化模式

利用低压管道系统，以较小的流量将灌溉液通过微喷头或微喷带，喷洒到植株和土壤表面进行灌溉，是一种局部灌溉技术。常见的微喷灌技术可以分为地面和悬空两种(见图6-4、图6-5)。优缺点：堵塞概率低，对过滤器的要求比较低，过滤网规格一般在60～100目；易受田间杂草和作物枝干的阻挡，进而影响灌溉效果，蒸发量较滴灌大。

图6-4　果园微喷带

图 6-5 果园倒挂微喷

3. 膜下滴灌水肥药一体化模式

将滴灌技术与覆膜技术相结合，即在滴灌带或滴灌管之上覆一层薄膜。优缺点：节水的同时减少蒸发损失，可提高地热，黑色薄膜兼具抑制杂草的作用。该技术适应于土层浅、养分低、质地粗、保水保肥性能差，春、秋、冬季降雨少，没有灌溉水源的地区。

4. 施肥枪点施

利用高压将液体肥料通过插入地下的枪头上的喷水孔注射到土壤中。使用时，化肥按稀释倍数加水溶解于施肥罐，用皮管将施肥罐与施肥枪相连，根据施肥深度调节好枪头上的限深挡，将枪头插入土中，手握开关，肥液即打入土中，松手即关闭开关，拔出枪头再进行下一次动作（见图 6-6）。优缺点：肥效快，不挥发，较传统施肥省工、高效、节肥、不伤根；较其他水肥一体化措施费工。

图 6-6 施肥枪施肥法

5. 滴喷灌与传统施肥相比的优缺点

(1)优点。省工省力,肥效快,养分利用率高,降低农业面源污染风险。

(2)缺点。初始成本高,对水质和肥料水溶性要求高,费时。

(二)施肥区域

在果树树冠垂直投影的外沿附近区域施肥。依果树大小每株树打 4~16 个追肥孔,孔深 25~35cm,孔间距不小于 50cm。施肥时,往每个孔注肥液 10~15s,注入肥液 1~1.5kg。根据栽植密度,每株树追施肥液 5~30kg。

(三)水肥药一体化注意事项

(1)树势偏弱,腐烂病、轮纹病、溃疡性、干腐病严重以及挂果量大的果园,可适当多施。

(2)连年施用农家肥的果园地下害虫较多,可在肥水中加入杀虫剂。根腐病严重的果园,可在肥水中加入杀菌剂。药液浓度与叶面喷施相同。

(3)用 1 把枪施肥时,加压泵的压力保持在$(2\sim2.5)\times10^5$ Pa;如果用 2 把枪同时施肥,可根据高压软管的耐压情况,将压力调到$(2.5\sim3)\times10^5$ Pa。用 2 把枪施肥时切忌同时停枪,以免因为瞬间压力过大而使管子爆裂。

(4)配备肥液时切勿擅自加大浓度,以免烧根。一般氮磷钾复合肥的浓度在 4% 左右,水溶有机肥的浓度在 4%~5%。对于特别干旱的土壤,还应当增加配水量。对于新栽幼树,肥料浓度应降低到正常情况的 1/4~1/2。

(5)可选液态或固态肥料,固态以粉状或小块状为首选,要求水溶性强,含杂质少,一般不应该用颗粒状复合肥(包括中外产品);如果用沼液或腐殖酸液肥,必须经过过滤,以免堵塞管道。施用液态肥料时不需要搅动或混合,一般固态肥料需要与水混合搅拌成液肥,必要时分离,避免出现沉淀等问题。

氮肥:如尿素、硫酸铵、尿素-硝酸铵(又称氮溶液)、磷酸一铵、磷酸二铵等;

磷肥:如磷酸二氢钾、磷酸一铵、磷酸二铵等;

钾肥:如硫酸钾、磷酸二氢钾等;

微量元素肥料:如硼酸、硼砂、硫酸铜、硫酸锌及一些螯合物(如糖醇螯合钙肥);

有机全营养液肥:如腐殖酸、氨基酸、海藻素、微生物菌剂等添加大中微量元素的复合肥料。

其他肥料:如水溶性复合肥、鸡粪液、人畜尿、沼气液等。所有肥料在放入吸肥器前都必须进行过滤。

第四节　猕猴桃果园灌溉与排水

一、灌水

及时合理的水分供应是保证猕猴桃正常生长不可或缺的条件之一。土壤性质不同，需水量也不一样。

（一）判断猕猴桃需水多少的方法

可根据田间持水量进行判断，通常来说田间相对持水量在25%～35%时，用手握土壤已有些干；相对持水量在60%～80%时，用手握土壤潮湿又能散开时，含水量最为适宜。一般猕猴桃耕层田间土壤持水量在50%以下时，就需要灌水。若壤土一握成团、一松散开或黏土手捏成团，松开有裂缝，说明土壤持水量在50%左右；从叶片上看，夏季中午暴晒下萎蔫，强光过后仍不恢复，说明已缺水。

（二）灌水时期及要求

1. 萌芽期

土壤水分充足时萌芽整齐，枝叶生长旺盛，花芽发育良好。此期田间持水量为80%时，有利萌发，新梢长而叶片大。

2. 花期

应控制灌水，以免降低地温，影响开花。宜在花前灌一次水，确保土壤水分供应充足，此期田间持水量70%，即平常所说的土壤不干也不湿，利开花结果。花后由于细胞分裂和扩大旺盛，需要较多水分供应，但此次灌水不宜过多，以免引起新梢徒长。

3. 果实膨大期

此期果实生长最快，占到最终果实重量的80%左右，是猕猴桃需水高峰期，根据土壤湿度决定灌水次数。田间持水量为80%，有利果实迅速膨大，切忌长期积水而导致新梢旺长或者烂根。

4. 果实成熟期

需水量相对较少，但由于此期气温仍然较高，需要根据土壤湿度和天气状况适当灌水有利于果实糖分积累和成熟，但采收前15d左右应停止灌水。田间持水量在70%左右为适中。

5. 休眠期

猕猴桃在休眠期需水量较少，但在越冬前灌水有利于根系的营养物质合成转化及植株的安全越冬，一般北方地区施基肥至封冻前应灌一次透水。

（三）注意事项

（1）猕猴桃喜湿怕涝，需要较高的土壤湿度，又怕积水，对水分要求比较高，需要精准供水。降水集中期要及时清淤、疏通排水系统，防止发生涝害。

（2）灌水要浇在树盘土壤上，避免洒在叶子上，否则在高温时引起落叶。

（3）灌水最好在一天中的早晚进行，夏季高温的正午禁止灌水。

（4）猕猴桃灌水要见干见湿不可连续浇灌。灌水时间间隔太长或太短都不利于猕猴桃树的生长，频繁的灌水易造成养分淋失、土壤板结、透气性差，根系因缺氧造成沤根、烂根，引发落叶、黄化、根腐等，导致树体早衰、死亡。特殊情况如土壤很湿，但树体仍表现受旱症状，就要考虑是否根系过深或发生了根腐病，并有针对性地采取复壮根系的措施。

（四）常用的灌溉方式

传统灌溉方式为地面灌溉，主要指沟灌，在地头开沟，利用果树行间灌水。沟灌使土壤浸湿度较均匀，但也易造成行间泥土板结，用水量较大，易造成水资源浪费，并需要修渠整地。灌后若在地表覆盖杂草秸秆等保墒，能够提高水资源的利用率。地面灌溉的最大优点是对水质要求不严，而且其渠道网络系统在蓄水或排涝方面有不可替代的作用。现代灌溉方式有滴灌、微喷灌、膜下滴灌等（详见水肥一体化章节）。

二、排水

猕猴桃喜水怕涝，耐涝性差。多雨天气发生土壤排水不良积水后会导致土壤空气不足，严重缺氧根系会被迫进行无氧呼吸释放能量供根系利用，同时会释放积累酒精引起根系中毒，导致根系生长衰弱，同时容易感染根腐病，加重危害，导致落叶、落果，甚至死树。一般低洼等地势较低的果园及地下水位高和排水不畅的果园往往会发生积水现象。

做好果园排水设施建设，地下水位高的地区，果园四周和果园内必须开挖排水沟，同时采取高垄栽培。及时疏通排水系统，确保下雨时能将雨水顺畅排出果园。如果果园发生积水应及时开沟排水，或用抽水泵等抽水设备将积水排出果园。

排水方式有明沟排水和暗管排水两种。明沟排水即在园内行间开 40～50cm 的排水沟，将水排开；暗管排水即在园内地下 80cm 深处安设排水管道，将土壤中多余的水分由管道中排出。

图 6－7 猕猴桃高垄栽植

第七章　猕猴桃轻简化整形修剪技术

第一节　猕猴桃整形修剪的基础

整形修剪是调节树体营养生长和结果的有效手段。猕猴桃是木质藤本果树，如果任其自由生长，则枝蔓会相互缠绕，在架面上的分布将杂乱无章，这会导致树体通风透光不良，即便结果，产量也很低，品质劣，大小年现象严重，而且寿命不长。合理地整形修剪可使猕猴桃树体生长健壮、结果均衡、树冠通透、果实品质优良。因此，整形修剪是提高猕猴桃果实商品性的关键技术之一。

一、整形修剪的概念与目的

果树栽培以多年稳定生产尽量多的高品质果实为主要目的，因此在栽植之初就需要考虑将来的树形、易于栽培管理的树体结构及不同枝类配置等问题。把这种人为建造某种树形、配置枝类的过程称为整形。此外，对枝条进行剪截等措施称为修剪。

整形修剪的目的如下：

(1)发挥果树种类、品种固有的特性，建造能够承载果实重量且易于管理的枝类组成和树形，实现果实连年稳定生产。

(2)平衡枝叶生长与结果之间的关系，防止隔年结果。连年稳定提高产量的同时延长经济结果年限。

(3)通过合理配置不同枝类，保持树冠整体采光和通风良好，防止病虫害的发生，生产品质优良、规格一致的果实。

(4)通过配置低枝龄结果枝生产高品质果实的同时，维持或恢复树势。

(5)清除受害的枝，防止病虫害的发生，维持树体健康。

二、猕猴桃的树体结构

猕猴桃的枝条(茎)又可称为蔓。由于着生部位和性质不同，可分为主干、主蔓、侧蔓、结果母枝、结果枝、主梢、副梢、新梢等。其芽可分为冬芽、夏芽和潜伏芽。

(1)主干。有主干整形的植株,从地面到分枝处为主干。

(2)主蔓。从主干上分生出来的大枝蔓。

(3)侧蔓。从主蔓上分生出来的蔓。

(4)结果母枝。从主蔓或侧蔓当年抽生的新梢,秋后发育成熟,已木质化,枝表皮呈褐色,已有混合芽,到翌年春可抽生结果枝的称结果母枝。

(5)结果枝。春季从结果母枝上萌发的新枝中,有花序者称结果枝。

(6)营养枝。从结果母枝或主干、主蔓、侧蔓上抽生的新枝中,无花序者称营养枝。

(7)主梢。由冬芽萌发的新梢,既可成结果枝,又可成为营养枝。

(8)副梢。由主梢的叶腋中抽发的新梢,可分为1、2、3、4次副梢。

(9)新梢。当年抽生的新枝叫新梢,由节部和节间组成。节间较节部细,长短因品种和生长势而异。

(10)纤细枝。生长极其瘦弱纤细的枝条叫做纤细枝。

(11)徒长枝。生长直立粗壮、节间长、芽瘪、组织不充实的枝条。

(12)冬芽。当年形成后,须越冬至翌年才能萌发的叫冬芽。

(13)夏芽。当年形成的芽,当年即可萌发抽枝的叫夏芽。

(14)潜伏芽。猕猴桃有些冬芽越冬后不萌发,若干年才萌发,即植株受到损害或修剪刺激时才萌发为新梢的称潜伏芽。一般用作衰老树(枝条)的更新。

三、猕猴桃整形修剪的依据

整形修剪的目的可以用“早果、丰产、稳产、优质、壮树、长寿”12个字来概括。整形修剪的实质是通过调节树体生长与结果的关系来实现上述目的。幼树轻剪长留,适当缓和生长势,可以促进早结果;盛果树通过修剪调节枝量与密度,可以调控叶果比,使树体通风透光,减少病虫害,增进果实品质,健壮树体,延长树体的经济寿命。

应根据具体情况灵活制定整形修剪方案,采用适宜的修剪力度。

(1)品种的生物学特性。各品种的萌芽力、成枝力和结果习性不同,应分别修剪。

(2)树势。树势强的适当轻剪,树势弱的适当重剪。

(3)树龄。幼树生长势强,应适当轻剪,以尽快扩大树冠、快速获得产量;成年树可以适当重剪,控制结果母枝的数量,获得高产、稳产;衰老树应重剪,利用隐芽抽枝更新树冠。

(4)栽植密度。密度大时,树冠宜小,分枝级次宜少;密度小时,树冠宜大,分枝级次宜多。

(5)立地条件。土壤瘠薄、土层浅的山地,树势弱,树冠宜小,宜适当重剪,以使树体健壮。土层深厚、土壤肥沃的平地,树势强,树冠宜大,宜适当轻剪,使之多结果。

(6)管理水平。栽培管理水平高的,树势强,应采用大树冠,适当轻剪;栽培管理水平低的,树势弱,宜采用小树冠,适当重剪。

四、猕猴桃的整形带

棚架栽培猕猴桃主蔓架面下 30cm、架面上主蔓左右第一道固定铁丝内的范围就是猕猴桃的整形带,整形带内要用于树形管理,是树形更新修剪的主要区域,该部位发出的新梢是翌年的结果母枝和更新枝,夏季只进行摘心操作,冬季根据架面情况进行适当短截;整形带外架面上主要用于结果,是夏季修剪的主要区域,该部位发出的新梢无花序者夏季修剪时疏除,结果枝冬季修剪时疏除。

第二节 猕猴桃主要树形与整形

猕猴桃是攀缘性藤本果树,本身不能直立生长,需要搭架支撑才能正常生长,当前猕猴桃生产中主要采用的架形有大棚架、T 形架和牵引架等。T 形架的优点是投资少,田间作业方便,园内通风透光好,缺点是不抗风;大棚架的优点是抗风强,架面采光均匀,果实品质好,缺点是造价高;近几年出现的新式牵引架已有部分园区应用于实际生产。牵引架的优点是枝条有序分布,显著增加光合作用,促进营养转化,缺点是造价高,另外架面枝条较少,高温期间有可能会造成果实灼伤。猕猴桃主产区部分老园区以 T 形架居多,近几年正逐步改良为大棚架或牵引架。

一、棚架整形

"单干双蔓"树形是猕猴桃最简单且易管理的树形,通风透光条件好,可以充分利用猕猴桃架面空间。树形较为普遍,要求主干直立向上,当主干长至棚面高度时,在离棚面 20~30cm 处摘心,促其分枝,选两个方向相反、生长健壮的枝条分别作为第一和第二主蔓,形成一干两蔓的"丫"字形树形。另一种整形方法是让直立向上的主干生长,直至高出棚面,然后在棚下距棚面 30cm 左右处弯曲,促其在弯曲部位生发副梢,以所发生的副梢作为第二主蔓,而将主干被弯曲的上端部分作为第一主蔓。无论选用哪种方法,在形成"丫"字形期间,第一主蔓和第二主蔓均需用小竹竿引缚,两个主蔓也可互换位置、交叉引缚,使其各自与棚面呈 45°左右的角度生长。当主蔓长度超过 1/2 株距时,将其绑缚在架面的主丝上,并摘心促发副梢。主蔓同侧每隔 25~35cm 培养一个侧枝,作为翌年的结果母枝,使其与主蔓垂直。若苗木质量高、立地条件好、管理得当,定植当年即可形成具有较多侧枝抽生的两大主蔓,并于翌年开花结果,实现"一年上架成形,两年开花结果,三年开始量产",这也是目前比较理想的整形要求和目标。

二、T 形架整形

T 形架是大棚架的一部分，其整形方法与大棚架基本一致，只是当结果母枝及结果枝生长超过横梁最外一道铁丝后，任其下垂生长。下垂的蔓过长时，可在离地 50～60cm 处短截。完成 T 形架整形的时间与大棚架整形差不多，快者 1～2 年，慢者 3～4 年。

三、双层叶幕（高枝牵引）整形

双层叶幕整形是一种以“单干双蔓”为基础的新型整形方法。首先需要架设牵引支架，即在行间中心线上的每两树的中心点竖立 1 根立杆，其高度根据株行距确定，如株行距均为 4m，则其高度不低于 4.8m。在立杆的顶端系 24～32 根直径为 1m 的细绳（弱势品种 32 根，强势品种 24 根），每边细绳根数各半，间隔 25～35cm（弱势品种 25cm，强势品种 35cm）系在主蔓钢丝上。定植后第一年的管理与“一干两蔓”整形的相同。在第二年的萌芽期，间隔 25～30cm 保留主蔓上的芽正常生长，并及时逆时针缠绕在临近的牵引绳上，抹除下垂枝，其余枝到 5 片叶时做捏心处理（约 10cm 长）。冬剪时，将牵引绳上的枝蔓按 25～30cm 的间隔平行摆放在架面上，其余枝条留 3～4 个芽进行短截，剪留长度约 3cm。第三年及以后的管理重点是既要确保平面架上每年的正常生长结果，又要在主蔓上重新培养来年的结果母枝，并周而复始地沿绳高拉牵引，在生长季形成一个错落有致的立体叶幕。

（一）篱架的整形

此架式在湖北、湖南、安徽等地的猕猴桃产区应用较普遍。其主要优点是主侧蔓较多，容易成形，可以灵活修剪，便于枝蔓更新。由于其主蔓的极性强，常常造成通风透光不良，影响果实产量和品质。苗木定植后，留 3～5 个饱满芽短截，春季萌发后一般可长出 2～3 个壮梢。冬季修剪时留下生长健壮的枝条作主蔓。在主蔓的 50～60cm 处短截。生长较弱的枝条留 2～3 个芽短截，促其于翌年萌发 1～2 个壮枝，以培养成主蔓。在以后的 1～2 年内，每个主蔓上按左右交错的方式各选留 2～3 个壮枝，培养为侧蔓。侧蔓上再选留结果母枝，使形成多主蔓扇形树型。如架面空间小，也可以在主蔓上直接选留结果母枝。多主蔓扇形整枝要求自地面长出 3～5 个主蔓，各主蔓排列成扇形，主侧蔓交错排列，从属分明。

（二）猕猴桃单干双臂幼树整形

1. 要求

单主干架型在幼苗期就要开始整形，这个阶段的主要任务是培养树体结构，增加枝蔓，扩大树冠，尽快完成骨架构建，为培养标准一干两蔓树形打好基础。苗木定植后，从幼苗发出的新梢选择一条最健旺枝条作为主干，其余发出的新梢全部尽早疏除，若新梢先端变细、变长开始弯曲时，应摘心使其暂时停止生长，积累营养，待顶部发出二次枝时，再选一个强旺枝条，引导其直立向上生长，成为将来的主干枝。对嫁接口下发出的萌蘖枝以及主干上的徒长枝，要定期检查及时去除，保证主枝生长的营养供应。待主干接近架面时选留两个强旺枝作为主蔓，分别沿架面中心铁丝向两侧伸长，在每个主蔓两侧每隔 25～30cm 选留一强旺结果母枝，与主蔓成直角固定在架面上，结果母枝和结果枝超过横梁最外一端任其下垂，控制在距地面 1m 左右为宜，整个架型成羽状排列。

2. 第一年猕猴桃整形技术

猕猴桃苗剪留 2～3 个饱满芽，在植株旁插竹竿，从发出的新梢中选一生长最健旺的枝条作为主干，将其用细绳固定在竹竿上，每隔 25cm 固定一道，引导其直立向上生长，不能缠绕竹竿。如果生长一定时间后生长减弱或发生缠绕可进行摘心，促发二次枝继续培养强旺主干。其他新梢作为辅养枝保留 2～3 片叶摘心，对于嫁接口以下发出的萌蘖及时去除。冬季修剪时将主蔓剪留 3～4 个饱满芽，其他的枝条全部从基部疏除。

3. 第二年猕猴桃整形技术

从当年发出的新梢中选择一长势强旺枝作为主干固定在竹竿上引向架面，每隔 30cm 固定一道，其余新梢尽早疏除。当主干先端开始缠绕时摘心，使其停长一段时间积累营养，待发出二次枝后再选一强旺枝继续引导。主干高度超过架面 30～40cm 时，沿中心铁丝弯向一边作为一个主蔓，并在弯曲部位下方附近发出的新梢中，选一强旺枝将其引导向相反一侧沿中心铁丝伸展作为另一个主蔓。主蔓在架面上发出的二次枝全部保留，分别引向两侧的铁丝固定。冬季修剪时，将架面上沿中心铁丝延伸的主蔓和其他枝条均剪留到饱满芽处，单主干双主蔓树形基本定型。

图 7－1　单主干双主蔓基本型

4. 第三年整形技术

在两个主蔓上分别选择一个强旺枝作为主蔓的延长枝继续沿中心铁丝向前延伸，架面上发出的其他枝条由中心铁丝附近分散引导伸向两侧，分别固定在铁丝上，主蔓的延长头相互交叉后可暂时进入相邻植株的范围生长，枝蔓互相缠绕时摘心。在主蔓培养期间让其缓慢地绕中心铁丝缠绕固定，大致 1m 左右绕一圈，这样在植株进入盛果期后枝蔓可以承受果实、叶片的重量。冬季修剪时主蔓延长头剪回到各自的范围内，在主蔓的两侧大致每隔 25～30cm 留一生长旺盛的枝条剪截到饱满芽处，作为下年的结果母枝，生长中庸的中短枝适当保留。

5. 第四年整形技术

中心主蔓发出的强旺新梢以中心铁丝为中心线，沿架面向两侧自然伸长，呈羽状排列。T 形架的猕猴桃新梢超出架面后自然下垂呈门帘状，大棚架整形的新梢一直在架面之上延伸，在有空间的地方，保留中庸枝和生长良好的短枝。到第 4 年生长期结束，单主干双主蔓羽状结果母枝树形完全成形，以后逐年在主蔓上配备适宜数量的结果母枝，使整个架面布满枝蔓，进入盛果期。

图 7－2　结果母枝布满架面

第三节　轻简化修剪技术

一、冬季修剪

猕猴桃果树枝叶生长量大、长势极强，冬季修剪是调节生殖生长和营养生产管理的重要手段，通过控制植株长势，提高连续结果能力。冬季修剪的任务是为来年培养合理的树体结构，更新结果母枝，确定来年结果枝量，去除衰弱病虫枝，促进树体更新复壮。

(一)冬剪时间

猕猴桃秋季落叶后，枝条大量的养分逐渐回流到主干及根部，用以抵抗寒冬不良环境。春季土壤温度升至10℃左右根系开始活动，树液开始流动，将根部加工的养分输送到树体各个部位，进入伤流期。因此猕猴桃冬季修剪的时期应在12月下旬至次年1月下旬，这个时期树体处于深度休眠，过早或过晚修剪都会造成树体养分损失。

(二)冬剪方法

1. 短截

短截是冬季猕猴桃修剪的主要方法。指对一年生枝蔓根据需要剪截一部分，为来年培养结果母枝。根据剪截程度，可分为轻短截(只剪掉枝蔓梢部1/4～1/3)，主要指对一般有空间的结果母枝剪留至饱满芽处；中短截(剪掉枝蔓梢部1/2或2/3左右)，多用于骨架枝蔓整形、衰老树的更新复壮和衰弱结果母枝蔓组更新整形；重短截(在枝蔓基部只保留2～3个芽体)，一般在幼龄树背上的枝蔓培养小型结果母枝蔓组时应用。

2. 疏枝

疏枝指将枝条从基部疏除。一般将树体上病虫枝、细弱枝、过密枝、徒长枝及内膛无用枝等从基部剪除。疏剪使枝条分布均匀，改善通风透光条件，调节营养生长与生殖生长的关系，解决枝条重叠、交叉及并生等问题，调整养分集中供给预留枝条，促进开花结果。

3. 回缩

回缩是猕猴桃上最常用的修剪技术措施。指对多年生枝蔓剪截一部分，回缩结果母枝至发育良好的枝条，用于更新来年结果母枝。回缩的对象是多年生衰弱骨干枝及病虫枝组等，通过回缩修剪能促使树体萌发新的健壮枝条，达到更新复壮、提高结果率和果实品质的作用，有效减少枝组防止架面郁闭。

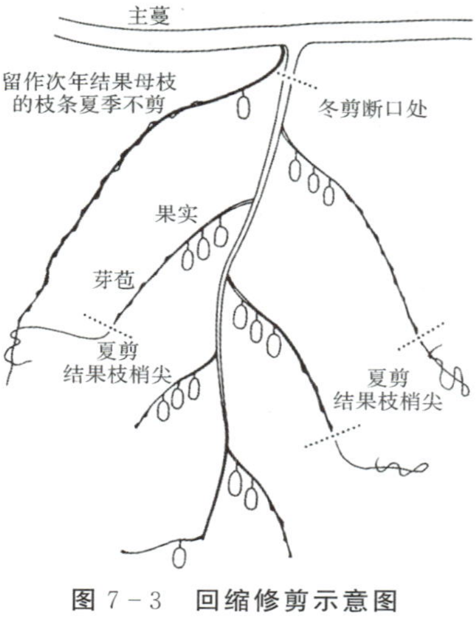

图7-3　回缩修剪示意图

4. 绑蔓

绑蔓是冬剪后将枝蔓均匀绑缚在架面上的一种方法。修剪后枝条相互交叉，有直立枝、下垂枝等，为使枝蔓梳理有序，均匀分布，避免风吹折断枝蔓和相互摩擦，要进行绑蔓。把所有的枝蔓以间距 30cm 左右平行绑缚在架面上，不能绑太紧，采用环保的玉米皮绑缚（不用解绑）或可反复利用的专用绑带绑缚，绑缚适当宽松又风吹不动即可。

图 7－4 绑蔓后效果图

（三）结果母枝类型

1. 健壮发育枝

这类枝条是猕猴桃来年选留的首选结果母枝类型。一般指在 6～7 月份前抽生枝条，基部粗度可达到 1cm，长度 1m 以上，这类枝条芽体饱满，长势健壮，结果量大，果实品质佳，是作为来年选留结果母枝的最佳目标。

2. 健壮结果枝

指抽生发芽早，枝条基部 1cm 以上，长度 1m 以上，下半部芽体已形成当年结果枝，结果部位以上叶腋间形成较好的芽体，留作结果母枝来年可抽生良好的结果枝。缺点是结过果的部位没有芽眼，无法再抽生结果枝，导致结果部位外扩，残留果柄易被病菌侵染，导致枝腐病发生。这类枝条位置合适也是良好结果母枝的选择。

3. 中庸枝条

指长度在 30 至 1m 之间的，粗度 0.5cm 左右，长势中庸，芽体饱满的结果枝和发育枝。这类枝条在健壮发育枝和结果枝不足，架面有空间时可适量选留为结果母枝。

4. 短枝

选留短枝条一般长度在30cm以内，芽体发育饱满，较早自封顶，且靠近主蔓中心部位的可适量选留填空，少量结果，起到遮阴和增加产量的作用。

5. 徒长枝

一般指从内膛萌发，基部粗壮，节间长，且生长极旺盛的枝条。徒长枝由于生长快导致木质化程度低，枝条上芽体发育不充实，只有中部弯曲的地方有可能形成结果枝，这种枝条在生长枝时应及早摘心转势，冬季修剪则视情况而定，若有空间也可留作结果母枝。

(四)盛果期果园修剪技术

1. 修剪目标

猕猴桃果树一般生长至第6～7年时，树体枝条可完全覆盖架面，猕猴桃开始进入盛果期。前期已促使树势由旺转向中庸，多采用缓放，促进成芽，以果控势；中期对缓放、短截等措施均衡应用，维持树体长势中庸，产量稳定；后期则多采用重短截等措施促进营养生长，防止树体早衰，维持其较强的结果能力，实现稳产。冬季修剪的任务是维护树体骨架结构，选用合适的结果母枝、确定有效留芽量，并使其合理分布在整个架面，通过修剪控制树体长势，保证结果量和结果品质的同时维持中庸树势，保障树体的持续挂果能力，延长其经济寿命。

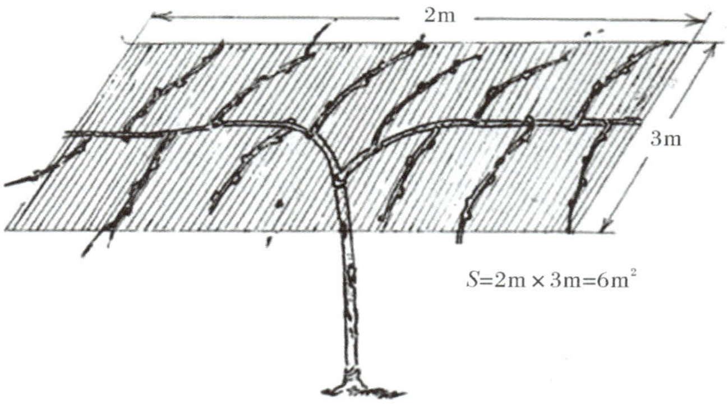

图7-5　猕猴桃单干双臂树体结构及架面面积

2. 结果母枝的选留

结果母枝的选留首选是长势健壮的发育枝，其次可选用健壮的结果枝以及中庸发育枝和结果枝。留枝数量以主蔓两侧各30cm左右留一长结果母枝。中、短结果母枝填空，以发育充实的枝条为主，不偏留虚壮旺枝，并注意疏除直立旺枝、下垂枝、树冠下部光照不良处弱、病、虫、死枝蔓。每年更新50%的结果母枝，以靠近主蔓的新枝代替老枝，使枝蔓占满架面即可。

结果母枝的剪留长度根据品种不同和空间情况而定，不同品种之间结果母枝的剪留长度差异较大，比如秦美是比较耐短截修剪的品种，强旺结果母枝剪留7～8芽仍可产生较多结果枝，而海沃德品种的强旺枝剪留到相同程度时，结果枝数量明显减少，因此修剪长度不宜机械规定，总的原则依照枝条饱满程度和品种特性，以布满架面为目的，将选留的结果母枝顶端不充实部分剪除，保留至饱满芽处即可。结果母枝在架面的距离对结果的性能和果实的质量有明显影响，单位面积架面上的结果数量及产量随着结果母枝间隔距离的减小而增大，但单果重量和果实品质则随结果母枝间距的减小而降低。为保证连续丰产稳产，果实品质好，需要通过控制产量调节平衡结果和树体长势，保证来年萌发良好的预备枝，结果母枝的平均间距应在25～30cm为宜。

3. 单株留芽量估算

猕猴桃的留芽量应根据目标产量、树龄、树势、株行距、土肥条件及管理水平决定。当植株枝条布满架面之后，冬季修剪时要根据单株的目标产量及几个影响产量构成因素之间的关系，大体计算出单株平均留芽数。计算的公式为：

单株留芽数＝单株目标产量(kg)÷萌芽率(%)÷果枝率(%)÷每果枝结果数÷平均单果重(kg)

公式中的萌芽率、果枝率、每果枝结果数以及平均单果重等数据因品种而异，也受到栽植条件和管理水平的影响。单株留芽的数量因品种的特性及目标产量而有所不同，萌芽率、结果枝率高，单枝结果能力强的品种留芽量相对低一些，相反则应略高。

(五)衰弱果园更新复壮修剪

猕猴桃树进入衰老期后，树势明显衰弱，枝蔓的生长势、坐果能力下降，果实产量和品质也下降。衰弱果园应加强水肥管理，做好病虫害防治，适当控产，通过科学的修剪方法，尽量减轻树体负担，逐步恢复树势。此期的整形修剪原则是：去弱留强，定量花果，更新复壮。冬剪时利用猕猴桃潜伏芽寿命长的特点，分期分批回缩更新结果母枝组，促使其基部萌发新枝条，重新培养骨架和结果母枝组。对树体加大修剪量，疏除细弱枝、病虫枝、丛生枝等，对有空间的枝条可留3～4芽短截作为来年预备枝，结果枝保留结果部位以上数芽短截，培养来年结果母枝，修剪后保持枝条间30cm的间距。当树势过弱无法恢复时，考虑重新建园。

(六)不规范树形改造

不规范的成龄园树形多为多主干和多主蔓两种情况。对于多主干上架的成龄树，视树势的生长情况，在不影响产量的前提下，应在冬季修剪时适当去除衰弱的多余主干，但不能直接一次去完，应逐步去除，最后达到单主干或双主干上架。对于多主蔓的成龄树，冬季修剪时应先规范树形，要求选留两个主蔓，绑枝时固定于中心铁丝。其上多留枝条，控制其结果量，培养成结果母枝，其他枝在两个骨干枝所留枝条量足或接近要求预留结果母枝量时全部疏除。否则应在不影响两个主蔓生长的前提下适当少留一部分，但需在来年严格控制其营养生长，减少其养分消耗，冬季剪除对冬季未采取改形的，春季伤流后期选两根有培养前途的枝条，采取强扭的方法将其固定于实心铁丝之上，夏季管理上严格控制其结果，促发新枝培养成结果母枝。对其他严格控制营养生长，待冬季过后培养成规范树形。

（七）雄株修剪

雄株在冬季不做全面修剪，只对缠绕、细弱的枝条做疏除、回缩修剪，保留的枝条在架面空间均匀分布，使雄株保持较旺的树势，产生的花粉量大，花粉生命力强，利于授粉受精。第二年春季开花结束后立即修剪，将开过花的枝条从基部剪除，再从主干附近的主蔓、侧蔓上选留生长健壮、方位好的新梢加以培养，使之成为第二年的花枝，同时疏除过密、过弱枝条，保护树势健旺。

（八）注意事项

猕猴桃结果性很强，特别是结果枝有连续结果的特性。达到结果年龄的猕猴桃树，除主干基部萌发的徒长枝外，几乎所有的新梢，包括结果后的各类结果枝，都能形成混合花芽，从而成为翌年的结果母枝。各类结果母枝的剪留长度视其强弱和长度而定。一般长且强旺的结果母枝应轻剪、多留芽，短而细弱的应适当重剪、少留芽。

枝蔓更新分为结果母枝更新和多年生枝蔓更新。对已衰老的或连续结果 2～3 年及以上的结果母枝应进行更新，更新方法依具体情况而定。如果结果母枝的基部有生长充实健壮的结果枝或营养枝，可将结果母枝回缩至健壮部位，以防结果部位的外移；如果结果母枝生长过弱或其上分枝过高，则应将其从基部潜伏芽处剪除，促使潜伏芽萌发。对多年生枝蔓的更新也分局部更新和全株更新。对衰老、结实能力下降的枝蔓，将其从基部的分枝处疏除；全株枝蔓失去生产能力时，将老蔓从基部一次剪除，利用从基部萌发的萌蘖枝重新形成植株。

猕猴桃枝蔓的髓部大而中空、组织疏松，水分极易蒸腾，而且伤口的愈伤组织形成较慢，剪口下易干枯。因此，修剪时剪口不宜离芽太近，应留出 2cm 左右，以保护剪口芽。

此外，冬剪还要考虑不同树龄的生长发育特点，使幼株及时成形，使成年树丰产、稳产，使老树复壮、延长结果年限。

（九）猕猴桃绑蔓技术

1. 绑蔓的意义

绑蔓就是对猕猴桃枝蔓定向、定位进行绑缚。通过引绑，可调整枝蔓长势及枝梢在架面上的合理分布，以便充分利用光能，促进枝梢生长及果实发育。猕猴桃三分冬剪，七分绑蔓，冬季修剪的效果就体现在绑蔓上。

2. 目的

加速成形，改善树体结构；固定树体，提高抗风能力；排布枝条，合理利用空间；平衡生长与结果关系；方便管理，有利夏季架面管理。

3. 绑蔓前准备工作

（1）架材加固。冬剪后一项重要的基础工作就是架材加固。主要内容有地锚检修、水泥柱检修、拉线检修。

(2)钢线紧直。一是要用紧线器拉紧拉直钢绞线;二是对钢绞线务必 40cm 或 50cm 等距离排布;三是固定纵向横向钢绞线。

(3)绑材准备。生产上最方便的绑材是塑料 U 形卡地,绑缚速度快,工作效率高,但较细的枝条容易松动,在风害较大的地区要有选择性使用。布条是北方地区常用的绑材,绑缚紧固性好,成本较低,但每年冬季在绑枝前要把上一年的布条清理干净,否则易导致钢绞线生锈。玉米皮则是一个不错的环保材料,在北方地区应用较多,成本低廉,结实耐用,不会勒断枝条,但对较粗枝条紧固性较差。

(4)枝条排布。如果说剪枝是点上(枝条)的操作,排枝就是面上(架面)的工作。点、面有机结合,兼而顾之,才能成为整体。因此,在修剪过程中就要考虑枝条的排列和安置,而不能停留在为剪枝而剪枝,剪好的枝条不能以最好的状态排列在架面,说明冬剪还有缺陷,并不完美。

4. 绑蔓的要求

(1)光照考量。绑枝不仅仅是枝条的固定、抗风功能的体现,最重要的是对光能利用的考虑,光合作用的保障,特别是光照不足的地区。所以,杜绝拥挤、密实、交叉、重叠等一切不利于光能利用的绑枝现象。

(2)通风条件。虽然通风透光通常有相关性,但通风实际有更重要的内容。植物需要的 16 种元素中,排在前三位的是碳、氢、氧,所谓的通风就是通二氧化碳之风(光合作用就是植物叶片在光照条件下,利用太阳光能把空气中的二氧化碳和水合成有机物质并释放氧气的过程)。不能保证良好的通风,就会抑制光合作用,降低有机物质合成转化能力,直接影响产量。因此,绑枝务必稀疏,并对来年枝条萌发有个预先设计。

(3)架面平整。通过枝条绑缚,架面所有枝条应处在同一水平状态,也就是架面要平整,不能有立体感、层次感。树势和枝势能不能表现中庸性,与绑枝有一定关系。比较旺壮的枝条通过平绑或压平绑,明显会抑制顶端优势,缓和枝势,有利于平衡树势,促进果实产量。

(4)穿插补空。因夏剪缺失或盲目修剪等原因导致的冬剪后架面枝条难以均匀排布,无法平均利用架面空间局面,对此,允许对内膛部或架面无枝处把相邻枝条或树冠另一边枝条借枝补空绑缚,最终消除架面空白,使架面整体枝条绑缚均匀无空,同时体现对夏季高温热害的提前有效预防。

二、夏季修剪

猕猴桃新梢生长旺盛,若不修剪会造成树冠密闭,营养损耗过多。夏季修剪是从春季开始到秋季整个生长季的枝蔓管理,为来年丰产打好基础,所以夏季修剪尤为重要。

1. 抹芽

抹芽即除去刚发出的位置不当或过密的芽,一般要从萌芽期开始进行。对主干上萌发出的徒长枝，基部产生的根蘖苗尽早抹除；从主蔓或结果母枝基部发出的枝，常成为下年的良好结果母枝，一般应保留。由这些部位发出的徒长枝，可留 2～3 芽短截，使之重新发出二次枝后长势缓和，培养为结果母枝的预备枝；结果母枝上抽生的双芽、三芽只留一芽，多余的芽及早抹除，抹芽从芽萌动期开始，要反复进行多次，大约每隔 2 周进行一次。

2. 疏枝

猕猴桃的叶片面积大，光线不易透过，成叶的透光率约为 7.9%，树冠呈平面状，容易造成树冠内膛遮阴。光照不良的枝条着生的果实生长不良，营养含量低，花芽发育不良。当新梢长至 20cm 以上，花序开始出现后，一般 5 月左右开始，6～7 月枝条旺盛生长期是疏枝关键时期。及时疏除细弱枝、过密枝、病虫枝、双芽枝及徒长枝等，在主蔓上和结果母枝的基部附近留足下年的预备枝，即每侧留 10～12 个强旺发育枝，同一侧的一年生枝间距保持在 20～25cm，每平方米架面保留正常结果枝 10～12 个。

图 7－6　疏枝

3. 摘心

4 月份猕猴桃萌芽后，当枝条长到 15cm 以上时对整形带外的外围结果枝顶端留 3～5 片叶子轻摘心，对之后发出的二次枝反复摘心；内膛预留营养枝前期不摘心，到后期会出现枝变细节间变长，先端弯曲缠绕时再摘心；内膛萌发的徒长枝根据需要可留 2～3 芽摘心转势，促发二次枝再利用。除了对一些徒长枝或其他位置不佳的枝条进行重摘心再利用外，生长季管理不建议重摘心，因其易刺激新梢，产生大量二次枝、三次枝，导致营养浪费在新梢生长上，增大劳动强度。次生枝通常发育不良，不易形成花芽，促发的新梢使架面郁闭，光照不良，影响果实质量和下年结果性能。

图 7－7 摘心

4. 捏尖

对一些成枝力强的品种，可以在新梢变细，即将缠绕时进行捏尖，缓和长势，且不发侧枝，减小劳动强度。注意捏尖的力度须掌握好，太轻没有效果，太重又会引发侧枝。

5. 新梢固定

在新梢生长旺盛的夏季，每隔两周左右就应在全园进行一次新梢的固定：将长度较长的结果枝与铁丝绑缚，防止果实长大后下垂；将一些长势较强的发育枝拉平固定在架面，削弱其长势，促进营养积累，增加架面受光面积。绑缚不能过紧，使新梢有一定活动余地，以免影响加粗生长。

6. 猕猴桃零叶修剪技术

(1)零叶修剪的原理。该技术是猕猴桃树体夏季管理中的一项关键且独特的修剪技术。一般在 5～6 月进行，它主要是针对结果盛期且较强旺的未停止生长的上位结果蔓，在其最后 一果处(以上不留叶片)进行短截。一般靠近结果母蔓基部附近的第一条上位结果蔓不进行“零叶”修剪仅做更新蔓培养，而其他的上位结果蔓都可进行。由于猕猴桃的结果枝蔓上开花结果部位的叶腋间不再有主芽而成盲节或空节，零叶修剪又去除了未结果的部位，因而，零叶修剪使得结果蔓失去了侧芽再次抽发旺枝的潜能，可有效控制枝蔓过旺生长，合理调节营养生长与果实发育之间的平衡，维持树冠内良好的光照水平以及减少修剪成本，可形成合理的冠幕结构。待到冬季修剪时凡是零叶修剪的枝蔓均可从基部直接剪除，对于预留好更新枝蔓的结果母蔓可以直接回缩至更新蔓基部，这既避免了结果部位的外移，同时也减少了枝条选留的麻烦。零叶修剪的效果见表 7－1。

表 7－1　不同零叶修剪时期对金魁猕猴桃果实品质的影响

处理	单果重/g	果形指数	干物质/%	可溶性固形物/%	可溶性糖/%	可滴定酸/%	固酸比	维生素 C /mg·kg^{-1}
盛花前 20 天	87.57d	1.24ab	14.85ab	14.28b	8.49abc	1.41d	10.11a	1305.1ab
盛花前 10 天	83.53ab	1.23ab	15.19abc	14.53bc	8.56abc	1.34cd	10.8abc	1358.5bc
盛花期 0 天	80.10bc	1.23ab	15.74cd	14.61bc	9.02cde	1.39d	10.49abc	1458.9cd
盛花后 10 天	82.40bc	1.23ab	15.73cd	15.02cd	9.25dcf	1.26abc	11.89d	1486.8de
盛花后 20 天	80.50bc	1.23ab	15.95d	16.06c	10.46g	1.23ab	13.06c	1608.7f
盛花后 30 天	84.10cd	1.20a	15.31bcd	15.48d	9.61f	1.18a	13.12c	1425.6e
盛花后 40 天	82.37bc	1.29b	15.27bc	15.07cd	9.47ef	1.33cd	10.92bcd	1327.8cd
盛花后 50 天	81.33bc	1.22ab	15.33bcd	15.12cd	8.74bcd	1.38d	11.30cd	1343.8cd
盛花后 60 天	79.30b	1.24ab	15.01ab	14.68bc	8.38ab	1.37d	10.74abc	1220.3cd
对照（空白）	78.40a	1.22ab	14.58a	13.75a	8.14a	1.35cd	10.18ab	1123.7a

注：同列不同小写字母间表示差异显著（$P=0.05$）。

（2）修剪时间。猕猴桃盛花后（20±2）d 为宜。

（3）修剪对象。针对较旺生长结果蔓的一项关键性夏季修剪技术。对生长势强的猕猴桃品种、直立生长的结果蔓、树冠郁闭和树体结构零乱的果园效果尤佳。而对于结果母蔓基部附近的 1～2 根结果蔓或生长势较弱的结果蔓不宜进行修剪。对于金魁、金果、金艳等生长势强旺的猕猴桃品种，其 50%～60%的结果蔓均可进行修剪，而对于红阳等生长势偏弱的品种，零叶修剪量控制在结果蔓的 30%左右。

（4）注意事项。零叶修剪剪口应远离果梗，间距约 0.5cm，并注意刮除剪口附近的潜伏芽，以防再次抽蔓。对于坐果率较高的金艳等猕猴桃品种，零叶修剪要结合疏果处理，尽可能做到零叶修剪的结果蔓一个节位一个果，否则零叶修剪对果实品质的促进作用不明显。此外，果实品质还受气候和肥水管理的影响，不同地区应结合本地的气候与猕猴桃花期时间选择最佳零叶修剪时期，并加强肥水管理，才能达到猕猴桃优质高效的栽培目的。

第八章　猕猴桃花果管理关键技术

第一节　猕猴桃花果管理的基础知识

一、猕猴桃花果管理的意义

花果管理是果树管理的核心。目前，种植效益和果品质量已成为制约我国猕猴桃产业发展的瓶颈，加强花果管理能有效解决产量低、商品性状差、含糖低、品质差、果品质量安全等问题，促进猕猴桃丰产稳产、高质高效。

二、猕猴桃开花结果特性

（一）猕猴桃是雌雄异株植物

猕猴桃为雌雄异株植物，雌花、雄花分别在雌株、雄株上。雌花、雄花在形态上都是两性花，但在功能上雄花的雌蕊败育，雌花的花粉败育，因此都是单性花。雌性植株的花多数为单生，雄性植株的花多呈聚伞花序，每一花序中花朵的数量在种间及品种间均有差异。

（二）猕猴桃的授粉特性

猕猴桃的花期，因种类和品种的不同而异，环境的变化对其也有影响。天晴、气温高，花期短；阴天、气温低，开花时间长。花从现蕾到开花需要25～40d。每个花枝开放的时间雄花5～8d，雌花3～5d。全株开放时间，雄株7～12d，雌株5～7d。花粉可通过昆虫、风等自然媒介传到雌花的柱头上进行授粉，也可人工授粉。人工授粉果实的单果重、种子数显著高于自然授粉（见表8－1）。

（三）授粉与坐果

雌性花与雄性品种的花粉有不同亲和力。猕猴桃果实由34～35个心皮组成，每心皮内11～45个胚珠，每个胚珠都有形成种子的能力。种子数量多，果实就重（见图8－1）。

表 8-1 猕猴桃自然授粉与人工授粉果实比较

自然授粉果	1	2	3	平均
果实重/g	58.7	48.3	43.0	50.0
种子数/个	311	309	350	323.3
人工授粉果	1	2	3	平均
果实重/g	81.0	73.6	80.6	78.4
种子数/个	896	889	900	895.0

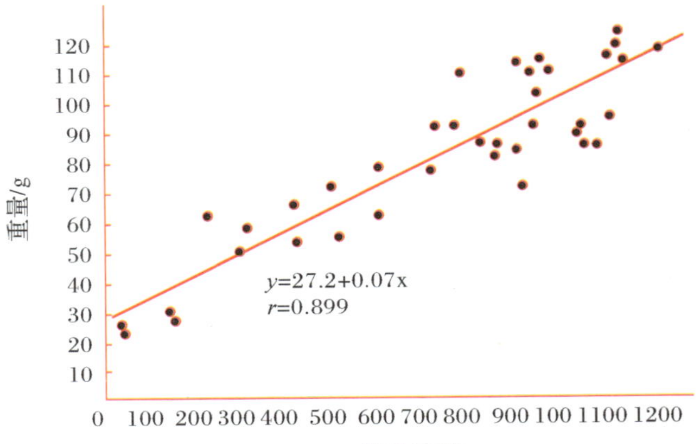

图 8-1 猕猴桃种子数量与单果重的关系

(四)花粉的直感效应

猕猴桃花粉除了基本的坐果功能外，还具有直感效应。猕猴桃在果实坐果率、单果重、可溶性固形物、果形指数、果实硬度等方面表现出明显的花粉直感现象，而且果实茸毛的有无、果肉颜色、果实胎座也都表现出花粉直感现象。

花粉直感效应主要分为两种情况，分别是花粉种子直感和花粉果实直感。花粉种子直感是指父本花粉在当年内直接影响母本受精后所形成的种子，使种子的形状、大小、颜色等发生变异的现象；花粉果实直感则是父本花粉在当年内直接影响果实的形状、成熟期、大小、颜色、风味、内在成分及含量等。

因此，授粉品种的选育与栽培品种的组合配置是猕猴桃高质量生产的关键技术之一。

(五)猕猴桃果实的膨大生理

经过正常授粉受精后，才能进入正常的果实发育过程。中华猕猴桃和美味猕猴桃的果实发育需 140～180d，有 3 个明显的阶段：5 月上中旬坐果后至 6 月中旬为快速生长期，需 40～50d，此期果实的体积和鲜重可增至成熟时的 70%～80%；此后为缓慢生长期，自 6 月中下旬至 8 月上中旬，需 50d 左右，此期果实的生长速度放慢，甚至停止；8 月中下旬至采收为微弱生长期，此期果实生长量很小，但营养物质的浓度提高很快。

猕猴桃果实迅速膨大以前，采用外源激素处理可以促进果实发育，延长果肉外壁组织及果心组织的细胞分裂时期，使细胞层数（包括内壁组织）明显增多。同时，经处理的果实果肉组织的直径也显著增大。

（六）猕猴桃果实的成熟生理

1. 采收成熟期

即生理成熟期。猕猴桃果实成熟时，其外观颜色没有明显变化。生产中，最直接的判断方法是借助折光分析仪测定其可溶性固形物含量来确定，也可根据果实发育期、干物质含量、果面着色等进行综合判定。采收过早，无法表现品种的固有品质。过熟，不耐贮运，会造成损失。应根据品种特性、销路远近和栽培面积大小等，确定适时的采收期。

2. 生理后熟期

这一阶段的果实细胞没有分离，且所含淀粉未完全转化成糖，蛋白质和氨基酸水平也较低，所以果实口感既硬又酸涩。果实后熟期的自然完成，主要靠果实内部产生的乙烯类物质刺激果实，使其呼吸增强，从而加速淀粉分解成糖、蛋白质分解成氨基酸，提高可溶性固形物含量，并加速细胞壁解离。外源乙烯类物质也能起到同样作用。因此，可通过对此类物质的控制，实现对果实后熟期的调控。

3. 食用成熟期

果实软硬适中，口感松软适度、酸甜可口，具有品种固有风味。

第二节 猕猴桃授粉技术

一、前期准备工作

（一）授粉树的选择与配置

选择与主栽品种花期一致，花粉量大，发芽率高，花粉直感效应好的无性系雄株品种作为授粉树。自然授粉建园时的配置比例最低为 8∶1，根据多年实践，建议雌雄株配置比例为（4～6）∶1，采用隔行栽植雄株的方式配置。

（二）清除周围的花草和树木

园中和果园附近不能有与猕猴桃花期相同的植物，园区内的三叶草、毛苕子等绿肥应在蜜蜂进园前刈割一遍，刺槐和柿子的花期与猕猴桃相近，也要采取措施清除。

（三）花前复剪

于开花前 5～10d 疏除过多的徒长枝蔓、发育枝蔓、结果枝蔓和发育不良的花蕾。一个花序上只留中心花蕾，并在结果枝蔓最上一个花蕾后留 5 片叶摘心，发育枝蔓留 12～15 片叶摘心，可利用的徒长枝蔓留 3～4 节重剪，将叶幕层控制在 1m 以内，保持园内通风透光。

（四）花前土壤水分管理

北方干旱地区要进行花前灌水，以提高土壤和空气的湿度，增加花粉的活性。南方地区应注意花期排水，防止根系渍水。

二、人工授粉的作用和意义

猕猴桃单果质量与其种子总数呈线性正相关，相关方程为$Y=10.736x-91.731$，$r=0.7$；单果质量与正常种子数呈线性相关，相关方程为$Y=9.5543x-124.76$，$r=0.8$（齐秀娟等，2013）。这说明对猕猴桃果实来说，种子越多且实际受精的胚珠数量越多，果实越大。猕猴桃花期因其种类和栽培地区的不同而有所差异。雌花花期3～5d，雄花花期4～6d，雌雄花都在早晨5:00左右开花。最适宜猕猴桃传粉授粉的气候条件为：温度20～25℃，风力1～3级，空气相对湿度70%～75%；良好的微环境，包括叶幕层厚度不大于1m，枝茎均匀不过密，雌雄株距离小于3m。猕猴桃花期，南方容易遇到低温多雨的潮湿天气，北方容易遇到高温干燥的大风天气，这些不利的气象条件均不利于猕猴桃的自然授粉受精，所以人工辅助授粉显得尤为必要。

三、人工辅助授粉的方法

（一）花期放蜂

在猕猴桃的传花授粉昆虫中，蜜蜂是主要的传粉者，但蜜蜂给猕猴桃传粉时有3大不利条件：一是雌雄异株，蜜蜂传粉时从雄花到雌花的交换频率低；二是猕猴桃花蜜腺极不发达，对蜜蜂的吸引力远不及其他花类，因此，仅靠蜜蜂的自然传粉对猕猴桃是不足的，需要在果园人工放蜂；三是在遇到低温、阴雨天气时，蜜蜂活动的次数少，影响授粉。在猕猴桃园放蜂，最好选择利用定向力强、善于采集零散蜜粉源、节省饲料的蜂种，国内已有用熊蜂的，如喀尔巴阡蜂、喀尼阿兰蜂、东北黑蜂、美意蜂等及其杂交种，它们采集花粉量最大的时期是春天抚育大量幼蜂时。放蜂前应将授粉蜂分筐分箱，每箱蜂量只占其满量的1/2，以刺激蜜蜂采粉育子，增大猕猴桃雌雄花间接触的频率。

如果在猕猴桃园放蜂太早，这时花量过少，蜜蜂就会到别的地方寻找花粉源。如果放蜂太晚，则花粉量过少，传粉质量差。在雌雄花大都开放时放蜂最好，以便蜜蜂在两种花上交替采粉传粉，避免它们只习惯于某一性别的花。人工放蜂时，应适时调换蜂群，而不宜用某群蜂固定授粉到底，这样既保证有数量稳定的蜜蜂，又利于蜂群适当休养补充。蜂箱放置密度为7.5箱/hm^2，每箱中有不少于3万头活力旺盛的蜜蜂。

（二）对花授粉

上午8:00～12:00，用1朵雄花轻轻对5～8朵雌花，雄蕊对雌蕊，随摘随对，为了防止对柱头有所损伤，可采取用两朵雄花在雌花柱头上方轻轻摩擦的方法。此方法是人工授粉中最好的，但速度慢。

（三）散花授粉

上午 6:00～8:00，收集当天开放的雄花花药，在 9:00～11:00 用鸡毛或毛笔轻轻弹撒在雌花柱头上。

（四）插花授粉法

开花初期，剪数株雄花插入 1%的糖水瓶中，挂在远离雄株的母树中间，依靠风力、虫媒自然授粉。此法适用于雄株分布不均的果园，应注意及时给瓶中加水，以免瓶中的雄花枯萎。

（五）吹风授粉

对花期相遇的雌雄品种，在雌雄花同时开放时，在树行间开动类似大型机械喷雾器，利用喷雾器吹出的风将雄花粉吹开扩散，达到自然风媒效果的授粉。

（六）机械授粉

1. 花粉生产

（1）雄株选择。选择树势中庸健壮，花芽分化良好，无病虫害，且与主栽品种花期基本一致或稍前、亲和力强且花粉量大、发芽率高的野生或栽培雄株，原则上采集同类型的中华猕猴桃或美味猕猴桃的雄株。

表 8－2　猕猴桃主要雄花品种的采花特性

品　种	花鲜重/g	花粉重/g	出粉率/‰
海沃德雄株	1630.9	6.843	4.071
翠香雄株	1511.6	8.914	5.897
华优雄株	347	2.341	6.746

（2）采花时期。一般猕猴桃雄性花朵露白 60%～80%时（雄花气球期至微开期）进行采集，采摘时间在早晨 5:00～9:00 或下午 4:00 以后，选择无风雨天气，放置在无异味干净透气的非金属容器中。

表 8－3　不同状态雄花的出粉率

花　期	花鲜重/g	花药重/g	花粉重/g	散粉后花药重/g	出粉率/‰
盛开	500	10.87	1.284	7.561	2.568
微开期	347	18.36	2.341	5.354	6.746
气球期	415	34.78	2.915	5.315	7.024
花蕾期	352	43.40	2.710	6.270	7.699

（3）鲜花保管。采集后要在 24h 内及时脱花药，放置时间不超过 5h。如果不能及时脱花药，应将其摊开放置在阴凉通风处，堆积厚度不超过 30cm，存放库房要保持通风干燥。

（4）花粉加工。

1)脱花药。采集回来的雄花应尽快取粉，数量较少可采用剪刀剪下花药或刷头刷出花药，也可采用花粉收集设备直接粉碎分离出花药，脱花药机轮速度应小于500r/min。

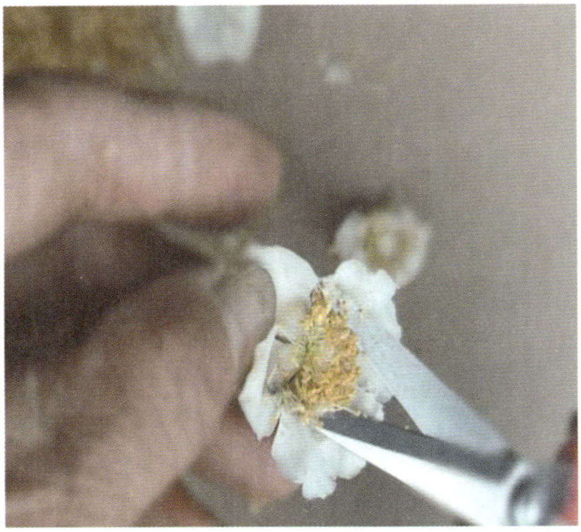

图 8-2　剪花药

图 8-3　鲜花粉碎

2)开药。开药温度一般保持在25～28℃，空气相对湿度为60%～80%，开药时间控制在24h以内。花药以每平方米2kg或厚度2mm平铺在干燥托盘上，蹚出小沟，用恒温干燥箱或开药烘房等开药设备进行开药。少量花药也可在室内用电热毯或100～200W的灯泡照射(花药上盖纸遮光)，灯泡距花药的垂直距离为1.0m，花药上可放一温度计观察室内温度，最高温度不能超过29℃。开药室内风速不大于0m/s，不可在太阳下暴晒或温度较高处烘烤。

图 8-4　开药

3)花粉去杂。开裂后的花粉混合物,应去除较大杂质,获得粗花粉。

4)精制花粉。当粗花粉含水量降到10%~15%时,用120目筛子筛去囊壳等杂物,获得纯花粉收集备用。

表8-4 不同品种雄花的出粉率

品种	花鲜重/g	花粉重/g	出粉率/‰
海沃德雄株	1680.9	6.843	4.071
翠香雄株	1511.6	8.914	5.897
华优雄株	347	2.341	6.746

(5)花粉保管。花粉包装:制作好的花粉应在6h内用普通白纸小包袋包装,每包10g,每10包装入一个牛皮纸袋中,外面用无毒塑料袋密封或装入非金属器皿内。花粉贮藏:花粉包装后,立即装入密封容器进行贮藏。贮藏花粉环境应清洁、卫生、不得与有腐蚀性和有污染性的物品混贮,须避光。长期贮藏(3年以内)的花粉必须是精制纯花粉,贮藏温度应控制在-18℃以下,应放入硅胶等干燥剂,并与花粉隔离。长期贮藏的花粉取出后需先经3~5h的0℃左右化冻适应期和2h左右常温高湿驯化后方可使用。

短期贮藏(1个月以内)温度应控制在0~5℃,湿度应控制在20%以下。

(6)花粉运输。运输工具应清洁干燥。运输过程中不得雨淋、受潮、暴晒,不得与有腐蚀性和有污染性的物品混运,运输过程中花粉袋周围温度应低于5℃,湿度应小于20%。

(7)花粉质量。花粉质量要求见表8-5和表8-6。

表8-5 花粉质量要求

指标名称	外观	纯度	含水量	发芽率
质量要求	本品具有灰白色泽,色泽均匀一致,流动性好,无杂质	95%以上	10%~15%	≥70%

2. 商品花粉

(1)商品花粉生产工艺。一般商品花粉会选择专门雄株品种,建立雄株园,确保树体不感染病菌,保障花粉来源安全可控。生产全程采用整套先进设备,生产过程从花朵破碎—花药提纯—花药干燥—花粉分离—花粉提纯—花粉杀菌—花粉质检—花粉储藏整个流程,可做到全程机械化无菌操作,可最大化保证花粉活性,提高花粉纯度。并配套快速检测设备,可快速准确检测花粉活性,对每批贮藏初期、贮藏中期、出库期花粉进行活力检测,确保果农用上高质量花粉。

(2)正确选择商品花粉。要购买正规生产厂家生产的花粉,首先注意查看生产厂家的厂名、厂址、注册商标和在工商、农业部门的登记备案证书及花粉活力检测报告单。其次可以从花粉外观颜色进行辨别，纯花粉呈灰白色，纯度越高颜色愈白，杂质越多，褐色程度越深；再看流动性，花粉愈纯，倾倒时则易散开，含有杂质的花粉则呈块状；优质花粉手感光滑细腻，并在授粉后第二天雌花柱头开始萎蔫，花瓣颜色变黄。如果有条件对花粉进行活力测试是保证花粉质量的可靠手段，通常花粉经过培养后最低活力应到达60%以上。根据不同的净度和活性花粉一般分为三级，尽量选择净度和活力较高的商品花粉。

表 8-6　商品花粉等级指标表

等级	净度/%	萌发率/%
一级	≥90	≥75
二级	≥80,<90	≥60,<75
三级	≥70,<80	≥30,<60

3. 人工授粉

(1)授粉时间。猕猴桃从显蕾到开花需要25～40d。一朵花可开放3～6d，花开后前2d为最佳授粉期。同一品种盛花期多为3～4d，授粉时期3d左右。

一般当天开花当天授粉。最佳授粉时段为晴天早上的8:00～11:00时或下午14:00～17:00时。

(2)授粉方法。

1)干粉点授。将收集的花粉在授粉前，根据花粉的纯度、发芽率和增量剂的种类，按容重1:(2～5)比例加入染色增量剂，充分混合后，装入塑料软瓶并密封瓶口，插入塑料吸管，对准雌花柱头捏喷。常用的办法还有用毛笔、毛绒球棒、单花授粉器、注射器等制作的简易授粉器，装入混合粉对准雌花柱头点授，这种方法适用于小面积使用。

图 8-5　点授

2)授粉器授粉。是目前最流行的授粉方法，利用电池带动小风机，将混合好的花粉均匀送出喷嘴，对准雌花不停地移动进行授粉。工效高，一个进口授粉器每人每天可授粉10亩地左右，是人工授粉效率的15～20倍，而且节约花粉，省力的电动授粉会是未来人工授粉的主要方式。要求当天混合的花粉当天喷完。

图 8－6 授粉器授粉

3)溶液授粉。

①溶液配方。1L 蒸馏水＋1g 琼脂＋110g 蔗糖＋0.15g 硼酸＋2～3g 花粉＋1～2g 食用色素。

②原料要求。食用色素应符合 GB 2760—2011 的要求、琼脂应符合 GB 1975—2010 的要求、蔗糖应符合 2000 年版中国药典二部的要求、硼酸应符合 2010 年版药典二部的要求。

③溶液配制。先称取 1g 琼脂,然后将其加入 1L 蒸馏水中,边加热边搅拌,等煮沸后将其取下,放置一会继续加热,重复加热 3 次。然后加入 110g 蔗糖,并搅拌均匀,放置片刻后加入硼酸,搅拌使其完全溶解,放凉待用。在授粉前加入花粉和色素,充分搅拌均匀。配制的花粉溶液应在 2h 内用完,最好随配随用。

④授粉:液体授粉。须在露水干后进行喷雾授粉。使用精量液体喷雾器对雌花单花点射或群花连射逐一喷雾。单花点射要在确保喷雾面完全覆盖雌花柱头前提下尽可能靠近,群花喷授时距离花群 30～40cm(不可靠花太近)。扣动扳机,按一定方向和顺序迅速扫射、移动,切勿在一处停留过久,否则形成水珠后会使花粉随水珠滴落,降低授粉效果,若有风时,应站在上方顺风向喷射。

4.授粉注意事项

(1)冷冻后的商品花粉使用前需要自然温度环境中放置 8h 进行驯化适应,有效激活花粉促其萌发。花粉要随买随用,如果有剩余花粉要放入冰箱 0～5℃储存。

(2)猕猴桃花粉在使用时一般要加入2～5倍的辅料(干燥的花药壳磨碎或石松子粉),或参照所购花粉的辅料使用说明按比例进行配比,混合均匀后授粉。添加辅料应现配现用,不可过夜。溶液授粉一次配制2h内用完。

(3)授粉时注意动作要轻,不要碰伤柱头,以免影响授粉效果。授粉次数和授粉量根据树势和天气状况灵活掌握,授粉后3h内遇雨需重新进行授粉。精准授粉可用红色食用色素染色增量剂或溶液,避免重复授粉。

第三节　猕猴桃果实管理

一、疏蕾、疏花

(一)疏蕾时间

猕猴桃的花期短而蕾期长,一般应先从疏蕾开始,疏蕾通常在4月中下旬侧花蕾分化两周左右开始。

(二)疏蕾方法及留蕾量

先按照结果母枝上每间隔20～25cm留一个结果枝,每条一个结果母枝上留健壮结果枝7～10个,均匀分布在架面上。疏除结果母枝上多余的、过密的、细弱的以及病虫危害的结果枝,保留强壮的结果枝。疏蕾时先将结果枝上的侧花蕾去除、畸形蕾以及病虫危害蕾,按照结果枝的强弱决定留蕾的数量,要求强壮长果枝留5～6个花蕾,中庸结果枝留3～4个花蕾,短果枝留1～2个花蕾为宜。疏蕾时应先疏除基部花蕾,其次再疏顶部花蕾,还要注意疏除较小的花蕾及发育不良的花蕾。

图8-7　疏蕾

（三）疏花

疏花是疏蕾不到位的补充工作，要求在疏除侧花及病虫危害花的同时疏除过多的花，保留结果枝中部健壮花。

二、果实膨大处理

（一）膨大剂的定义与作用

植物生长调节剂的一类，在我国按照农药进行严格管理。是刺激细胞分裂物质的总称，主要有氯吡脲、6－苄氨基嘌呤等，氯吡脲又名 CPPU 或 KT－30，俗称“大果灵”，是一种生物活性较高的细胞分裂素类植物生长调节剂，具有细胞分裂活性，能增强抗逆性和延缓衰老。膨大剂的主要生理作用是促进细胞分裂，增强果实对光合产物的竞争能力。协调营养库源关系，改善果实中有机营养状况；扩大细胞体积；促进非分化组织的分化；促进叶绿素合成；防止组织老化；诱导休眠芽生长；打破顶芽优势；诱导单性结果；促进坐果和果实的肥大。猕猴桃上应用的氯吡脲制剂一般是 0.1％液剂。

（二）膨大剂的管理与应用情况

膨大剂在国外很多国家都已经获得使用登记，包括世界猕猴桃强国新西兰、日本等在内，登记的使用范围包括猕猴桃、葡萄、西瓜、甜瓜、茄子、烟草等多种作物。日本是最早在猕猴桃上应用氯吡脲膨大果实的国家，从 20 世纪 80 年代末已开始在猕猴桃上规范化使用。在国内，已有 30 多家企业生产的 40 个氯吡脲产品在国家农业农村部登记，其中已登记用于猕猴桃上的氯吡脲产品 4 个，液剂含量均为 0.1％，用药量为 50～100 倍（10～20mg/kg），使用时期多为花后 10～20d。我国各猕猴桃产区实际应用上处理时间更早、次数更多、浓度更大，滥用现象比较普遍。

（三）使用方法

（1）时期。处理越早，伴随着产生畸形果、增加生理落果、过度膨大会导致糖度降低、干物质下降的风险。日本果园氯吡脲使用一般在猕猴桃花后 20～30d。

（2）使用方法和浓度。日本登记的氯吡脲在猕猴桃上的应用，浸果处理 1～5mg/kg；喷果 2～10mg/kg。

（3）效果。和未使用对比，果实增大 20％～30％。

（四）应用评价

合理使用膨大剂对猕猴桃品质改善具有一定的积极作用，可增加单果重、可溶性糖含量、维生素 C 含量、总糖含量等。过量使用膨大剂对猕猴桃品质有一定副作用，如致果实畸形、萼头宽厚、果皮粗糙、果心变粗增大，有的甚至出现空心、果肉粗糙、颜色变浅、风味变淡等。

(五)质量安全影响分析

在人体健康方面,氯吡脲属低毒性植物生长调节剂,美国、欧盟、韩国对其残留做了严格限定,我国现行国家标准规定猕猴桃中氯吡脲残留限量为0.055mg/kg。李瑞娟等测定了氯吡脲在猕猴桃中的消解动态与最终残留显示:猕猴桃中氯吡脲的半衰期为4.8~8.4d,0.1%氯吡脲药剂以20~305mg/kg蘸猕猴桃幼果1次,药后42d猕猴桃中氯吡脲残留量未超过0.045mg/kg,是安全的。此外,柴振林等通过研究5mg/L、10mg/L、20mg/L、50 mg/L、100mg/L等5种不同使用浓度的氯吡脲在猕猴桃中的残留动态、降解率和半衰期,发现氯吡脲在猕猴桃中的降解速度较快,平均半衰期4.5d、第66d后各样品均未检出氯吡脲,加之猕猴桃果实生长发育时间较长,一般为150d左右,成熟采摘时氯吡脲残留量远低于国家标准规定限量(0.055mg/kg),是不会产生质量安全风险的。张志恒等采用国内外可以获得的氯吡脲毒理学数据,国内人群的膳食数据,在国内完成的规范的氯吡脲残留试验数据,中国市场农产品氯吡脲残留监测数据和残留管理标准,以及农药残留国家估计膳食摄入量和理论最大膳食摄入量评估法,对中国各类人群的氯吡脲膳食摄入风险进行评估显示,中国各类人群氯吡脲残留的膳食摄入风险非常低。现有的氯吡脲MRL标准对消费者具有较高的保护水平。生态环境方面,李瑞娟等测定了氯吡脲在土壤中的消解动态与最终残留显示,在土壤中的半衰期为8.8~12.7d。药后42d土壤中氯吡脲残留量未超过0.025mg/kg,2014年,农业部在对十二届全国人大代表一份关于加强农产品添加剂管理建议的答复中重申,膨大剂对农产品质量安全的影响并不大。

(六)注意事项

(1)膨大剂是一把双刃剑,在猕猴桃上的应用有利有弊,采用合理的施用技术,既能发挥膨大剂增产增收、提早成熟、改善内在品质等优点,又能尽量降低树体衰弱、果实畸形、耐贮性降低等缺点。

(2)严格按照农药登记的使用时期、使用浓度、使用方法使用。

(3)严禁随意增加处理浓度、提早处理时期、增加处理次数等滥用膨大剂的行为。

三、疏果

(一)时间

大约在盛花期2周以后进行疏果。

(二)技术要求

首先疏除授粉受精不良的畸形果、扁平果、伤果、小果、病虫果,疏除多余果实时应先疏除短小果枝上的果实。留果尽量均匀，果实之间要有适当间距，避免风磨。猕猴桃疏果要在花后 15～30d 内处理结束，过迟浪费养分，影响果实的正常发育。

（三）留果标准

根据结果枝长势，疏果后一般生长健壮的结果枝留 4～5 个果，中庸的结果枝留 2～3 个果，短果枝留 1 个果。依据目标产量精准控制全树的留果量，成龄园每平米架面留果 40 个左右，使每个果实平均有 4 个叶片辅养，即叶果比达 4∶1，每株留果量 480～500 个，架面上果实达到均匀分布。

图 8－9　疏果

四、精准定果

猕猴桃精准定果应从初建园做起，一般要求建成株距 3m、行距 4m 的标准园，每 $667m^2$ 栽植 55 株左右为宜。雌雄配置比例一般为 8∶1。栽植雄株要与雌株花期相同，且要花期长，花粉量大。

采用单主干双主蔓羽状结果母枝标准树形，根据单株目标产量来确定合理留枝量和留芽量，在 3m×4m 的标准株行距下，主蔓两侧每隔 30cm 左右留 1 个结果母枝，盛果期的果树冬剪时保留强旺结果母枝 15 个左右，每侧 7～8 个，将选留的结果母枝羽状均匀分布固定在架面上，单枝保留 10～18 个芽。同时在主蔓附近保留 10～20 个健壮的中庸枝和短枝，以填充主蔓两侧的空间。按照每亩 2000kg 的目标产量，平均株产 40kg，每株应留芽 150～270 个。一般成龄园的果树在修建时要求每平方米架面留芽 10 个左右，每亩的留芽量约 6670 个，每亩挂果约 20000 个，平均单果重 100g，每亩产量可达到 2000kg，按照每 5 元/kg 的收购价，每亩可收益 1 万元。

图 8－10　定果

五、果实套袋

猕猴桃套袋可有效减轻日灼、风磨等损伤，防止果面污染，改善果面色泽，提高果实的商品性，有效防止病虫侵染，减轻病虫危害、减少农药用量，降低农药残留。缺点是增加果农劳动量，提高增加投入成本；套袋后果实颜色偏绿，口感、品质降低，套袋材质污染环境。果农可根据自身需要决定是否套袋，一般果园西边阳光直射处建议套袋，可有效避免日灼危害。

图 8－11　猕猴桃套袋

(一)套袋时间

果实套袋要根据栽培品种的开花坐果习惯、成熟期确定套袋的时期。一般套袋的时间以花后35～40d为宜,选择在晴天上午10时前或下午5时后进行。中熟猕猴桃在6月15～25日套袋,晚熟品种在7月5～15日套袋。套袋过早果柄幼嫩,会影响果实正常生长。

(二)纸袋选择

猕猴桃套袋要选择专用纸袋,要求果袋透气性好、吸水性小、抗张力强、纸质柔软的浅褐色单层木浆纸袋,果袋底部留两透气孔,规格165mm×115mm。以单层米黄色薄蜡质木制纸袋为宜,长15～18cm,宽11～13cm,上口中间开缝、一边加铁丝、下边一角开口2～4cm,纸袋要防水淋、透气性好、韧性强。

(三)套袋前准备工作

套袋前应喷一次杀虫杀菌剂,防治褐斑病、小薪甲、金龟子等病虫危害,同时补充钙肥,充分晾干后套袋,套袋操作中要避免碰伤幼果及果柄。

(四)套袋方法

猕猴桃套袋时一手撑开袋口,由下至上将完好的幼果套入果袋中,另一只手将袋口从开缝处打折成均匀的褶皱,并用袋子侧边的铁丝将褶皱扎紧,结果枝上单生的果实可以直接扎于果实着生的结果枝上,丛生的果实直接扎绑于果柄上,折叠的果袋皱褶衬垫于果柄上,不可扭伤或扎伤果柄。

(五)取袋

果实采收前10～15d去袋或把纸袋下口撕开,促进果实着色和糖分积累。去袋不可过早,太早果实仍会受到污染,失去套袋作用。也可以带袋采摘,还能避免采收过程的机械损伤,采后处理时再去掉果袋。

(六)套袋注意事项

(1)一般应从树冠内膛向外套,这样不会碰掉套好的袋子。

(2)对畸形果、扁果、有棱线果不套袋。

(3)套袋时轻拿轻扎,不要把铁丝扎到果柄上。

(4)套袋过早叶柄易受伤而影响营养运输,易出现黄色集,过晚则效果明显降低。

(5)当天喷过药的最好在当天套完。

六、采收技术

(一)采收期判定标准

猕猴桃品种较多,不同品种成熟期不同采收时间也不同,从受精完成到果实成熟需要130～160d,成熟期从8月份持续到10月底。且要根据不同用途(鲜食、加工、贮藏)在其适宜成熟度时采收。生产上一般参考外在指标(果实特性、硬度等)和内在指标(果实干物质含量、可溶性固形物含量等)两方面来综合判断 。每年各个品种的采收期也随着气候环境变化有所不同。

图 8-12 果实成熟

1. 外在指标

猕猴桃果实成熟后的果皮呈黄褐色或黄绿色,果实形状符合本品种所具有的特征。果肉切开后颜色呈绿色、黄色或红心等特征,符合本品种特性,且观察果实种子完全变成黑褐色。

(1)果实发育期。栽培在同一地区的不同品种,从果实生长到成熟的整个发育过程中经历的时间大致相同。据观察徐香猕猴桃在 5 月中旬盛花期,10 月上旬采收,发育期 140～150d,海沃德发育期约 163d,翠香猕猴桃则为 130～140d。由于每年气候有差别,生长期应以年平均数作参考。遇到高温干旱或低温多雨年份,采收期可适当提前或推后几天。由于品种和气候的差异,猕猴桃果实发育期天数只能作为辅助判定采收期的标准之一。

(2)果实的硬度。可根据果实硬度确定采收期。不同品种之间耐贮性也有很大差异,耐贮品种的果实硬度较高,不耐贮品种的果实硬度较差。一般以果实硬度达 14～15kg/cm^2 为采收期,不耐贮藏品种可在低于 10kg/cm^2 时采收。如果是长期贮藏或是远距离运输，果实硬度还要在 $8kg/cm^2$ 以上。

(3)果蒂分离难易程度。猕猴桃果实达到生理成熟后，果柄与果蒂处会形成自然的离层，采摘时很容易自然分离，且采果后能有效杜绝病原菌从伤口侵染树体。

2. 内在指标

(1)可溶性固形物含量。可溶性固形物中主要是糖，根据糖酸比值可判断果实的品质和成熟程度。果实成熟度高，则糖分高，酸少、糖酸比值大；果实成熟度差，则糖酸比值小。

目前国际上通用的是以猕猴桃的可溶性固形物含量多少来判定成熟度的。新西兰的最低采收指标是可溶性固形物含量达到6.2%，日本、中国、美国均为6.5%，达到标准才能保证果实软熟后具备品种应有的品质、风味。这个指标主要针对鲜果销售或短期贮藏(3个月以内)的果实，对于采收后贮藏期较长的，在可溶性固形物含量达到7.5%后采收，果实的贮藏性、货架寿命以及软熟后的风味品质更好。测定可溶性固形物含量时，在园内(除边行外)有代表性的区域随机选取至少5株树，从高1.5～2.0m的树冠内随机采取至少10个果实(注意不能用伤、残、次、有病虫害的果实)进行测定，10个果实的平均可溶性固形物含量达到6.5%时可开始采收。但如果其中有2个果实的含量比6.5%低0.4%时，说明果实的成熟期不一致，仍被视为未达到采收标准，不能采收。

(2)干物质含量。猕猴桃干物质含量是指果实在60～90℃的恒温下，充分干燥后余下的有机物的重量，是衡量果实有机物积累、营养成分多寡的一个重要指标。这个参数包括可溶性(糖和氨基酸)和不溶性固体(结构性碳水化合物和淀粉)，具有在采收处理过程中不会改变的优点。测定办法是将猕猴桃果实去蒂后切片，放在60～90℃的恒温下，充分干燥后称重，再用公式干物质含量(%)$=\dfrac{\text{果实切片干重}}{\text{果实切片鲜重}}\times 100\%$计算干物质含量。适合采收期猕猴桃果实的干物质含量为15%～23%。

图8-13 果实理化指标测定

（二）采收方式

采收方式对猕猴桃的采后质量、贮藏效果影响很大。一般分为人工采收和机械采收。人工采收时可以做到轻拿、轻放、轻装和轻卸、避免机械损伤、减少腐烂。但是人工采收效率低；在生产量大、劳动力紧张的地方，则采用机械采收。机械采收效率高，不足之处是容易造成机械损伤，影响贮藏效果。

（三）采收

1. 采前准备

为保证猕猴桃采收后质量安全，采前 20～25d 果园内不能喷药、施肥或使用任何化学制剂。一般采收前 10d 停止灌水，用于贮藏的猕猴桃，应在采前 10d 喷 1 次杀菌剂，采前 7d 停止灌水。

2. 采果时间

采果选择在晴天早上露水蒸发后或下午凉爽时进行，阴天可全天采收，避免在中午阳光直射或雨天采收。中午温度太高时采收，田间热不易散发果实温度高容易加速软化，还有中午阳光直射果实易造成高温灼伤，不利于贮藏；阴雨天、露水未干时采收，果实含水量高、果面潮湿有利于病原菌繁殖侵染，容易腐烂变质，不利于贮藏。

3. 采收技术

采果人员要身体健康，必须经专门训练，采前要剪指甲，戴上干净手套操作，采果后轻拿轻放在随身携带的柔软材质的采果袋中，严防造成机械损伤。采果时用手握住果实，手指轻压果柄，果柄即在距果实很近的区域折断，采满后轻轻滑落在果箱里，果箱内提前做好铺垫，避免果实撞伤，采收后及时将果实存放在阴凉处或用树叶、篷布等遮盖，需要贮藏果实及时运走预冷，采收过程中要避免多次倒箱。

图 8－14　采收果实

4. 分类采收

采收时应分类进行，首先采收生长正常的商品果，再采生长正常的小果。对伤果、病虫危害果、日灼果等应分开采收，不要与商品果混淆。受伤果产生的乙烯含量大，会加速其他果实的软化。近几年有些地方采用带果柄采收，带果柄可避免病菌从果柄脱落处进入果实侵染，减少水分流失，有利于延长贮藏期。但缺点是采收时易损伤枝条，果实堆放时易戳伤，加大损耗率。

（四）果实分级

1. 果实分级的目的

对猕猴桃进行等级划分是适应消费市场多样化的必然趋势，确保不同等级果品的利润最大化。另外，处于同一级别的水果质量、大小、规格基本一致，便于包装、储运和销售，有利于优质优价，也有利于出口贸易，这一点新西兰猕猴桃销售就做得很好。同时剔除存在病虫害、机械损伤、外观瑕疵的果品，一方面可有效防止、抑制病虫害的传播蔓延，另一方面可减少不必要的贮运损耗、人力投入、物力浪费，为有效地贮藏、物流奠定基础。

图 8-15 分选果实

2. 分选方法

猕猴桃主要分级方法包括人工分选和机器分选，人工分选主要依靠人工经验判断，效率低且分级不严格，现在一般果业企业都会选择智能分选机进行分级，可极大节省成本，提高效率。经过分级的果品，按等级分别装箱，并做标记后入库。

(1)猕猴桃智能分选机工作原理。采用称重、机器视觉、激光、近红外技术对其重量，大小，颜色，瑕疵，糖酸度，成熟度等进行识别以及分选操作对猕猴桃进行选级分拣。智能分选设备通过外观检测可以对每粒果子进行360°拍照，像畸形、疤痕、机械伤和微小的颜色差异，都能检测和剔除，误差在1g左右。猕猴桃内部品质非常重要，糖度、干物质含量等指标直接关系到猕猴桃的口味。自动分选线可以在线无损检测出每一个猕猴桃的可溶性固形物含量、干物质含量等关键内部品质指标。不仅如此，整套系统还可以根据内部品质自动分级，能够实现进果、传输、分级装筐全自动，不仅提高分拣效率，更能确保品质优良的猕猴桃进入市场。

(2)猕猴桃智能分选机工艺流程。提升式上料系统(动态称重检测重量)—拣选前处理系统(机器视觉测大小、颜色、形状、表面缺陷)—果托及传输轨道(激光+振镜检测缺陷、纹路杂质等特征)—分级机构及分级传输系统(近红外光谱技术探测内部糖酸度、成熟度、内部缺陷等)。

图 8-16　果实分选线

3. 猕猴桃分级标准

按照我国GB/T40743—2021《猕猴桃质量等级》国家标准要求，猕猴桃采收须达到本品种成熟时固有的形状、色泽和肉质。果实可溶性固形物含量≥6.5%，干物质含量≥17%。并根据果实品种特性分为小果类型(S)≤70g和大果类型(L)>70g，将符合基本要求的猕猴桃鲜果分为特级、一级和二级，各等级指标如下表所示(见表8-

7)。符合标准的果实为商品果用于贮藏和销售,其余果实可用作加工果干、果汁等,提高经济收益。

表 8-7 猕猴桃分级标准

项目		等级		
		特级	一级	二级
感官指标	形变总面积/cm^2	无	≤1	≤2
	色变总面积/cm^2	无	≤1	≤2
	果实表面水渍印、泥土等污染总面积/cm^2	无	≤1	≤2
	轻微擦伤、已愈合的刺伤、疮疤等果面缺陷总面积/cm^2	无	≤1	≤2
	空心、木栓化或者果心褐变等果肉缺陷总面积/cm^2	无	≤1	≤2
单果重/g	小果类型(S)	≥75	60~75	40~60
	大果类型(L)	≥90	75~90	50~75

注:①形变指果面不平整、存在缺陷;②色变指果面有水渍印、泥土、污物及其他杂质;③小果类型(S)代表品种:徐香、布鲁诺、猕宝、米良一号、华美1号、红阳、华优、魁蜜、金农、素香;大果类型(L)代表品种:海沃德、秦美、金魁、翠香、贵长、中猕2号、金艳、金桃、翠玉、早鲜。

第九章　猕猴桃病虫害绿色防控与自然灾害防御技术

第一节　病虫害综合防治

一、病虫害综合管理(IPM)

(一)概念

从农业生态系统总体出发,根据有害生物和环境之间的相互关系,充分发挥自然控制因素的作用,因地制宜,协调应用必要的措施将有害生物控制在经济损害允许水平之下,以获得最佳的经济、生态、社会效益。

(二)IBM 防治策略

1. 理论基础和指导原则

有害生物综合治理是以系统论、信息论和灭变论作为理论基础,以生态学的原则作为指导,把病虫害看作是农业生态系统中的重要组成部分,并认为农业的高产与稳定必须建立在植物与周围的生物和非生物环境之间协调的基础上,保持良好的农业生态系统,不断保护和培养环境资源。病虫害的防治不是孤立的,要从农业生态系统的总体出发,在防治措施的选择、运用和协调时,必须考虑生态系统的平衡和稳定。

2. 防治措施的选择和运用

没有一种防治措施是万能的,各种防治措施都各有其长处,也各有局限性。因此,有害生物综合治理的策略,要求各种措施取长补短,协调运用,特别重视自然控制因素的运用。所有人为防治措施应与自然控制相协调。

3. 防治目的

有害生物综合治理是管理系统,它不要求将有害生物彻底消灭,而是要将有害生物的种群数量控制在经济损害水平以下。

猕猴桃病虫害综合防治应该采用 IBM 理念和策略。

二、猕猴桃病虫害绿色防控原则

按照“预防为主，综合防治”的植保方针，在做好植物检疫和避免带病建园的基础上，以农业健康栽培为基础，优先采用农业防治措施，加大果园有机质的投入，培育健壮树势，以提高树体抗病能力。积极运用物理和生物防治措施，通过加强猕猴桃病虫害的调查监测，以防为主，防早防小，控制病虫害发生基数，在病虫害发生初期及时做好对症防治工作，以最小的成本达到最大的防治效果。科学合理采取化学防治措施，减少化学农药的使用量。

三、植物检疫

植物检疫是国家保护农业生产，防止有害生物传播蔓延的一项重要措施。在生产中，要做到不从检疫性病虫发生区（疫区）购买和调运苗木、接穗和果品；从外地调入苗木或接穗时，必须有检疫合格证明。

四、农业防治

农业防治是通过采用一系列栽培措施，创造有利于果树生长而不利于病原物生存繁殖的条件，从而抑制或减少、减轻病虫害发生的一项最基本的防治方法。农业防治的主要措施如下。

(1)选择抗病虫害的优良品种。

(2)选择健壮、无病毒的苗木。

(3)做好冬季清园，冬剪后清除病虫枝和落叶，剥除老翘树皮，减少病虫源，降低病虫基数。

(4)合理密植、间作和套种，有相同病虫害的果树不混栽。

(5)加强肥水管理，平衡施肥，补充微量元素肥料，培养健壮树势；做好清沟排水，防止果园积水。

(6)科学整形修剪，加强生长季节的管理，做好除萌、摘心、疏枝和绑蔓等工作，避免枝梢郁闭，改善果园通风透光条件。

(7)疏果控产，确定合理负载量，避免树势早衰。

(8)减少伤口，如有机械伤或修剪大伤口，必须涂药保护等。

五、物理防治

物理防治是利用各种物理因子、人工和器械控制病虫害的一种防治方法。物理防治措施主要如下。

(1)果实套袋、架设防虫网、防鸟网等。

(2)树干涂白。冬季有保温防冻作用,夏季有防日灼的作用,同时,树干涂白还有消杀病原菌、杀灭害虫的作用。

(3)人工捕杀。根据害虫发生特点和生活习性,使用器械直接捕杀害虫或破坏害虫栖息场所等。如利用金龟子的假死性,通过震动捕杀从树上掉落的金龟子。

(4)运用杀虫灯、粘虫板、糖醋液诱杀等。

六、生物防治

生物防治是利用有益生物及其产物来控制病原生物的生存和活动,减轻病虫害发生的方法。生物防治措施主要如下。

(1)利用天敌,以虫治虫。保护利用瓢虫、草蛉、捕食螨、食蚜蝇、赤眼蜂等天敌,捕杀害虫。

(2)利用微生物菌防治。如土壤施用白僵菌防治小食心虫等。

(3)性激素诱杀。利用昆虫性外激素诱杀或干扰成虫交配。

七、化学防治

化学防治是利用化学药剂来防治病虫害的方法,具有作用迅速、效果显著、方法简便的特点。但化学药剂如果使用不当,容易造成环境污染、杀伤有益生物、造成农药残留、发生药害等。长期单一使用某种化学药剂,还会导致目标害虫产生抗药性,增加防治难度。运用化学防治措施必须注意以下事项。

(1)选用国家已经登记和标有三证号码的农药品种,遵守《农药安全使用标准》和《农药合理使用准则》。

(2)根据防治对象,选择安全、高效、低毒、低残留农药;禁止使用高毒高残留农药,严格遵守农药安全间隔期。

(3)轮换和交替使用作用机理不同的药剂,避免病虫产生耐药性、抗药性。

(4)合理混配农药,尽量选用广谱性农药,做到一药防多病,以减少用药次数;要防止盲目混用,盲目混用不但增加用药成本,并且容易造成药害。

(5)抓住关键时期用药,病害以防为主,必须在未发病或发病初期用药;虫害以治为主,应在达到一定的虫口密度后用药。

(6)注意大棚避雨栽培与露地栽培在病虫害发生情况与用药方面的差异,灵活用药。

(7)在允许的情况下尽量多选用硫制剂、铜制剂等矿物源农药。矿物源农药保护性好,不易产生抗药性。

第二节　猕猴桃主要病害

生产当中猕猴桃的主要病害按照致病原因可分为病原性病害（传染性病害）和生理性病害（非传染性病害）。病原性病害主要有细菌性病害（如溃疡病、花腐病等）、真菌性病害（如褐斑病、灰霉病、根腐病、黑点病、软腐病等）、病毒病和线虫病（如根结线虫病）4 大类。生理性病害也叫非传染性病害，是非病原生物侵染，因环境改变、气候改变、营养元素缺失、农药化肥使用不当以及自然灾害等原因引起的猕猴桃生理性不适症状。

一、溃疡病

溃疡病属细菌性病害，病原菌为丁香假单胞杆菌猕猴桃致病变种，是一种具有毁灭性的病害，严重时可导致全田毁园。

（一）危害症状

猕猴桃地上主干、枝条、叶片和花蕾均可发病。主干和枝蔓主要发病部位常见于剪锯口、皮孔、芽眼、叶痕等处（见图 9－1）。最初溢出菌脓为乳白色，后在空气中氧化，呈锈红色。

猕猴桃溃疡病在枝干皮孔发病　猕猴桃溃疡病在果柄发病　猕猴桃溃疡病在枝干伤口发病

猕猴桃溃疡病在剪锯口发病　溃疡病菌在空气中氧化呈锈红色　猕猴桃溃疡病在芽眼发病

图 9－1　猕猴桃溃疡病不同部位及菌脓颜色变化

叶片发病呈现褪绿小点，水渍状，后形成不规则形或多角形褐色病斑，边缘有淡黄色晕圈（见图 9－2），湿度大时病斑湿润并有白色菌脓溢出。在连续低温阴雨的条件下，因病斑扩展很快，有时也不产生黄色晕圈。

图 9－2　猕猴桃溃疡病在叶片发病

花蕾、花梗发病时，不能正常开放，常变褐（见图 9－3）枯萎，表现为花腐。

图 9－3　猕猴桃溃疡病在花蕾发病

（二）发生规律

猕猴桃溃疡病病菌是一种喜湿耐低温的细菌性病害。主要在藤蔓的病枝上越冬，或者在病枝、病叶等残体上于土壤中越冬，成为第二年初侵染源。翌年春季开始发病，病菌可随菌脓从病部溢出，借风雨、昆虫传播，或在春季修剪、绑枝等农事操作时，借修剪刀、农具等传播，从植株伤口和自然孔口侵入。侵入后在适宜条件下潜育期 3～7d 出现水渍状症状，并产生菌脓，可经风雨和农事操作不断重复侵染，扩大感病面积。3 月下旬至 4 月上旬为枝干发病高峰期，此期叶片发病较少。随着温度升高，伤流逐渐停止，枝干发病症状逐渐停止，叶片、花蕾和花梗上开始显症发病。谢花后，温度较高，不利于病害扩展蔓延。秋季果实成熟前后，一般在9月中旬，若阴雨天气较多，就会在叶片上出现新的侵染发病高峰期。总之，溃疡病在田间全年均可发病，夏秋季为叶片发病高峰期，秋冬和早春为枝干发病高峰期，只有夏季特别高温干旱的年份叶片发病较轻。

（三）防治技术

以选用抗病品种为基础，加强种苗检疫，科学建园和水肥管理，按照猕猴桃溃疡病“两前两后”防治技术开展综合防治。

（1）因地制宜，选择适合本地的抗病品种。新品种的引进，要进行区域试验，切忌盲目扩大引种。

（2）加强种苗检疫，严禁从病害发生区调运或引入带病的种苗、接穗和插条。

（3）加强栽培管理，增施有机肥，减少化肥用量，重视生物菌肥投入，平衡施肥，以增强树势，提高树体抗病力。

（4）消毒除菌。在果树修剪过程中避免“一剪到底”，对剪刀等农具和剪锯口、嫁接口等伤口，用70%酒精或氢氧化铜500～600倍液进行表面消毒。对剪除的病枝要及时带出果园进行集中销毁，防止病原菌的扩散和蔓延（在春季伤流期暂时不要剪除病枝，待伤流结束后再行剪除）。

（5）定量挂果。根据多年实践调查，猕猴桃果树结果过量，会导致树体衰弱，病害也逐年加重。

（6）药剂防治。休眠期树干涂抹1次3～5波美度的石硫合剂减少越冬病虫。生长期抓住猕猴桃溃疡病“两前两后”防治关键时期，及时开展防治。一是在猕猴桃开花前（花蕾初现期）和落花后（落花70%）分别喷施1次药剂控制当年春季溃疡病菌引起的花腐和叶斑，药剂可选用0.3%梧宁霉素、6%春雷霉素、3%中生菌素等生物农药800～1000倍液。二是采果后至落叶前对全园主干大枝喷淋药剂各1次，施药间隔期10～15d，药剂可选用46%氢氧化铜水分散粒剂等100～150倍液。

二、细菌性花腐病

花腐病根据致病原因分病原性花腐和生理性花腐。病原性花腐病的病原菌主要以丁香假单胞为优势种的细菌性病害。生理性花腐病主要因树势过旺，花芽分化不良，花器不完全，导致花腐。田间花腐病以细菌性花腐病较为常见，下面主要介绍细菌性花腐病。

（一）危害症状

该病主要危害猕猴桃。染病花蕾的萼片上出现褐色下凹斑块。随着花蕾膨大，花瓣呈橙黄色，切开花蕾可见内部器官呈深褐色，并完全腐烂，使花蕾不能开放，最终导致脱落。受害轻的花虽能开放，但开放速度较慢或不能完全开放。这样的花可能脱落，也可能坐果，但果实小或畸形，切开可见空心，组织变褐坏死，也就是雌花中部分花药和花丝变褐腐烂；花柱发病，则停止发育，变褐，花易脱落或发育成畸形果（见图 9－4）。

图 9－4　猕猴桃花腐病症状

（二）发生规律

细菌在猕猴桃叶片、腋芽、花芽内越冬。春季从无症状的花芽、花蕾和叶片上很容易分离到致病的病原细菌；夏、秋时期从腋芽内也可分离到病原细菌。病菌通过风雨传播进行侵染。影响病害发生程度的因素主要是降雨。从显蕾到开花期降雨量大，降雨次数多，雨日持续时间长，发病重，平均每天雨量在 10mm 以上，连续数日，病害将大流行；果园管理较差，植株过密，生长茂密，通风透光差，荫蔽或地势低洼处，排水不良，发病也重。此外，藤蔓距地面越低，发病越重，高于 1.8m 以上的发病轻，所以大棚架的发病率低于 T 形棚架的发病率，这是因为 T 形棚架的藤蔓离地面较近，湿度大，利于病菌侵染和蔓延。一般情况下猕猴桃溃疡病重的果园花腐病较重。另外，雄株比雌株发病重。

（三）防治技术

1. 加强栽培管理

选择地势高、排水条件良好的地方建园。注意田间挖沟排水，适时修剪，增加果园通风透光，对病害有一定预防作用。

2. 药剂防治

噻霉酮和春雷霉素等药剂对该病都有较好的防治效果。

3. 注意事项

猕猴桃对铜离子比较敏感，所以花期喷药一定要慎重，防止发生药害，一般喷药应选择在开花前20d进行。如果波尔多液过于频繁使用，会产生严重的铜中毒，导致叶片小而畸形，并有轻度落叶现象，同时会使花量减少。所以在用药时，要严格注意用药时间，并防止长期使用一种药剂。

三、褐斑病

（一）危害症状

主要危害叶片（见图9－5）。初期，在叶边缘呈圆形、暗绿色水渍状斑。遇雨迅速扩大，呈大型近圆形或不规则形斑，中间褐色周围灰褐色，或灰、褐相间边缘深褐色，上生许多小黑点。受害叶片卷曲破裂，干枯易脱落。

图9－5 猕猴桃叶片褐斑病田间发病症状

（二）发生规律

由子囊菌亚门小球壳菌（Mycosphaerella sp.）引起的真菌性病害。通过风、雨水传播，从气孔、伤口入侵。5～9月份，高温高湿（25℃以上，相对湿度75%以上）时发病较重。菌丝体在寄主病残落叶上越冬。春季嫩梢抽发期，产生分生孢子和子囊孢子，随风飞溅到嫩叶上，萌发菌丝进行初侵染和多次再侵染。高温多雨利于侵染，病害传染迅速。

（三）防治技术

1. 加强栽培管理

结合夏季和冬季修剪，清除病残叶片，集中进行深埋等无害化处理。增施有机肥或磷钾肥，合理修剪，提高园内通风透光性能。

2. 药剂防治

休眠期到萌芽前，喷一遍3～5波美度石硫合剂。在5～6月份，花后到果实膨大期喷施，用37％苯醚甲环唑水分散粒剂3000～5900倍液、70％甲基托布津可湿性粉剂800倍液、43％腐霉利悬浮剂800倍液、70％代森锰锌可湿性粉剂500倍液等，每7～10d喷1次，连续喷2～3次。

四、灰霉病

猕猴桃灰霉病是猕猴桃生产上重要的真菌性病害，病原菌是葡萄孢霉菌，主要危害花、幼果、叶片及贮藏期的果实。

（一）危害症状

花期侵染使花朵呈现褐色腐烂，严重时腐烂脱落；幼果发病先在残存的雄蕊和花瓣上感染发病，从果蒂部入侵出现水渍状病斑，随后在近果梗处形成褐色病斑，湿度大时病果出现灰白色霉状物，后期侵染扩展到全果（见图9－6），严重危害时造成大量落果。叶片染病多从叶缘发病，严重时病斑扩展至整个叶片，导致叶片腐烂脱落，空气潮湿时病部形成灰色霉层。严重时将会出现落果减产现象，品种以徐香最为严重，其次是翠香和海沃德等。

图9－6　猕猴桃幼果感染灰霉病症状

（二）发生规律

病原以菌核和分生孢子在果、叶、花等病残体中越冬。病原菌的生长发育温度为0～30℃，最适温度为20℃左右。第二年花期至幼果膨大期降雨偏多，适宜于猕猴桃灰霉病的侵染和蔓延。长势偏旺、架面郁闭、通风透光不良的果园发病严重。若花期授粉完成后，受阴雨影响导致花萼、花丝等未能及时脱落，从而粘连在幼果表面，长期粘连腐烂蚀伤有利病菌入侵。

（三）防治技术

1. 加强果园管理

及时进行夏剪，做好摘心，疏除过密的枝条。生草果园应及时刈割杂草，避免留草过高，影响果园的通风透光能力，造成果园湿度过大。

2. 清洁田园

摘除和捡拾发病的果实和叶片，带出果园集中进行无害化处理，减少果园病原基数。

3. 药剂防治

及时喷药进行防控，可以选用 50%腐霉利可湿性粉剂 600～800 倍液、50%异菌脲可湿性粉剂 800～1000 倍液或 40%嘧霉胺悬浮剂 800～1000 倍液等均匀细致周到喷雾。重发果园，根据发病情况，间隔 7～10d 可连喷 2～3 次。

五、根腐病

猕猴桃根腐病是一种真菌性病害，可由多种真菌致病。主要由恶疫霉菌以及茄腐镰刀菌和尖孢镰刀菌、密环菌等真菌引起。

（一）危害症状

猕猴桃叶片和枝蔓突然萎蔫，当年枯死。抗病品种发病部位多从根尖开始，逐渐向上扩展，地上部分芽萌发迟，叶片弱小，逐渐转变为半蔫状态。感病品种始发于根茎或主、侧根，被害部位呈环状褐色湿腐，病部长出絮状白色霉状物，植株在短期内便转成青枯，病情扩展极为迅速。病斑为水渍状，褐色，腐烂后有酒糟味（见图 9－7）。

图 9－7 猕猴桃根腐病症状

(二)发生规律

根腐病是一种土传性病害,病菌在病根组织内越冬,或随病残组织遗落在土壤中越冬。第二年生长季节根系生长过程中,健康根系与土壤中病根、病残组织接触,侵染后发病。该病可侵染许多植物,当猕猴桃健康根系与其他有病植物根系接触,也可被侵染,并向整个根系扩展蔓延,直至发病。

猕猴桃根系为肉质根系,木质化程度较低,呼吸旺盛。根腐病的发生与肥水管理、土壤疏松度和根系深度及树势密切相关。土壤黏重、种植过深、地势低洼、高温高湿等都会加快和加重根腐病的发生。7～8 月高温季节为根腐病发生高峰期,高温期间若大水漫灌,易诱发根腐病的发生;高温期间降雨量大,田间湿度大,排水不良,根腐病发生的概率也会增大。

(三)防治技术

根腐病的防治,主要通过培养无病健壮种苗,加强田间管理,及时清除田间病残体,消灭地下害虫,结合药剂等措施防治。

1. 培育无病健壮种苗

良好的育苗圃立地条件是培养无病健壮苗木的基础。猕猴桃育苗圃的建址应选择在多年种植禾本科作物的无病地块。苗圃基肥最好施用充分腐熟的厩肥或饼肥等有机肥,忌用未充分腐熟的有机肥、厩肥及土杂肥。

2. 科学规划建园

在新建园时,避免在低洼地建园。在降雨较多或地下水位较高的低洼处建园,应起垄栽培。清除所有植物残体,切勿把任何枝梢、残根、树桩埋留在土层下。

3. 清除病株

在苗圃或果园发现病株,应立即连根挖除,带出田外集中销毁。对病株周围的土壤可用生石灰或噁霉灵等杀菌剂进行土壤消毒处理。

4. 消灭地下害虫

在地下害虫发生期,每亩用 4.5%噻虫胺·敌百虫颗粒剂 2.0～2.5kg 与 10～15kg 细土混合均匀后,沟施在垄旁,施药后应立即覆土,防止被鸟类或其他家禽误食。因噻虫胺·敌百虫对眼睛有刺激性,拌毒土和施药时应穿长衣长裤、长筒靴子,戴帽子、护目镜、口罩、手套等防护用具。通过杀灭地下害虫,减少因害虫为害产生的苗木根部伤口,降低病菌侵染率。

5. 化学防治

挂果园大树，每株10kg水量加30%噁霉灵或精甲·噁霉灵水剂10g进行灌根（见图9-8），幼园小树适当减量，每隔15d一次，连灌2～3次，均能抑制病害。

图9-8 对发病猕猴桃植株进行灌根处理

六、黑点病

黑点病常见于翠香等猕猴桃品种。猕猴桃果实黑点病俗称黑头病、黑斑病，黑点病危害果实导致商品性差，易变软腐烂，不耐储藏。

根据西北农林科技大学植物保护学院果树病害病原生物学与综合防治研究团队和陕西省生物农业研究所近年来的研究结果，翠香果实黑点病致病菌源为Kiwifruit black spot，是一种弱寄生性真菌病害，病原菌有性型为间座壳属真菌Diaporthe SPP.，无性型为拟茎点霉属Phomopsis sp.。其耐高温，适宜黑暗、弱光条件下生长，常发生于植物生长后期及因营养不良、抗性衰弱等植株上。

（一）危害症状

发病最初呈现果面色泽暗淡，下部靠近花柱残留处出现黑色小斑点，逐渐扩大至直径为2～3mm的病斑，严重时病斑聚合连片成为黑斑，最后如皮革般坚韧。最典型症状为果实喙尖出现大小不同的黑斑，病斑凸起呈疱疹状，多在下半部，逐渐发展最后连为一体，成一革质化大黑斑，表面粗糙，似疮痂状（见图9-9）。

图 9－9　猕猴桃黑点病发病症状，不套袋和套袋均可发病

（二）发生规律

根据西北农林科技大学植物保护学院果树病害病原生物学与综合防治研究团队的研究结果，该病主要在病枝蔓上越冬，也可随病残体在土壤中越冬。

早春病原菌借风雨、空气传播，阴雨低温天气不利于病菌侵染扩展，夏秋季为病菌在果实上侵染发病期，7 月上旬开始发病，7 月下旬至 8 月中旬为病菌危害盛期，也是发病高峰期，病斑可不断扩大连片，严重时可造成大量落果。

6 月上旬至 8 月上旬降雨量、6 月上旬至 8 月下旬降雨天数与日均气温以及 7 月下旬至 8 月上旬日照时数等气象因素是影响发病的重要影响因子。因此，6 月份至 7 月上中旬如果干旱少雨，那么 7 月下旬初就会明显感病；7 月上中旬如果阴湿多雨，则在 8 月上中旬后明显表现感病。

通过进行翠香猕猴桃果实含糖量测定试验研究，当果实含糖量达到 4.5%时，果实黑点病感病就开始显症，含糖量达到 5.5%时进入始盛期，含糖量达到 6.0%以后进入感病高峰期。

（三）防治技术

（1）增施有机肥和生物菌肥，补充中微量元素尤其钙肥的用量，控制氮肥用量，氮、磷、钾合理配比。施肥在萌芽前后、花后坐果期、幼果膨大期和果实采摘后等时期，其中果实采摘后施基肥量占全年施肥量的 70%以上。亩产 1500～2000kg 的果园，每亩施用腐熟农家粪肥 4000～5000kg 或优质商品有机肥 1500～2000kg；花前根施钙肥如过磷酸钙、硝酸铵钙等 100～150kg/667m^2，花后果实膨大期叶面喷施 0.3%～0.5%优质钙肥 3～4 次。

（2）做好架面管理，提高通风透光性。冬剪在落叶后 15d 进行，留枝量根据株行距架面 1.2～1.5 个/m^2，结果母枝在架面按 30cm 左右均匀分布，枝条布满架面空间;夏剪在夏梢萌芽时开始至采收前,分别为抹芽、摘心、疏枝等。冬剪与夏剪相结合,培养阳光型架面树形,保证架面下透光率30%以上。

(3)根据树势定量挂果。成龄园亩产控制在1500~2000kg,一般1m^2架面留果35~40个。于盛花后15d左右开始疏果,一般进行两次,第二次6月中下旬定果时。首先疏去畸形果、病虫危害果、小果等,保留果梗粗壮、发育良好的正常果,长果枝留4~6个果,中庸结果枝留2~4个果,短果枝留1~2个果。

(4)适量使用免疫诱抗,激活植株自身抗病能力。在猕猴桃花后幼果期至果实膨大期药剂防治时,混配使用氨基寡糖素或寡糖·链蛋白等免疫诱抗剂,如喷施5%氨基寡糖素水剂800~1000倍液2~3次。

(5)药剂防治。防治关键时期为6月下旬至8月上中旬,药剂组合防治2~3次,施药间隔期10~15d。6月下旬发病前喷施60%唑醚·代森联水分散粒剂1500~2000倍液,7月中下旬喷施43%戊唑醇悬浮剂1500~2000倍液,8月上中旬喷施12%苯甲·氟酰胺悬浮剂1500~2000倍液或30%啶酰·咯菌腈悬浮剂2000~3000倍液等,叶面喷雾均匀细致周到。

七、软腐病

(一)危害症状

在发病初期,猕猴桃病果与健康果实外观无差别,随后被害果实逐渐变软,果皮由橄榄绿局部变褐,继而向四周扩展,导致半个果乃至全果呈褐色。用手捏压果实,即感果肉呈糊浆状,剖果检查,轻者绿肉品种果实病部果肉黄绿至浅绿褐色,而健康猕猴桃果肉呈淡绿色;发病重的果实皮肉分离,除果柱外果肉被细菌分解呈稀糊状,果汁浅黄褐色,具有醇酸兼腐臭味(见图9-10)。

图9-10 猕猴桃果实软腐病发病症状

(二)发生规律

猕猴桃软腐病属于真菌性病害,可引起猕猴桃软腐病的致病菌有间座壳菌,葡萄座腔菌、拟茎点霉菌以及细极链格孢菌等多种病原菌。病菌以菌丝体或子实体的形式在枝条上潜伏越冬,翌年春天气温回升后,子囊孢子或分生孢子释放,借风雨传播,在早春花期时侵染花蕾,幼果形成期由花蕾转移至幼果上,直至果实贮藏期表现软腐症状。同时,在猕猴桃采摘和贮运阶段,病菌多从果实伤口侵入,果实表皮破口或果柄采收剪口处等都是侵入途径。细菌进入猕猴桃果实内之后,潜育繁殖,最后造成果实变软腐烂。

(三)防治技术

(1)加强田间管理,及时进行猕猴桃冬季修剪。同时,结合冬剪,将猕猴桃感病枯枝和落果带出果园进行集中无害化处理,全园喷施3～5波美度石硫合剂,彻底清园。

(2)猕猴桃成熟进行果实采收时,采收工人要剪短指甲,戴手套,避免划伤和破坏猕猴桃果实表皮。果实采收最好用专用的或自制的猕猴桃采收布袋,抑或在采收篮、采收筐以及专用工具内部加装布料或软泡沫等具有一定减振、防撞的保护措施。同时,要注意在猕猴桃果实采摘和入筐时,轻摘轻放,减少碰撞。入库前严格挑选,避免伤果入库。对冷藏果实贮藏至30d和60d时分别进行两次分拣,剔除伤果、病果,减少易感源和防止病菌进一步扩散蔓延。

(3)药剂防治。在猕猴桃果实生长期,使用5%己唑醇微乳剂、10%苯醚甲环唑水分散粒剂、50%咪鲜胺锰盐可湿性粉剂、50%异菌脲悬浮剂、75%肟菌酯·戊唑醇水分散粒剂及80%甲基硫菌灵可湿性粉剂对葡萄座腔菌及拟茎点霉菌引起的猕猴桃软腐病都具有较好的预防效果。

八、蒂腐病

蒂腐病是猕猴桃果实主要病害之一,在全国各产区均普遍发生。

(一)危害症状

受害果起初在果蒂处出现明显的水渍状病斑,以后病斑均匀向下扩展,果肉由果蒂处向下腐烂,蔓延全果,略有透明感,有酒味,病部果皮上长出一层不均匀的茸毛状灰白真菌,后为灰色。由于蒂腐病潜伏危害,贮藏期烂果率达6%～40%。

(二)病原和发病规律

病原为真菌,以分生孢子在病部越冬,通过气流传播。春季发芽后,病菌先侵染花，引起花腐。果实感染发生于采收、分级包装过程中。猕猴桃园中病菌孢子的大量形成时期是在开花期、落瓣期。猕猴桃在冷藏（0℃）条件下，受侵染果实约 4 周出现症状，12 周后未发病果一般不会再发病。

（三）防治方法

1. 农业防治

做好冬季清园工作，及时摘除果园内病花，并集中深埋或销毁。

2. 药剂防治

开花后期和采收前各喷 1 次杀菌剂，用 70%甲基硫菌灵可湿性粉剂 1000～1200 倍液、倍量式波尔多液和 70%代森锰锌可湿性粉剂 500 倍液等喷雾。

3. 浸果处理

用于冷藏的果实，于采后 24h 内药剂处理伤口和全果。用 50%多菌灵可湿剂 1000 倍液加“2，4－D”100mg/kg 浸果 1 分钟。

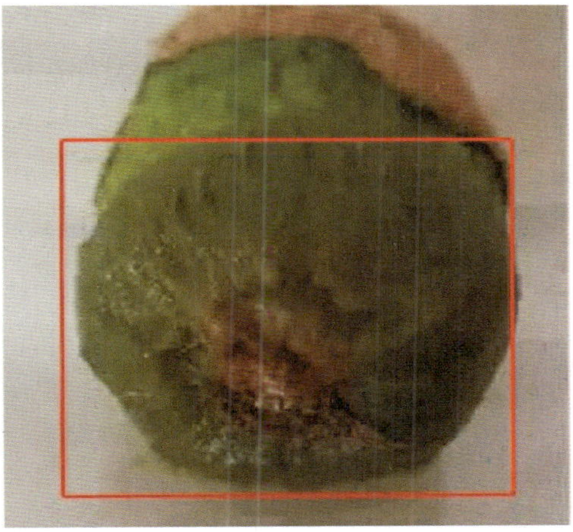

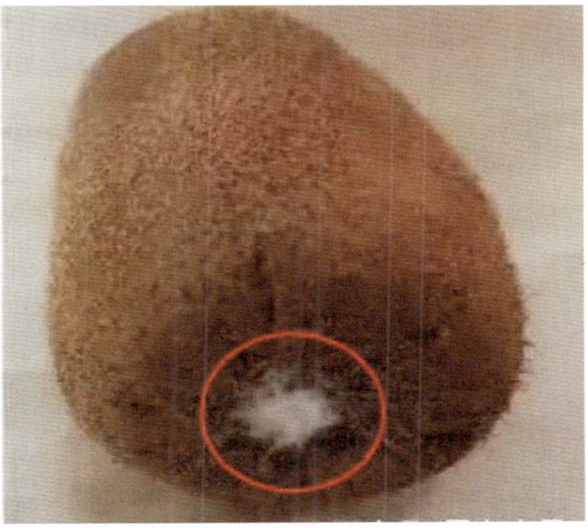

图 9－11　猕猴桃蒂腐病

九、病毒病

陕西省猕猴桃产区猕猴桃病毒病主要为猕猴桃病毒，猕猴桃病毒，猕猴桃褪绿环斑相关病毒，黄瓜花叶病毒，苹果茎沟病毒，马铃薯 X 病毒等 6 种。

（一）危害症状

叶片出现鲜黄色或黄白色不规则线状或片状斑病健部交界明显，叶脉和脉间组织均可以发病（见图 9－12）。严重影响叶片的光合功能。

图 9－12　猕猴桃病毒病危害叶片症状

（二）发生规律

一般在 20～26℃的持续偏低温，且又遇连阴雨天气，容易发病，主要通过嫁接和芽接传播。蚜虫及刺吸式口器害虫在猕猴桃植株之间穿梭危害也会传播病毒，造成猕猴桃病毒病的传播危害。

（三）防治技术

1. 加强检疫

在猕猴桃育苗圃和生产园建园时，认真做好检疫，要选用无病接穗和砧木，培育无病优质苗木。若发现猕猴桃病毒病苗木应及时铲除并集中烧毁，或者做好标记，集中隔离栽植，以防扩大传播范围。

2. 加强栽培管理

增施有机肥，干旱天气要及时灌水，雨季应及时排除猕猴桃果园地表积水，培育健壮树势，提高树体抗病能力。铲除果园附近自生猕猴桃苗木，防治蚜虫及刺吸式口器害虫。

3. 药剂防治

在猕猴桃果园发现零星病株时，要及时挖出并集中烧毁。同时对土壤进行处理。发生较多时，发病初期喷洒 10％混合脂肪酸水乳剂 100 倍液或 80％盐酸吗啉胍水分散粒剂 1000 倍液，每隔 7～10d 1 次，连续喷施 2～3 次。

十、根结线虫病

猕猴桃根结线虫病是猕猴桃种植区的一种常发性病害，主要危害猕猴桃根部。根结线虫是线形动物门异皮科根结线虫属。其病原主要是南方根结线虫和花生根结线虫，此外，爪哇根结线虫也可为害。

(一)危害症状

猕猴桃苗期受害,植株明显矮小,新梢短而细弱,叶片黄瘦易落,呈生长不良状态,特别是夏季高温天气午时,叶片常表现失水状态,早晚温度降低后可恢复原状。挖取病株根部,可见根部大量根结,一般地上部症状不明显的病株,地下部根结较少,健康猕猴桃毛细根为白色,无根结(见图 9－13)。

健康猕猴桃根系

猕猴桃根结线虫病根部症状

图 9－13 猕猴桃健康根系与根结线虫病根系对比

成株期受害,树势衰弱,发枝少而瘦弱,长势不旺,叶片易发黄,秋季提早脱落。病株侧根和纤维根产生圆形或纺锤形的根瘤(或虫瘿),小如谷粒,大如绿豆或黄豆,散生或聚集成串珠状,根瘤初为淡黄色,表面光滑,后逐渐变黑褐色。受害根较正常根短,分枝少,病根后期腐烂。地上部症状与缺素症相似,表现为发育不良,生长缓慢、衰弱,结果少,果实小。受害轻的植株地上部不表现症状,但产量较低。

(二)发生规律

根结线虫主要以卵囊内的卵和 2 龄幼虫在根或根际土壤中越冬。早春猕猴桃新根生长期孵化出 2 龄幼虫侵入新根引起发病,感病苗木和砧木是病害远距离传播的主要途径。猕猴桃根结线虫生活史的长短受温度影响很大,温度高,生活周期短,各地由于气候的差异,根结线虫发生代数不同。过湿、过干的土壤都不利于根结线虫的活动和发育,沙性土壤比黏性土壤发病重。另外,根结线虫侵染树根,所造成的伤口利于疫霉菌、镰刀菌、丝核菌的侵入,从而加重了其他病害的发生。

(三)防治技术

1. 加强检疫

规范猕猴桃商品苗木引种,严禁将有病苗木调入无病区,避免种苗带病建园,筑牢根结线虫病防治的第一道关口。

2. 增施充分腐熟有机肥

有机肥中腐殖质分解过程分泌的一些物质对根结线虫不利，并且有可能消灭根结线虫的真菌、细菌和肉食线虫，从而降低根结线虫的虫口密度。

3. 种植驱避植物

在猕猴桃树盘周围种植具有驱避作用的万寿菊、三叶草等植物，可以减轻猕猴桃根结线虫的发生。同时，对于猕猴桃果园易感线虫的牛膝等杂草要及时进行清除，以防加重猕猴桃根结线虫病的发生。

4. 药剂防治

土壤消毒处理，主要针对患有根结线虫病严重的果园。施药时间应根据当地根结线虫病发生规律，在越冬代卵孵化高峰期，于未侵入新根前，用41.7%氯吡菌酰胺悬浮剂100mL兑水200kg，浇施于病株根系分布区的耕作层。在施药期间若土壤干旱，需适量灌水，防治效果更好。

第三节　猕猴桃主要虫害

一、小薪甲

（一）形态特征

小薪甲，又名隆背花薪甲属鞘翅目昆虫。隆背花薪甲成虫体长1.0～1.5mm，体宽0.5～0.6mm，约为黑芝麻大小的1/4（见图9－14）。倒卵形，体色棕黄至棕褐色，体表被卧毛。头宽略小于前胸背板，被刻点。头顶隆起，额唇基沟清楚，唇基横方，矩形。复眼突出，咀嚼式口器（见图9－15）。

图9－14　小薪甲成虫与黑芝麻大小比较

图 9-15 小薪甲在猕猴桃上危害和电子显微镜下放大照片

(二)发生规律

小薪甲在陕西省年发生两代。主要以卵在主蔓裂缝或落叶、杂草中潜伏越冬，在陕西省西安市周至县等地翌年5月中旬出现第一代羽化成虫。此期正值猕猴桃花期，成虫先在杂草、蔬菜等作物上生存，到5月下旬至6月上旬转移至猕猴桃果树，主要在相邻两个猕猴桃幼果紧贴部位进行取食为害；6月下旬以后为害减轻；7月中下旬又出现成虫，为害损失不大，但数量较多时，会对果面造成一定危害；10月以后成虫在皮下及各种缝隙中越冬。

(三)危害症状

小薪甲成虫多隐藏在两个猕猴桃相邻果实接触的缝隙处，或叶片与果实接触之间的缝隙中，少数个体分布在叶片背面、果实的萼洼及表面等处为害，被害果面出现针眼状虫孔，皮层细胞木栓化呈片状隆起结痂(见图9-16)，猕猴桃果实受害部位表皮及表面下果肉变硬，品质变差，失去商品价值。

图 9-16 小薪甲危害猕猴桃果实成片状隆起结痂

(四)防治技术

1. 科学留果

冬春季猕猴桃架面绑枝,根据品种和树势,合理布局架面空间,将猕猴桃结果枝间隔 30cm 左右平行绑在铁丝上,均匀分布架面枝条,不绑交叉枝和重叠枝。在猕猴桃花后,定果时,尽量疏除双连果、三连果及四连果,选留具有一定间距、生长发育正常的猕猴桃幼果进行定果。

2. 药剂防治

5 月下旬至 6 月上旬为防治适宜期。可用 5%高效氯氟氰菊酯水乳剂 2000~3000 倍液或 10%吡虫啉可湿性粉剂 2000~3000 倍液喷雾。

二、绿盲蝽

(一)形态特征

绿盲蝽,属半翅目,盲蝽科。别名小臭虫、花叶虫等。绿盲蝽成虫体长 5mm,宽 2.2mm,绿色,密被短毛。头部三角形,黄绿色,复眼黑色突出,无单眼,触角 4 节丝状,较短,约为体长的 2/3。前胸背板深绿色,布许多小黑点,前缘宽。小盾片三角形微突,黄绿色,中央具一浅纵纹。前翅膜片半透明暗灰色,其余绿色。卵长 1mm,黄绿色,长口袋形,卵盖奶黄色,中央凹陷,两端突起。若虫 5 龄,与成虫相似。初孵若虫绿色,复眼桃红色。2 龄体黄褐色,3 龄出现翅芽,4 龄超过第一腹节,2、3、4 龄触角端和足端黑褐色,5 龄后全体鲜绿色,密被黑细毛。触角淡黄色,端部色渐深,眼灰色(见图 9-17)。

图 9-17　绿盲蝽低龄若虫、高龄若虫和绿盲蝽成虫

(二)发生规律

绿盲蝽以卵越冬。越冬代卵主要产在猕猴桃的鳞芽和树皮、翘缝。在北方绿盲蝽年发生 3~5 代。3 月下旬至 4 月上旬温度高于 10℃或连续 5d 均温达 11℃,相对

湿度高于70%时，卵开始孵化出第一代若虫。第一代若虫潜伏在芽苞体内为害较为普遍，造成新发嫩叶针眼筛状孔洞。5月下旬是绿盲蝽成虫集中为害幼果的时期，以展叶期和小幼果期为害最重。雨后天晴绿盲蝽发生为害较重。日均气温20～25℃，湿度70%～80%时气温湿度条件适宜生长发育繁殖，成虫历期较长，为害时间持续。防治工作不到位的果园危害严重，生长期架面郁闭，通风透光不畅，地面生草偏多的果园危害严重。

（三）危害症状

主要以若虫和成虫的刺吸式口器吸食猕猴桃幼芽、嫩叶、花器、幼果和新梢表皮细胞的汁液。3月下旬至4月上旬为第一代若虫发生期，潜伏在芽苞体内为害较为普遍，造成新发嫩叶针眼筛状孔洞。在猕猴桃萌芽初期和幼果期为害致叶片出现“破叶疯”（见图9-18），果肉出现木栓化；成虫在5月、7月和9～10月发生量较大。发生为害较重的果园，其采摘前落果和贮藏期果实软腐病发生率明显较高。

图9-18 绿盲蝽为害猕猴桃嫩叶出现“破叶疯”

（四）防治技术

1. 早春清园

绿盲蝽在早春萌芽初期开始活动，是危害猕猴桃较早的害虫之一，所以要重视早春萌芽前的清园工作（见图9-19），对于压低虫口密度、降低全年基数具有非常重要的作用，药剂可选用石硫合剂或氟氯氰菊酯等。

图 9-19 使用风送式喷雾器械开展猕猴桃春季清园

2. 性诱捕器诱杀

从 4 月上旬始见绿盲蝽成虫开始至猕猴桃采果后，在猕猴桃果园进行诱杀绿盲蝽雄性成虫（见图 9-20）。3～5 套/667m^2，将绿盲蝽性信息素引诱剂及配套诱捕器"W"型布设悬挂于猕猴桃架面下背阳通风处的结果枝干上，在集虫桶中加入约 1/3 的清水，间距均不小于 30m。

图 9-20 使用诱捕器诱杀绿盲蝽雄性成虫

3. 诱集诱杀

在猕猴桃果园可以套种胡萝卜、香菜等伞形花科植物，诱集绿盲蝽等蝽类害虫，然后集中人工或定向施药捕杀，减少化学用药，降低农药残留。

4. 药剂防治

采收前宜采用双丙环虫酯、除虫菊素等生物药剂防治。其他时间可选择噻虫嗪、氟啶虫胺氰、氟啶虫酰胺、吡蚜酮、啶虫脒等。要注意轮换使用不同作用机理的药剂进行防治，避免产生抗药性。

三、斑衣蜡蝉

(一)形态特征

斑衣蜡蝉属同翅目蜡蝉科昆虫，俗称“花大姐”“花蹦蹦”等。是不完全变态昆虫，一生有卵、若虫、成虫 3 个虫态。这种昆虫在生长中，体色变化很大。成虫、若虫均会跳跃。

卵：通常 40～50 粒整齐排列成卵块，多时可达百余粒，外表覆盖灰褐色蜡粉，形似泥状物(见图 9－21)。

若虫：初孵化时体色白色(见图 9－22)，后变黑色并有许多小白点(见图 9－23)。4 龄后体背变红色并生出翅芽，通红的身体上有黑色和白色斑纹(见图 9－24)。

成虫：体长 15～25mm，翅展 40～50mm，全身灰褐色；前翅革质，基部约 2/3 为淡褐色，翅面具 20 个左右的黑点；端部约 1/3 为深褐色；后翅膜质，基部鲜红色，具黑点；端部黑色。体翅表面附有白色蜡粉。头角向上卷起，呈短角突起(见图 9－25)。

图 9－21 斑衣蜡蝉越冬卵块

图 9－22 斑衣蜡蝉初孵化时若虫

图 9-23　斑衣蜡蝉 3 龄前若虫

图 9-24　斑衣蜡蝉 4 龄后若虫

图 9-25　斑衣蜡蝉成虫

(二)发生规律

斑衣蜡蝉年发生一代，以卵越冬，4～5 月卵开始孵化为若虫，若虫常群集在幼枝和嫩叶背面为害，若虫期约为 40d，经 4 次蜕皮变为成虫。斑衣蜡蝉成虫和 2 龄后若虫擅长跳跃，移动速度快，跳跃距离远，能迅速躲避危险。成虫 7～8 月份发生量大，多在夜间完成交配活动，寿命可达 4 个月之久。成虫多将卵产在枝蔓或枝背阴面，卵常成排，被覆以蜡粉，形似小块“青泥”。

(三)为害症状

斑衣蜡蝉多以成虫、若虫群集在猕猴桃幼嫩梢和叶片上刺吸为害，有时可数十头群集在新梢上，排列成一条直线，可导致猕猴桃新梢长势变弱或嫩梢萎缩畸形等，严重影响植株的生长和发育，并能传播其他病害。

(四)防治技术

1. 农业措施

降低斑衣蜡蝉虫口基数，最直接有效的方法是结合冬剪或春季绑枝等农事操作，剪除或刮除斑衣蜡蝉卵块。由于斑衣蜡蝉最喜臭椿，所以对猕猴桃果园周边的臭椿要进行清除。

2. 化学防治

重点在若虫孵化盛期进行喷药防治。可用5%高效氯氟氰菊酯水乳剂2000～3000倍液或10%吡虫啉可湿性粉剂2000～3000倍液等药剂喷雾均可收到良好防效。

四、金龟甲类

金龟甲属鞘翅目，幼虫俗称“蛴螬”（见图9-26），为害猕猴桃的种类主要有苹毛丽金龟、铜绿丽金龟、暗黑鳃金龟、棕色鳃金龟、小青花金龟等。

图9-26 金龟甲幼虫蛴螬

（一）形态特征

1. 苹毛丽金龟

成虫体长约12mm，头、胸、背面黑褐色，有紫铜色光泽，鞘翅茶褐色，半透明有光泽，透过鞘翅可见后翅折叠呈“V”字形（见图9-27）。

图9-27 苹毛丽金龟成虫

2. 铜绿丽金龟

成虫体长 19～21mm，触角黄褐色，鳃叶状。前胸背板及鞘翅铜绿色具闪光，上面有细密刻点，前足胫节具 2 外齿，前、中足大爪分叉(见图 9－28)。

图 9－28　铜绿丽金龟成虫

3. 暗黑鳃金龟

成虫体长 17～22mm，体宽 9～11.5mm，黑色或黑褐色，无光泽。暗黑鳃金龟与大黑鳃金龟形态近似，但暗黑鳃金龟体无光泽(见图 9－29)。

图 9－29　左为暗黑鳃金龟，右为大黑鳃金龟

4. 棕色鳃金龟

成虫中大型，体长 20mm 左右，体宽 10mm 左右；体棕褐色，具光泽。触角 10 节，赤褐色。前胸背板横宽，与鞘翅基部等宽，两前角钝，两后角近直角；小盾片光滑，三角形。鞘翅较长，为前胸背板宽的 2 倍，各具 4 条纵肋，第一、第二条明显，第一条末

端尖细，会合缝肋明显，足棕褐色（见图 9－30）。

图 9－30 棕色鳃金龟成虫

（二）发生规律

1. 苹毛丽金龟

一年发生一代，以成虫在土中越冬，越冬成虫翌年 4 月上旬出土，出土后就可为害猕猴桃还未展开的叶片和刚刚展开的幼嫩叶片，还为害猕猴桃的花蕾，造成叶片缺刻，花蕾不能正常开放，严重时将花蕾和叶肉全部吃光，严重影响猕猴桃的正常生长。成虫白天活动，中午前后取食最盛。有假死性，无趋光性。4 月中旬至 5 月中旬为成虫产卵期，幼虫孵化后入土为害果树幼根。

2. 铜绿丽金龟

一年发生一代，以老熟幼虫越冬。翌年春季越冬幼虫上升活动，5 月下旬至 6 月上中旬为化蛹期，6 月中旬至 8 月是成虫发育期，7 月上中旬是产卵期，7 月中旬至 9 月是幼虫为害期，10 月中旬后陆续进入越冬。少数以 2 龄幼虫、多数以 3 龄幼虫越冬。幼虫在春、秋两季为害最剧烈。成虫夜间活动，趋光性强。

3. 暗黑鳃金龟、棕色鳃金龟

成虫于 3 月下旬至 4 月上旬开始出土，4 月中下旬为成虫出土高峰。成虫先在发芽较早的杂草上或杨、柳、榆树上咬食幼芽、嫩叶；猕猴桃树发芽后，即转移到猕猴桃树上咬食幼芽、嫩叶和花蕾，为害盛期在 4 月上中旬。成虫于傍晚和夜间活动，有趋光性和假死性。猕猴桃开花后开始入土产卵；幼虫孵化后，在地下取食植物幼根；幼虫老熟后在地下做土室化蛹。蛹期 10d 左右，羽化后的成虫，潜伏土中越冬。

（三）危害症状

金龟甲幼虫和成虫均为害猕猴桃。金龟甲幼虫俗称蛴螬，啃食猕猴桃的根皮和嫩根。为害的症状为不规则缺刻和孔洞，影响根系水分和养分的吸收和运输，为害严重时导致植株早衰，叶片发黄早落。成虫为害猕猴桃地上部分，主要取食为害猕猴桃幼芽、叶片、花蕾和果实，造成不规则缺刻、孔洞及伤病果，常常群聚取食危害，严重影响猕猴桃正常生长。为害严重时可将芽、春梢及叶片啃光，直接影响幼苗生长（见图9－31）。

图9－31　金龟甲为害猕猴桃叶片症状

（四）防治技术

1. 破坏越冬场所，降低害虫基数

猕猴桃采果后施入基肥，封冻前深翻土壤，破坏金龟甲的越冬场所，冻死部分害虫。提倡施用酵素菌沤制的或充分腐熟的农家肥，不施用未充分腐熟的肥料。

2. 人工捕杀

在猕猴桃展叶期，利用金龟甲的假死性，早晚将塑料薄膜放在树下，敲击树干使其震落后捕杀。

3. 理化诱杀

铜绿丽金龟和暗黑鳃金龟有趋光性，可在果园设置频振杀虫灯或黑光灯进行诱杀。金龟甲成虫具有趋化性，可以在果园摆放糖醋液诱杀装置，糖醋液配比可按糖∶醋∶水∶酒＝3∶4∶2∶1的比例，加适量90％晶体敌百虫配制，用木棒搅拌均匀后，装入小塑料盆或其他敞口的容器中。

4. 化学防治

对于往年重发地块，在展叶期对猕猴桃园进行土壤药剂处理，防治金龟甲幼虫蛴螬。一般选择5％辛硫磷颗粒剂，每亩用4.2～4.8kg开沟撒施后，覆土，可兼治金针虫和蝼蛄等地下害虫。对金龟甲为害严重的果园，可进行树上喷雾防治成虫。可选用20%氰戊菊酯水乳剂1500倍液、2.5%高效氯氟氰菊酯乳油1000倍液均匀喷雾。

五、介壳虫类

介壳虫类以桑盾蚧为主，桑盾蚧又名桑白蚧。桑白蚧属同翅目，盾蚧科。以雌性成虫、若虫群集刺吸猕猴桃枝干、叶片及果实的汁液（见图9-32），发生严重时害虫遍布枝干，使树势变得衰弱，甚至引起枝干干枯死亡。

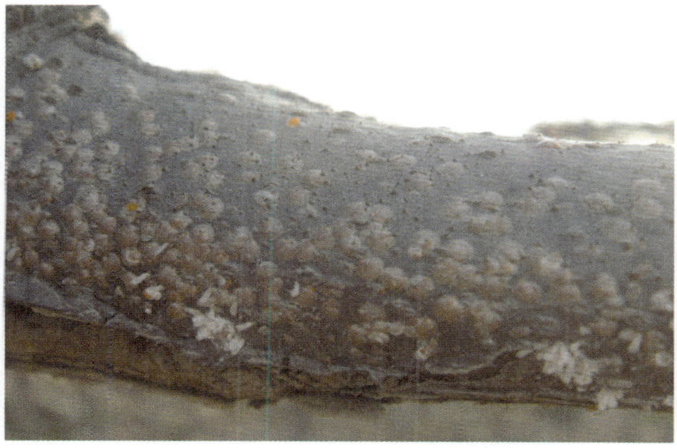

图9-32　桑盾蚧群集刺吸猕猴桃枝干和中华猕猴桃果实

（一）形态特征

桑盾蚧雌虫无翅，雌成虫橙黄或橙红色，全身被圆形介壳，体扁平卵圆形，长约1mm，直径2～2.5mm，略隆起，有螺旋纹，灰白至灰褐色，壳点橘黄色，在介壳中央略偏向一侧。雄虫成虫橙黄至橙红色，体长0.6～0.7mm，仅有1对灰色的翅（见图9-33）。雄虫介壳长约1mm，细长、白色，背面有3条纵脊，壳点橙黄色，位于介壳的前端。卵椭圆形，长径仅0.25～0.3mm。初产时为淡粉红色，渐变为淡黄褐色，孵化前为橙红色。初孵若虫淡黄褐色，扁圆形，体长约0.3mm，可见触角、复眼和足，能爬行，腹末端具尾毛两根，体表有棉毛状物遮盖。脱皮之后眼、触角、足、尾毛均退化或消失，开始分泌蜡质介壳（见图9-34）。

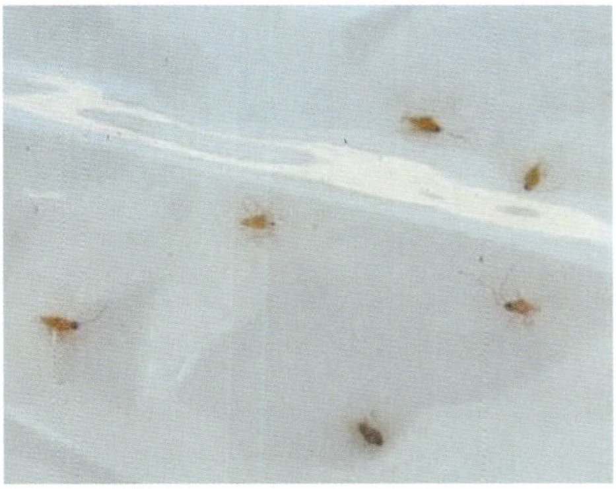

图9-33　桑盾蚧雄性成虫

图9-34　桑盾蚧若虫

(二)发生规律

桑盾蚧每年发生两代,以受精雌成虫在枝干上越冬。越冬雌虫于3月下旬开始取食,4月中旬开始产卵于介壳下。第一代若虫5月中下旬孵化,初孵幼虫多分散在两年生枝条上取食,以分杈处和阴面较多。桑盾蚧孵化期集中,孵化盛期,是全年防治的关键时期。桑盾蚧第二代若虫孵化盛期为7月份。雄虫有群集特性,雌虫则喜欢分散。

(三)防治技术

1. 加强检疫

从育种规范的猕猴桃种苗基地引种健康无病猕猴桃苗木,在苗木的引进和接穗调运时,进行严格检疫,防止将介壳虫传入新建园。

2. 人工去除虫体

用硬塑料刷或细钢丝刷,轻轻刷掉树枝蔓上的虫体,避免破坏树皮,同时,可以喷施代森锰锌等保护性杀菌剂预防病菌侵染。

3. 药剂防治

在猕猴桃萌芽前喷施3～5波美度的石硫合剂1～2次,防治若虫,花芽萌动后禁止使用。同时要注意石硫合剂为碱性农药,不可与有机磷农药及其他忌碱农药混用,也不可把石硫合剂与其他铜制剂农药混用。

六、蝽象类

为害猕猴桃的蝽象主要有麻皮蝽、茶翅蝽等。蝽象除为害猕猴桃外,还可为害梨、桃、杏、柿、石榴、樱桃、李等多种果树。蝽象主要以成虫和若虫刺吸植物的花、芽、叶、枝和果实,尤以为害果实造成的损失最大。猕猴桃叶片被害后,出现失绿黄斑。花、蕾被害后,可造成落蕾、落花;幼果早期被害可造成落果;果实膨大期被害,果面初呈小黑点,后发育不正常,呈凹凸不平的畸形果,被害处硬化,味变苦,受害严重时导致落果;近成熟的果实被害后,受害处果肉变硬,果实品质下降,不耐储藏。

(一)形态特征

1. 麻皮蝽

属半翅目,蝽科。麻皮蝽成虫体长20～25mm,宽10～11.5mm。体黑褐密布黑色刻点及细碎不规则黄斑。头部狭长,侧叶与中叶末端约等长,侧叶末端狭尖。触角5节黑色,第一节短而粗大,第五节基部1/3为浅黄色。喙浅黄4节,末节黑色,达第三腹节后缘。头部前端至小盾片有1条黄色细中纵线。前胸背板前缘及前侧缘具黄色窄边。胸部腹板黄白色,密布黑色刻点。各腿节基部2/3浅黄,两侧及端部黑褐色，各胫节黑色，中段具浅绿色环斑，腹部侧接缘各节中间具小黄斑，腹面黄白，节间黑色，两肋散生黑色刻点，气门黑色，腹面中央具一纵沟，长达第五腹节。初孵若虫胸、腹部有许多红、黄、黑色相间的横纹，二龄若虫腹背有6个红黄色斑点(见图9-35)。

图9-35 麻皮蝽的初孵若虫、成虫形态

2. 茶翅蝽

属半翅目，蝽科。成虫：体长约15mm，宽8～9mm，扁椭圆形，灰褐色略带紫红色，前胸背板、小盾片和前翅革片光滑无细长毛，仅具黑褐色刻点；前胸背板前缘有4个黄褐色小点排列，小盾片基部横列5个小黄点，腹部两侧各节间均有一黑斑。卵短圆筒形，周缘环生短小刺毛，初产时乳白色、近孵化时变黑褐色。若虫与成虫相似，但无翅(见图9-36)。

图9-36 茶翅蝽的卵块、若虫与成虫形态

3. 共同特征

成虫、若虫都是刺吸式口器，成虫具有分节的喙，喙从头端伸出，不用时贴在头、胸、腹面。翅不用时平放在腹部背面，其末端相互重叠。有臭腺，开口于腹面后足基节旁。不完全变态，若虫经过5个龄期变为成虫，若虫和成虫都能为害猕猴桃。

(二)发生规律

1. 麻皮蝽

一年发生一或两代，以成虫子枯枝落叶下、草丛中、树皮裂缝、梯田堰坝缝、围墙缝等处越冬，3～4 月出蛰，5～6 月产卵，6 月下旬至 8 月中旬为第一代成虫盛发期，8～10 月第二代成虫盛发，并进入越冬期。成虫飞翔力较强，多在较高的树干枝叶和嫩果上栖息；中午强日照下，常栖息于树干或飞入屋檐下；具有微弱的趋光性，灯光下常可捕到，越冬时稍有群集性。初孵若虫常群集于叶背，2、3 龄后才分散活动。卵多产于叶背，一般 11～12 个聚生成块，有些产于果实基部。

2. 茶翅蝽

一年发生一代，以成虫在空房、屋角、檐下、草堆、树洞、石缝等处越冬。一般于 4 月底、5 月初开始陆续出蛰活动，飞到果园为害果树，6 月份产卵，7 月上旬始见初孵若虫。若虫为害至 8 月中下旬老熟，羽化为成虫，成虫继续为害果树，至 9 月底、10 月初寻找适当场所越冬。茶翅蝽成虫白天活动，遇惊扰即飞行，尤以早晨和下午较为常见，中午天热时活动减弱。卵产于叶背，常 20～30 粒聚在一起。初孵若虫喜群集卵块附近，而后逐渐分散。

(三)防治方法

1. 清洁田园

冬季结合积肥，清除枯枝、落叶，铲除杂草，及时堆沤或焚烧，可消灭部分越冬成虫，春、夏季要清除一些寄主植物，可减少转移危害。

2. 人工捕杀

可利用蝽象的生活习性，采取相应的措施予以杀灭。如用麻皮蝽的假死性，可于出蛰上树初期摇落，或在早晨逐株、逐片打落杀死。越冬前在越冬场所附近有大量群集性的蝽象，可在群集时杀死；或在树干束草，诱集前来越冬，然后烧杀。也可人工抹杀叶背卵块。

3. 药剂防治

在若虫孵化盛发期用 5%高效氯氟氰菊酯水乳剂 2000～3000 倍液或 10% 吡虫啉可湿性粉剂 2000～3000 倍液均匀喷雾。

七、叶螨类

叶螨，属于蛛形纲，叶螨科动物。是一类体形微小，以刺吸式口器为害的有害动物。从分类学角度来说，螨类不属于昆虫，成螨有 4 对足。生产中对猕猴桃造成为害的叶螨主要有山楂叶螨、二斑叶螨、苹果全爪螨。叶螨类多以受精雌螨在土表、为枯枝落叶、老树皮和芽鳞中越冬。年繁殖数代至数十代。一般 2 月中旬开始活动，6 月中下旬开始为害，7月中下旬，高温干旱时为为害高峰期，到8月下旬至9月初为害减轻。温度低于26℃，繁殖会受抑制。高温干旱年份有利于大发生。主要以若虫和成虫为害猕猴桃叶片和幼嫩枝条，主要在叶背、叶脉附近进行刺吸为害，造成叶片被害部位出现失绿斑或使叶片枯黄。叶片背面的叶脉周围有一层细薄网膜。严重为害时，可造成猕猴桃叶面出现很多黑褐色的斑块，甚至导致猕猴桃叶片焦枯脱落。

（一）形态特征

1. 山楂叶螨

也叫山楂红蜘蛛。山楂叶螨以幼螨、若螨、成螨刺吸猕猴桃的叶片和幼嫩枝条的汁液，破坏叶片组织，使之出现失绿斑点，严重时使叶片焦枯、脱落，果实失水干缩。

雌成螨（见图9－37）体长0.53～0.59mm，宽约0.32mm，冬型鲜红色，夏型暗红色。体卵圆形，体背前方稍隆起，体红色至暗红色，足4对，淡黄色，体背刚毛26根，分列6排。雄成螨体长0.35～0.45mm，橙黄色，由第三对足起向后方逐渐变细，末端尖削，体背两侧有黑绿色斑纹。卵圆球形，春季产卵呈橙黄色，夏季产卵呈黄白色。初孵幼螨体圆形、黄白色，取食后为淡绿色，3对足。若螨4对足。前期若螨体背开始出现刚毛，两侧有明显墨绿色斑，后期若螨体较大，体形似成螨。

图9－37 山楂叶螨雌成螨

2. 苹果全爪螨

又名苹果红蜘蛛。分布广泛，猕猴桃叶片受害后，出现黄褐色失绿斑点，受害严重时呈现灰白色。雌成螨（见图9－38）体长0.3～0.4mm，宽0.29mm左右，比山楂叶螨体形略小，体卵圆形，红色，取食后变为深红色，体背隆起，体背具刚毛26根，着生于粗大的黄白色毛瘤上，背毛粗壮，向后延伸，足4对，黄白色。雄成螨体长0.3mm左右，身体末端较尖。幼螨3对足，第一代由越冬卵孵化出的幼螨呈淡橘红色，取食后呈暗红色；夏卵孵化出的幼螨初时为黄色，后变为橘红色或深绿色。若螨4对足。前期和后期若螨体色和形态有差别，前期若螨体色较幼螨深；后期若螨体背毛较为明显，体形似成螨。卵葱头形，夏卵橘红色，冬卵深红色，卵顶部中央有一短柄。

图 9－38　苹果全爪螨雌成螨

3. 二斑叶螨

又称二点叶螨、白蜘蛛等。为害初期多聚集在叶背主脉两侧，初期受害叶片表现为叶脉两侧失绿，造成叶片出现成片小的白色失绿斑点，严重时造成叶片呈焦煳状，甚至脱落。虫口密度大时在叶片正面或枝杈处结一层白色丝绢状的丝网，或在新梢顶端群聚成虫球。雌成螨（见图 9－39），体长 0.42～0.59mm，宽 0.3～0.32mm，身体乳黄色或黄绿色。椭圆形，体背有刚毛 26 根，排成 6 横排。生长季节为白色、黄白色，体背两侧各具 1 块黑色长斑，取食后呈浓绿、褐绿色；当群体密度大，或种群迁移前体色变为橙黄色。在生长季节绝无红色个体出现。滞育形体呈淡红色，体侧无斑。雄成螨身体略小，长 0.36～0.41mm，宽 0.19～0.22mm，腹末较尖，多呈绿色。卵，球形，长 0.13mm，光滑，初产为乳白色，渐变为乳黄色，快孵化时现出红色眼点。若螨，初孵时近卵圆形，体长 0.21mm，白色，取食后变为暗绿色，眼红色，后期若螨体长可达 0.36mm。

图 9－39　二斑叶螨雌成螨

（二）发生规律

1. 山楂叶螨

以成螨越冬。分布广，繁殖能力强，群体数量多，一年可以发生代数多，对不良环境条件适应能力较强。每年发生代数的多少与当地气温、空气湿度等气象因素有关，年可发生数代至数十代不等，5～8 月气候以高温和干旱为主的猕猴桃果园，发生世代多，以冷凉和潮湿为主的猕猴桃果园发生世代少。

2. 苹果全爪螨

以卵越冬。卵孵化进程受气温影响较大，一般在日平均气温 12.3～14.7℃开始孵化，气温达 14.5℃进入孵化盛期，越冬卵孵化十分集中，所以越冬代成虫的发生也极为整齐。一般 5 月出现第一代成螨，以后各个虫态并存，世代重叠。既能两性生殖，也能孤雌生殖，完成 1 代平均为 10～14d。影响苹果全爪螨发生数量的因素与山楂叶螨相似，所不同的是苹果全爪螨生命力更强，对药剂更容易产生抗药性，防治难度亦更大。

3. 二斑叶螨

以成螨越冬。在树上越冬的雌成螨在 3 月下旬开始出蛰，4 月上中旬达到盛期，出蛰后直接上树为害。高温、低湿条件下适合发生，6 月上旬至 7 月是为害猖獗期。二斑叶螨喜欢群集叶背主脉附近吐丝结网。

（三）防治技术

1. 冬春季清园

刮除老树翘皮，将猕猴桃病虫伤残枝等带出果园，深埋沤肥或做集中无害化处理，减少越冬虫源。并于春季萌芽前喷施 3～5 波美度的石硫合剂用于防治螨类。

2. 生物防治

可以在果园释放捕食螨防治叶螨类害虫。同时，要注意保护和利用食螨瓢虫、小花蝽、食虫盲蝽、草蛉、蓟马、隐翅甲等天敌生物来抑制叶螨为害，达到以虫治螨，绿色防控的目的。

3. 药剂防治

在猕猴桃生长季节注意查看叶片背面，及时发现，尽早防治。药剂可用 20%哒螨灵可湿性粉剂 3000～4000 倍液、5%唑螨酯悬浮剂 1500～2000 倍液、1.8%阿维菌素乳油 4000 倍液、24%螺螨酯悬浮剂 4000～6000 倍液、25%阿维·乙螨唑悬浮剂 6000～8000 倍液等。药剂喷施要均匀周到，不同类型的药剂应交替轮换使用，避免产生抗药性。

八、夜蛾类

吸果夜蛾属昆虫纲鳞翅目夜蛾科。为害猕猴桃的夜蛾种类主要有嘴壶夜蛾、鸟嘴壶夜蛾及枯叶夜蛾。

（一）形态特征

1. 嘴壶夜蛾

成虫体长 18mm 左右，翅展 34～40mm，头部棕红色，腹部背面灰白色。雌蛾触角丝状，前翅茶褐色，有 N 形花纹，后缘呈缺刻状。雄蛾触角单栉齿状，前翅色泽较浅。卵球形，底面平坦，直径约 0.7mm，初产时黄白色，后出现棕红色花纹，卵壳上有较密的纵走条纹。幼虫老熟时长 44mm 左右，漆黑色，各体节背面两侧有黄色斑纹，杂有大小数目不等的白色或橙红色斑，这些色斑排列成纵向带纹。蛹体长达 17mm 左右，赤褐色，常有叶片包在外面。

图 9－40　嘴壶夜蛾

2. 鸟嘴壶夜蛾

成虫体长 23～26mm，翅展 49～51mm，头部及前胸赤橙色，中、后胸褐色。前翅紫褐色，翅尖的外缘突出，较嘴壶夜蛾更为显著。外缘中部向外突出，后缘中部有 1 条弧形向内凹入比嘴壶夜蛾深的缺刻。卵略似球形，底面平坦，直径约 0.72mm，高约 0.6mm，卵壳上密布纵向条纹，初产时黄白色，后具棕红色花纹。幼虫老熟时体长约 46mm，灰黄色，体背及腹面均有 1 条灰褐色宽带，自头部直达尾部，头部有 2 个边缘镶有黄色的黑点，第二腹节两侧各有 1 个类似眼睛的斑点。蛹体长 17.6mm，赤褐色，外包叶片或苔藓等。

3. 枯叶夜蛾

成虫体长 35～42mm，翅展约 100mm，触角丝状，前翅灰褐色，有 1 条斜生的黑色斑纹，翅脉清晰，上有许多小黑点排列。后翅黄色，有肾状和羊角状黑色斑纹。卵近圆球形，底面平，直径约 0.95mm，乳白色，卵壳表面有六角形网状花纹。幼虫老熟时长可达 60～70mm，全体紫红色或灰褐色。腹足 4 对，但第一对很短，行走时不起作用。蛹长约 30mm，褐色，有黄白色丝将叶片黏在一起，包在体外。

（二）为害症状

果实接近成熟期，成虫用口器刺破猕猴桃果皮吮吸果汁，刺孔周围果肉失水呈海绵状。刺孔甚小，难以察觉，约 1 周后，刺孔处果皮变黄、凹陷并流出胶液，其后伤口附近软腐，并逐渐扩大为椭圆形水浸状斑块，造成落果或整果腐烂。

（三）发生规律及习性

吸果夜蛾种类多，生活习性及发生规律有一定的差异，幼虫分散在广阔的山区杂草和灌木之间，成虫飞翔能力很强，白天分散潜伏，因其形态各异不易被发现。

1. 嘴壶夜蛾

为吸果夜蛾类的优势种，约占虫体数量的 3/4，在我国南方 1 年可发生 4～5 代，以幼虫越冬。成虫具有假死性，夜间产卵，多在 21:30 前进行，产卵时长约 2h。幼虫寄主有木防己和汉防己两种，在山区两寄主植物同时存在时，发生严重。在 8 月以后为害猕猴桃，9～10 月是为害盛期。在无风、闷热的夜晚，成蛾出现最多。幼虫取食寄主叶片，并在土中化蛹。

2. 鸟嘴壶夜蛾

一般 1 年发生 4 代，以成虫、幼虫或蛹越冬。成虫交尾后 1～3d 产卵，在温度为 25～27℃时孵化 2～3d。幼虫期 26～28d，幼龄幼虫有吐丝悬挂的习性，幼虫停息时身体直伸，与枯枝相似，不易被发觉。在我国南方，9 月是成虫高峰期，幼虫的寄主植物为木防己。

3. 枯叶夜蛾

一般 1 年发生 2～3 代，主要以幼虫越冬，幼虫寄主植物有木防己和木通等植物。幼龄幼虫吐丝习性显著，幼虫静止时头部下垂尾部高举，仅以 3 对发达的胸足着地，虫体呈 V 形。在我国南方，8～11 月为害猕猴桃。

(四)防治技术

1. 园地选择

在我国南方建园时选择植被比较单一、地形相对独立的小山或丘陵地，忌连片种植，尽量避免混栽不同熟期的品种及多种果树。

2. 挖除寄主

木防己、汉防己是目前已知的嘴壶夜蛾幼虫寄主植物，可人工挖除果园周围的木防己和汉防己，以减少吸果夜蛾的为害。

3. 果实套袋

猕猴桃果实几乎都挂在棚架下，果实套袋是防止枯叶夜蛾(包括其他吸果夜蛾类)为害效果最好的一种措施。

4. 诱杀

吸果夜蛾发生在果实糖分开始增加的9月，可用荧光灯或糖醋液诱杀成虫。

5. 药剂防治

在发现大量吸果夜蛾成虫后10～15d，每隔3～5d对果园周围的树木、杂草，特别是吸果夜蛾幼虫的寄主植物等叶面喷施杀虫剂，防治未孵化的卵及幼虫。杀虫剂的种类可选用25%的灭幼脲1500倍液和菊酯类农药混合喷施。

第四节　生理性病害

一、黄叶病

(一)缺铁和缺镁性黄化

1. 为害症状

缺铁元素和缺镁元素均可导致猕猴桃叶片发黄失绿，仅叶脉为淡绿色，严重时可导致果实发黄，树势衰弱，引起整株树干枯死亡。缺铁性黄化在叶片上表现为叶肉发黄，以新叶先发病，而缺镁黄化则以老叶先显症发病。缺铁性黄化主侧脉两边的健康叶肉组织较窄或无健康叶肉组织，而缺镁性黄化主侧脉两边的健康叶肉组织较宽，病变部位对比明显，界线清晰。

2. 发生原因及规律

猕猴桃根系为肉质根，土壤分布层相对较浅，易发生缺铁和缺镁性黄化病。当植株体内每1kg干物质含铁低于60mg或每1kg干物质含铁低于1g时，猕猴桃植株即可出现缺铁和缺镁性黄化症状。pH值大于8的偏碱性土壤中游离的Fe^{2+}被氧化成

Fe^{3+}而被土壤固定，不能被根系所吸收利用。长期偏施氮肥，有机肥投入不足，不重视镁和铁等中微量元素的补充，使土壤中多种微量元素供应失调，并且不同元素之间发生拮抗作用也会影响铁等元素的吸收，发生缺素症状。同时，长期大水漫灌，地势低洼，苗木栽植过深等造成土壤透气变差，根系吸收能力变弱，也会影响铁和镁的吸收，导致发生黄化。

3. 防治技术

（1）科学建园。建园时避免在土壤质地黏重的地方建园，应选择在土层深厚、土壤肥沃、通透性良好的沙质壤土地方建园。建园前对土壤 pH 值进行测定，对碱性土壤加施酸性肥料降低土壤 pH 值，预防土壤偏碱导致铁的流失。

（2）增施有机肥和生物菌肥。以有机肥为主，化肥为辅，推广平衡施肥技术。有机肥可以施用充分腐熟的牛粪、羊粪等畜禽粪便，促进土壤团粒结构形成，改善土壤理化性质，促进根系健康生长，提高根系吸收代谢能力。

（3）追施铁肥和镁肥。结合秋施基肥，每亩地用硫酸亚铁 670g（或硫酸镁 1500g），与腐熟的有机肥及腐殖酸肥混合施用。春季萌芽时追施螯合态铁肥，每株施 30g。在猕猴桃生长季也可以喷施叶面肥补充铁镁元素，叶面喷施 0.3%～0.5%的硫酸铁铵（或硫酸镁）3～5 次，间隔 10d 左右。

（二）土壤缺氧引起的黄叶病

在地下水位较高的潮湿地，南方地势低、易积水的果园，发病率较高。

1. 症状

发生黄化病的叶片，除叶脉为枯淡绿色外，其余部分均发黄失绿，叶片小，树势衰弱。严重时叶片发白，外缘卷缩焦，果实外皮黄化，果肉切开呈白色，丧失食用价值，长时间发病还会引起整株树干死亡。

2. 发生原因

发病主要有以下几种情况：一是盛果期的老果园因负载量过大，造成树势衰弱而发病；二是没有水源，因过分干旱而影响营养吸收的果园；三是不注意氮、磷、钾及微量元素平衡配套施肥的果园；四是忽视防治线虫病、根腐病为害的果园；五是管理粗放的果园。以上几种情况都从根本上导致树势衰弱，根系吸收、输送能力下降而发生黄叶。

3. 防治方法

（1）合理负载。结合修剪抹芽、疏花疏果，剪除病枝蔓，合理留果，以免负载过量。

（2）平衡施肥。以有机肥为主，化肥为辅，增施钾肥，增强树势，提高抗病能力。

（3）清沟排水。南方地势低、易积水的果园要起垄栽培，深沟高畦，及时排水。

（4）药物防治。用中草药保护性杀菌剂靓果安和叶面肥沃丰素配合使用，在萌芽展叶期、新梢生长期各喷施 1 次；果实膨大期，每月喷施 1 次。

四、缺硼症

猕猴桃缺硼不但影响叶片、果实的生长，还会引发猕猴桃蔓肿病的发生。

(一)症状

猕猴桃缺硼症状最初出现在开花前后，因花芽分化不良，授粉作用受阻，造成大量落花落果，甚至花蕾枯萎。同时，新梢生长缓慢或停滞，梢端变褐，有时梢尖枯死。叶部症状主要表现在上部叶片、副梢各叶脉间或叶缘出现浅黄色褪绿斑。严重者畸变或导致叶缘焦枯。树干发病表现为植株基部老蔓较细，1m 以上的中段主蔓较粗，主蔓上粗下细，同时，表皮开裂，病树挂果少，叶色偏黄，称为“蔓肿病”。

(二)发生原因

硼的功能是在植物体内促进新细胞的分化，并调节碳水化合物的代谢。树体内缺少硼时，细胞虽可分化，但内部构造不能很好地形成，因而限制了各器官的正常生长和发育。缺硼症多发在缺乏有机质的瘠薄土壤和酸性土壤中，较少在中性或碱性土壤中发生。土壤干旱时，植株对硼的吸收明显受到抑制。多雨或干旱地区的沙质土易使土壤中的硼流失。硼不能从植株的老叶移动到幼叶，因此，症状最早出现在幼嫩组织。

(三)防治方法

1. 防治病害

剪除病枝，及时防治根结线虫及白纹羽病。

2. 土施硼肥

在离树干 50～80cm 处开浅沟，每株大树施硼肥 5～8g，施后及时浇水。猕猴桃对硼过量很敏感，所以施用时要特别小心。

3. 根外追肥

于花期前 2～3 周，或谢花后 10～15d，叶面喷施 0.3%硼酸溶液 1～2 次。

五、缺钙症

(一)症状

刚成熟的叶片上先表现症状，后慢慢向幼叶发展。幼叶上发生时，叶片不能正常展开，叶缘向叶面卷起，整张叶片似“瓢羹形”；成熟叶片上表现为叶基部叶脉颜色暗淡，有的产生坏死，变成坏死斑块，变脆或干枯脱落，枝梢枯死。枝上的新芽粗糙，生长慢。

(二)发生原因

猕猴桃缺钙多发生在土壤干燥或土壤溶液浓度高时，妨碍对钙的吸收和利用而引起。

(三)防治方法

(1)增施有机肥,对土壤进行改良。

(2)早春及时浇水,雨后及时排水,适时适量施入氮肥,促进植株吸收钙肥。

(3)在猕猴桃生长季节及时喷施0.3%～0.5%硝酸钙溶液,隔15d左右喷1次,连喷3～4次。最后1次应在采收前20d效果好。

六、缺锰症

(一)症状

缺锰症状最初表现在幼叶上,叶脉间组织褪绿黄化,出现细小黄色斑点,斑点类似花叶症状。第一叶脉与第二叶脉两旁叶内仍保留绿色,暴露于阳光下的叶片比荫蔽处的叶片更明显。严重缺锰会影响新梢、叶片、果实生长与成熟。含有石灰的土壤,缺锰症状常被石灰褪绿的黄化所掩盖,应引起注意。

(二)发生原因

锰元素在植物体内不易运转,较少流动。锰的功能是在生长过程中促进酶的活动,协助叶绿素的形成。锰一般存在于植物体内生理活跃部分,特别在叶片内,对植物的光合作用和碳水化合物代谢都有促进作用。缺锰会使叶绿素形成受阻,影响蛋白质合成,出现褪绿黄化的症状。酸性土壤一般不会缺锰,而土质黏重、通气不良、地下水位高、pH值高的土壤则较易发生缺锰症。

(三)防治方法

(1)增施有机肥,平衡施肥。

(2)在开花前对叶面喷0.5%的硫酸锰溶液,对发病重的果园可喷2次,相隔时间为8～10d。施用含微量元素丰富的无机复合肥,也可以调整缺锰状况。

第五节 自然灾害

一、冻害和寒害

(一)猕猴桃的低温耐受能力

冻害是指冰点以下的低温造成的伤害;寒害也被称为冷害,一般是指接近冰点或0℃以上的低温造成的伤害。在生长发育的不同时期,猕猴桃植株对极端温度的耐受能力不同。休眠期猕猴桃对低温的耐受能力较强,生长期对低温的耐受能力较低。美味猕猴桃品种枝蔓在冬季进入充分休眠后,可耐−20℃以内的短期低温、−15℃左右的长时期持续低温;而萌发后和落叶前,则仅能忍受−5℃的短期低温和−0.5℃的长期低温。

研究表明，猕猴桃苗期不同种间抗冻害能力为：软枣猕猴桃＞中华猕猴桃＞美味猕猴桃。观察不同种类实生苗发现，冻害后成活的植株多为雄株，说明雄株的抗冻害能力强于雌株。从5年生美味猕猴桃实生植株的田间观察情况看，猕猴桃最容易受冻的部位是1年生枝条，植株受冻后，1年生枝条电解质渗出率的排列顺序为：美味猕猴桃＞中华猕猴桃＞软枣猕猴桃。枝条的厚角组织厚度、厚角组织与直径的比率和木质部与直径的比率，可以作为猕猴桃树体抗寒性状的形态学鉴定指标。结果期果园的调查显示，当贵长品种芽的冻害率达73.3%时，秦美品种芽的冻害率为29.2%，而海沃德品种芽的冻害率仅有17.5%。这说明同为美味猕猴桃，不同品种之间的受冻害程度差异较大。

2009年11月，陕西猕猴桃出现早雪冻害。冻害调查结果显示，平均受冻株率为31.3%。受冻程度与树龄关系十分密切，树龄越大冻害越轻。实生苗1～3年树龄的冻株率依次为64.0%、28.0%和11.7%，嫁接树1～5年树龄的冻害株率依次为58.5%、27.1%、25.5%、10.9%和0.3%，6年以上树龄的大树几乎无冻害。

（二）低温对猕猴桃的危害

1. 不同季节的冻害

（1）早春冻害。早春突然大幅度降温和超忍耐限度的低温对猕猴桃的危害表现为芽受冻，芽内器官不能正常发育，或已发育的器官褐变、死亡，导致芽不能正常萌发，或萌发的嫩梢、幼叶初期呈水渍状，随后变黑，以致死亡。

（2）深秋冻害。深秋的冻害表现为来不及正常落叶的嫩梢、树叶干枯，变褐死亡，挂于树枝蔓上不脱落；未及时采摘的果实，因果柄不产生离层，难以采摘，摘后不通过后熟期，果实细胞不分离，始终硬而不能食用。

（3）冬季冻害。休眠季节的冻害表现为枝干开裂、枝蔓失水，俗称“抽梢”或“抽条”，芽受冻发育不全，或表象活而实质死，不能萌发。有时虽然温度降低程度没有造成上述表现，但伴随有低湿度和大风（俗称“干冷风”），会导致严重的枝蔓失水干枯、抽条，或大枝干纵裂，甚者全株死亡。

2. 不同器官的受冻表现

（1）冬芽冻伤。海拔较高的山地低温持续时间较长，一般自当年11月下旬至翌年4月中旬。较长时间的自然低温对猕猴桃的花芽分化能起到很好的促进作用，但在空气湿度较高的山区，在低温环境下容易形成雾凇和雪凇等冰冻现象，会对植株造成严重危害。

冬芽冻害的发生时间主要在春季冬芽萌芽期、展叶期、现蕾期和初花期4个阶段。表现为冻害发生 3d 后芽和叶开始出现萎缩，呈水浸状嫩叶及花蕾下垂，颜色也由绿色逐步变为褐色。1 周后芽、嫩叶干枯脱落，冬芽周围侧芽、潜伏芽重新萌发。受冻害影响的猕猴桃，产量一般会减少 15%～30%，严重时减产 70%，甚至可能绝产。

(2)枝条冻害。休眠期遇到极端低温，一般幼树枝条受冻较重，且多是活跃的形成层受害较重，冻后形成层褐变腐烂，多呈不规则的块状坏死，开春后表皮变黑干枯。四周未受冻组织，尚能形成愈伤组织，恢复正常生长和结实。初春温度开始回升，猕猴桃已打破休眠进入伤流期。新梢、嫩叶在春季受冻更明显，受冻枝条顶端先萎缩，枝条较软，维管束内髓部组织新鲜；随后，受冻枝条上已萌发的芽、叶和新枝向下逐步萎蔫，髓部组织渐干变色；皮层呈现褐色，并伴有黑斑，有少量纵裂纹，松软，含水量高，用手轻搓即可脱落，髓部组织减少 2/3，后期枝条完全脱水，呈黑褐色，髓部组织全无，干枯后落叶。1 年生的营养枝易受冻，占受冻枝条的 95% 以上。新生健壮枝受冻损伤较少，一般低于 1%，细弱枝则高达 4.5%左右，其他枝为 0.5%。新梢轻微受冻，对猕猴桃当年的产量影响不大。

(3)主干冻害。主干冻害主要发生在春季，此时植株进入生长期，植株体内的水分含量高。受冻主干离地面 15～30cm 处皮层有些松软，受冻部位上部有浅纵裂纹。冻害发生后，萌芽期至初花期植株能正常生长，到盛花期至初果期，地面 15～30cm 处皮层松软带褐色，手轻搓易脱落，内部木质部呈褐色，伤口愈合后形成较多的愈伤组织，未能愈合的伤口会出现伤流。植株的新生枝叶萎缩并逐步脱落、坏死，直至整株地上部分死亡。植株地下根茎部组织新鲜，根茎部近地面处砧木上有新生营养枝萌发，可以利用砧木新生营养枝改接更新。

(4)根部冻害。根部冻害主要发生在冬季和初春。冬春季节南方山区空气湿度大，持续冰冻易引起根部土层墒情严重不足，植株根颈部分长期裸露，极易受低温冰冻影响。受冻植株根系先期鲜嫩，随地温回升逐步变褐，皮层腐软、脱落。植株地上部分有的表现为主干受冻模式，有的在植株萌芽期开始逐步萎缩、干枯，最终全株死亡。

(5)果实冻害与寒害。幼果期容易出现晚霜冻害，受冻 3d 后果实松软，果皮由青绿色渐变为黄褐色，果梗枯萎，4～5d 后脱落；极端条件下幼果受冻后出现不连片的黑色或黑褐色冻斑。成熟果实采收后，没有经过预冷或迅速降至 0～2℃贮藏，果实极易受到寒害。寒害会阻碍果实的后熟，寒害出现 1～2d 后反层不再光滑，有多条纵纹；3～4d 后果肉褐化、开始软腐并快速扩大，5～6d 会发生全果腐坏。

(三)预防或减轻冻害

在天气预报有大幅度降温时，可采取以下措施预防或减轻冻害的发生。

1. 早春灌溉与果园喷水

水的比热容较大，灌溉与喷水可以在局部阻止温度的急剧变化。在猕猴桃萌芽前1周灌水，可以降低冻害的发生率。安装有喷灌、微喷等节水灌溉设备的果园，萌芽期晚霜出现时，在夜里0:00～1:00开始喷水，可减轻晚霜对芽的危害。

2. 果园熏烟

烟雾可以减缓辐射降温，提高果园温度。在果园内的上风方向，每隔10～15m设1个由潮湿的麦糠、稻草及落叶等组成的烟堆，当气温降至2～3℃时点火发烟，可以减轻冻害。也可用焦油加热器代替烟堆防冻，果园里每80～100m^2放1个焦油加热器，低温来临前在夜里0:00～1:00点燃，一般可提高果园气温5～8℃。

3. 喷防冻剂

可供选用的防冻剂有螯合盐制剂、乳油乳胶制剂、高分子液化可降解塑料制剂和生物制剂。这些防冻剂一定要在冻害来临前使用。

4. 涂白、包裹与埋土

在深秋，用石灰水将猕猴桃树干和大枝蔓涂白；或用稻草、麦秸等秸秆将猕猴桃树干包裹好，特别要将树的根颈部包严。培土也可以有效防止冻害的发生。定植后不久的幼树，可以下架进行埋土防寒。

5. 冬季灌水

冬季土壤封冻前，全园灌1次透水。水的热容量大，增加土壤中的水分也就增加了土壤中贮存的热量，该热量可以阻止温度的急剧下降。

6. 提高植株的抗性

可栽植抗寒品种或用抗寒性砧木嫁接栽培品种来预防冻害。目前发现的抗寒砧木有软枣猕猴桃、狗枣猕猴桃和葛枣猕猴桃，以软枣猕猴桃应用较多，但主要用于软枣品种。软枣嫁接中华猕猴桃和美味猕猴桃亲和性不好，生长势很弱。

（四）避免冻害与冻后管理

建园时，首先应根据当地冬季的低温情况选择适宜的抗寒性强的猕猴桃品种与砧木。

一般低洼地冷空气易聚集，常易造成较重的晚霜危害，应选择地势平坦、开阔的地块建园，不在低洼易遭受晚霜危害的地方建园。可充分利用影响山区小气候条件的山峰、水体等，以减少低温、冰冻对猕猴桃植株生长发育的影响。

在冬春季低温持续时间长、空气湿度大的南方山区，冻后应抓紧时间采取相应的应急处置措施，同时加强冻后田间管理。如树体保护性修剪，剪去冻伤、冻死枝叶；立即全园喷施杀菌剂;茎蔓喷涂植物生长素;叶面喷施氨基酸螯合肥、稀土微肥等,刺激萌发新叶;根部培土、土施速效氮肥,结合施肥灌水,促发新梢。

二、日灼

(一)危害症状

日灼是猕猴桃果树在夏季持续的高温和强光照射下,对果实和叶片造成的一种晒伤。日灼是一种常见的生理性病害,当气温高于35℃时,可危害叶片、果实和枝蔓。在陕西猕猴桃产区尤其以果实日灼较为严重(见图9-41)。果实受害形成凹陷坑及不规则的红褐色坏死斑,表面粗糙,后期果肉变褐腐烂,失去商品价值。日灼在枝蔓上表现为向阳面出现树皮灼伤,皮层局部坏死,纵向开裂。日灼在叶片上表现为猕猴桃叶肉显点片状脱水干枯。

图9-41 猕猴桃果实日灼果实症状

(二)发生原因及规律

5月下旬至7月上中旬是猕猴桃果实膨大和快速生长的阶段。正值果实生长的高峰期,需要消耗大量的养分和水分,此时若出现35℃以上连续高温伏旱天气,气候干燥,少雨,阳光强烈,猕猴桃的果实和叶片就容易发生日灼。日灼主要发生于树势较弱的初挂果园和叶幕层较薄、管理粗放、树势较弱的老果园。3~5年生的初挂果园受害重;5年生以上的生长旺盛的果园则受害轻。采用"T"形架的猕猴桃果园日灼较严重;采用大棚架形和牵引架的猕猴桃果园日灼较轻或无日灼。果园生草覆盖地较轻;未生草、地面裸露的果园发生重。

(三)防治技术

1. 及时科学灌溉

进入6月夏季高温期间后，正值猕猴桃幼果膨大期，果园需水量大，应该根据土壤墒情适量增加灌溉频次，保持土壤湿润，每次灌溉应以湿润根系分布层30～50cm为宜；同时，尽量选择在清晨或傍晚进行灌溉，避免高温时段灌溉导致根系应激损伤。有条件的果园可将大水漫灌改造为倒挂微喷或喷灌等节水、节能方式，避免长期大水漫灌造成土壤板结、透气性变差，导致根系缺氧，降低树体抗逆能力。

2. 果园生草

在夏季持续高温时期，猕猴桃果园尽量不使用机械旋地，不进行夏季修剪。在夏季高温之前对猕猴桃果园大棚进行人工生草或自然留草，留草高度控制在10～15cm（见图9－42）。

图9－42　猕猴桃果园自然生草

3. 套种玉米

对于猕猴桃幼园或初果园，可在两行之间套种玉米，播种时间选择在4月中下旬至5月上旬，品种宜选用粗秆、抗倒伏、低秆品种（见图9－43）。

图 9-43 猕猴桃果园大行套种玉米

4. 果实套袋或遮阳

根据树势对猕猴桃果实和叶片进行适当的遮阳处理。对结果枝实行零叶摘心或叶幕层较薄的结果枝，使用遮阳网或果实套袋(见图 9-44)等方式保护果实，抵御高温日灼。

图 9-44 对猕猴桃果实进行套袋

5. 架形改造

将猕猴桃果园"T"形架面改造成大棚架形，增加横梁和2～3道铁丝，实现猕猴桃结果枝全园覆盖，减少强光直射猕猴桃果实。精细管理，有条件的果园还可尝试改造成牵引架形，既能进一步增加叶幕层，又能提高果园通风透光性，减少其他病害的发生。

三、风摩

（一）危害症状

风摩（见图9－45）是猕猴桃果实与果实，果实与枝干，果实与铁丝等接触面因风吹动，导致相互摩擦，而使猕猴桃果实外表果毛脱落、果皮损伤，后期容易形成结痂，导致商品性下降。严重的可因病菌侵染等原因导致幼果脱水（见图9－46）、腐烂或落果。

图9－45　果实与果实、果实与枝干风摩症状

图9－46　风摩严重时导致幼果表皮脱水症状

（二）发生原因及规律

猕猴桃结果枝架面布局不合理，存在交叉枝和重叠枝或猕猴桃疏果不及时、留果不科学，双连果或多连果较多。在风较多的地方建园或有大风流行的年份，容易出现猕猴桃果实风摩。

（三）防治技术

1. 科学绑枝

根据品种、树势和管理水平、预设产量等综合因素确定结果枝留枝量。冬春季猕猴桃萌芽前绑枝时，将结果枝每隔 30cm 1 个，均匀摆布，平行排列于架面，用玉米苞叶、卡扣或布条等固定于铁丝上。杜绝绑交叉枝和重叠枝。

2. 合理定果

结合疏蕾、疏花和疏果，做好猕猴桃商品果的预留工作。要及时疏除耳花、避免 1 个果柄上出现双连或三连果。疏蕾基本原则是疏除过小蕾、畸形蕾、病虫害蕾等，重点保存发育较好的中心蕾。花后定果，疏除畸形果、病虫果、过密果，确保预留商品果之间有足够的生长空间。特别是外围受风面架面留果要留出更多空间。

3. 设置防风林

在常年风力较大的地方建园，要适当种植防风林，或使用防风网等装置阻挡大风对猕猴桃果实、叶片以及嫩梢的伤害。

四、涝渍害

（一）危害症状及发生原因

猕猴桃的根属肉质根，既喜水又怕涝，是最易受涝渍害的果树之一。当积水超过 12h 就会使猕猴桃根系受到损伤，生长旺盛的成年大树通常 3d 左右地表积水就会造成叶片枯萎，严重影响产量和果品质量，甚至导致植株死亡。

（二）防治技术

1. 科学建园

在猕猴桃建园时，应选择排灌条件良好的田块，避免在地势低洼、易积水地方建园。同时，推广起垄栽培，增施有机肥，提高土壤透气性。

2. 及时排除田间积水

由于降雨过多或地势低洼雨水倒灌等原因，形成明显的地表积水，短期内无法通过自然下渗的果园。应通过疏浚河道或人工开挖修筑排水渠道管网，排除地表积水。

有条件的地方可采用潜水泵等抽水机械加速排除积水。

3.降低地下水位

如果果园积水时间较长，在地表积水排除以后，应通过挖竖井等措施，抽排地表以下的浅层水，进一步降低地下水位，增加土壤透气性。具体做法是在地势低洼处，挖50cm至1m见方，深50cm以上的竖井。在土壤水势的作用下，竖井周边土壤中的过多水分流向竖井，再通过人工或机械的方法排除竖井中的积水。竖井的数量、大小、深度等因素应综合考虑果园积水面积、程度、时间等因素。同时，可以在积水排完2～3d后，用细耙浅耕破除地表，提高土壤透气性。

第十章 猕猴桃贮藏保鲜与即食技术

第一节 猕猴桃的采后生理与贮藏特性

一、猕猴桃果实的成熟与衰老

猕猴桃果实是一个活的生命有机体，进行着旺盛的生理代谢，存在从生长发育、成熟、后熟到衰老的生命过程，从坐果到采收属于树上生长发育阶段，当果实生长发育到一定程度就进入成熟期。猕猴桃果实生长发育成熟时，表现出特有的果形、颜色和风味，营养物质也由形成和积累开始向分解和消耗的方向转化。采收后，猕猴桃果实的生命活动并未终结，而是进入后熟阶段。采后的猕猴桃通过呼吸作用消耗自身的能量，维持生命活动过程，此时果实的生命力减弱，对病害的抵抗力降低，内部营养物质持续分解转化，一旦维持生命活动的物质消耗殆尽，果实便衰老解体。果实的贮藏保鲜，就是根据果实采后生命活动的特点，创造一种适宜的生理环境，将果实的呼吸维持在很低的水平，延缓其衰老过程，最大限度地保持猕猴桃鲜果的营养价值、新鲜程度，延长其货架期和食用时限。

二、猕猴桃果实成熟时的品质变化

当猕猴桃果实接近成熟时，果实的内在物质及理化特性将会发生一系列变化，包括可溶性固形物含量升高、酸度降低、硬度下降，而最显著的变化是叶绿素开始降解，果皮、果肉颜色由深变浅，黄肉品种的果肉褪绿变黄，红肉品种的花青素增多逐渐变红。构成果实细胞的果胶和纤维素类物质开始降解，果实质地变软；积累的淀粉开始水解和含糖量的稳步上升，使果实变甜；有机酸含量逐渐下降，果实酸味减少；芳香类物质合成加快，使果实表现出固有的香气和口味；单宁类物质含量减少，涩味减退，果实的味道变得更加适口。

三、猕猴桃的贮藏特性

(一)猕猴桃属典型的呼吸跃变型果实

猕猴桃具有后熟作用,并且呼吸强度大,是苹果的几倍。由于猕猴桃的这一生理特性,所以贮藏用猕猴桃应在呼吸高峰出现之前采收,采后必须尽快入库,温度快速降至0～2℃,以延长贮藏寿命。

(二)猕猴桃对乙烯非常敏感

猕猴桃采后乙烯生成量或贮藏环境中的乙烯超过0.1×10^{-6}的临界值后呼吸就会急剧增加,出现一个小的呼吸高峰,引起猕猴桃贮藏中淀粉的降解和硬度下降,所以猕猴桃采后贮存要抑制果实的呼吸,不仅要减少内源乙烯产生量,同时贮藏环境中也不能有乙烯存在,采后贮存和流通中避免与产生乙烯的果蔬及其他货物混存,避免病、虫、伤果入库,因为病、虫、伤果会刺激自身的呼吸,产生较多的乙烯,这样就会因互感作用,影响整库果实的贮藏寿命。在贮藏过程中需及时挑拣出已提前软化的果实,以减少对其他果实的影响。另外采用乙烯吸附剂,乙烯脱除器等脱除乙烯是猕猴桃贮藏时常用的方法。实际上,在乙烯浓度极低的0.01×10^{-6}对猕猴桃就有催熟作用。乙烯是猕猴桃采后生理过程中将淀粉转化为糖的必需催化剂,又是猕猴桃衰老软化的助推剂,一个腐烂果实个体产生的乙烯就会影响到密闭环境下一批果实的加速软化。脱除乙烯降低贮存环境中乙烯浓度是猕猴桃与其他水果贮藏最大的不同,是贮藏成果的关键所在。

(三)果实极易软化

由于生理特性导致猕猴桃采后极易变软。贮藏保鲜过程中只要管理稍有失误,就会发生整库软化,造成严重的经济损失。有关研究表明,猕猴桃果实采后置于20℃条件下,从采收当天算起,到采后7d果实硬度下降很快,平均每天的硬度下降速率为6%;7～25d果实硬度损失率相对变得缓慢。果实观察结果发现,贮藏前期果实硬度下降很快,后期果实硬度下降缓慢。

(四)果实含水量变化敏感

猕猴桃果实含水量高,正常的呼吸作用需要消耗水分,果实采摘脱离植株后,也会在湿度较低的情况下蒸腾脱水,正常蒸腾生理消耗的水分是果实细胞纤维之间游离水分子。另外,水分是进行正常生命活动的保证。果实内的所有化学反应都是在水溶液中进行的,在缺水的状态下,温度升高,酶的活性受到影响,细胞内物质的运输和交换受阻,化学反应也会受到影响,果实失水后会加速呼吸。猕猴桃水分散失越多,鲜度就会降低较多,通常当猕猴桃果实的水分散失量接近3%时,果实贮藏性就受到比较大的影响;大于5%时,贮藏果实表面萎蔫,果实皱缩,失去光泽,果肉泛黄,酸甜度变差、品质风味变劣。因此,一定要在相对湿度较高的环境中贮藏,才能防止果实失水，所以猕猴桃果实贮藏期间采取补湿、保湿等措施减少蒸腾保持较高湿度（相对湿度 90%～95%）十分重要。

（五）猕猴桃果实的冰点温度

猕猴桃果实的冰点温度和果实的可溶性固形物有关，根据成熟度的不同有所变化，一般情况下采收时冰点温度最高，贮藏期逐渐降低，食用成熟期时最低。经测定，美味猕猴桃果实的冰点温度为－2.6～－0.8℃，而且美味猕猴桃冰点温度（A）与果实的可溶性固形物（B）含量具有一定的直线相关性。

$$A=-10B-X$$

X 为矫正常数，可溶性固形物 10%以下时为 0.2，可溶性固形物大于 10%时为 0.5。

冰点温度是猕猴桃预冷和贮藏温度的下限，超过这个指标就可能出现果实冻害现象，正常的猕猴桃冰温贮藏的温度应该高出冰点温度 0.5～0.8℃。

（六）猕猴桃贮藏果的冷害

温度是影响猕猴桃贮藏保鲜效果最主要的环境条件之一，在保证果实正常生命代谢和不发生冻害的前提下，温度越低越能延缓果实的后熟和衰老，贮藏期就会延长。猕猴桃贮藏不是温度越低越好，不同品种耐受的最低温度不同即果实的冰点温度不同，在冰点以上的较长低温下贮藏，猕猴桃果实会出现“冷害”即果实不能正常软化后熟、风味变异等。冷害是果实对不适宜低温的一种生理反应。考虑到冷害因素，猕猴桃短期贮藏可以采取室温贮藏，长期贮藏要适当提高贮藏温度。

（七）猕猴桃果实成熟期

猕猴桃果实成熟期分为采收成熟期、生理成熟期和食用成熟期 3 个阶段。

1. 采收成熟期

猕猴桃果实成熟时，其外观颜色没有明显变化。因此，生产中果实成熟的最直接判断方法是借助折光仪测定其可溶性固形物含量，一般美味猕猴桃可溶性固形物含量达到 6.2%～6.5%、中华猕猴桃可溶性固形物含量达到 6.5%～7%，就被认为达到成熟标准可以采收了。也可根据果实的矿物质含量、果皮硬度、果实发育期及果实色泽等进行综合判定。适当晚采更有利于贮藏。

2. 生理成熟期（后熟期）

猕猴桃进入生理成熟期时的果实细胞没有分离，且所含淀粉未完全分解成糖，氨基酸水平也较低，蛋白质酶原不能分解蛋白质，因而，果实的口感又硬又酸涩。果实后熟的自然完成，主要靠果实内部产生的乙烯类物质刺激果实，使其呼吸增强，加速淀粉分解成糖、蛋白质分解成氨基酸，提高可溶性固形物的含量，并能够加速细胞壁解离。外源乙烯类物质也能起到同样的作用。因此，通过对乙烯类物质的控制可以实现对果实后熟期的调控。在贮藏猕猴桃果实的环境中增加乙烯含量可以缩短后熟期，起到催熟的作用；减少乙烯含量，特别是排除果实内部产生的乙烯类物质，则可以抑制果实后熟，延长贮存期。达到生理成熟期的果实需要食用时，用一定量的乙烯处理，保持一定的温度，可以使果品很快进入食用期。

3. 食用成熟期

食用成熟期，指在此时间段内，果实中积累的各种物质经过适当的转化后具有该品种固有的色、香、味和外形，营养物质已达到较高点。此时采收的果实适宜就地销售或短距离运输，以及加工果汁、果酒、果酱等。此期果实软硬适中，口感松软适度、酸甜可口，具有品种固有的风味。

（八）猕猴桃的食用标准

采收和贮藏后的猕猴桃果实，必须经催熟或自然后熟后才能食用，可食成熟度的指标为：硬度为 0.5～1.0kg/cm^2，可溶性固形物含量约 14%以上。

第二节　猕猴桃贮藏保鲜

一、冷库设计与制冷机组配置

猕猴桃贮藏冷库的库容一般以 100t 以下的小库为宜，一般库宽 6～9m、长 8～10m、净高 4.5～5.5m。库容在 100t 以上的，也以分隔为库容在 100t 以下的单库为佳。每个单库侧壁基部开进风口，并配上可供开关的操作挡风板；进风口对面顶部开排风口，配换气扇。按库容大小安装相应规格的制冷机，100t 库容需配 10kW 的制冷机，80t 库容需配 7.5kW 的制冷机，50t 库容需配 5.5kW 的制冷机，最好每库配一台制冷机。大型贮藏库采用单库单机或者并联机组。

一般来说猕猴桃贮存冷库可以分为普通冷库贮存和气调库两种类型。猕猴桃普通冷库按照制冷方式可以分为风机制冷和排管制冷，风机制冷库比较常见，但是由于风机制冷会形成频繁的结霜和化霜，它会带走冷库内的湿气。排管制冷比较适宜猕猴桃的贮存，排管库不会进行冲霜，库内的水分不会流失，有利于保持库内的湿度，减少水分损耗。

气调贮存根据气调方式可以分为帐式气调帐、气调库贮存以及动态气调等。

帐式气调是在普通冷库内加装密封的气帐，通过管道连接气调设备达到气调目的。帐式气调是比较基础的气调模式，它简单易行、能够很好地保持气帐内的湿度，保鲜效果也比较好，但是每年气帐损坏和搭用比较麻烦，而且库容利用率低，帐内冷风循环不好上下层温度差异大。

气调库是在冷藏基础上，通过调节贮存环境内的氧气、二氧化碳及乙烯等气体的浓度，达到降低果实呼吸速率延迟果实衰老的效果。气调库首先是库体需要保持绝对密封的环境，因此在建造过程中需要在地基、防水、拼接、管线等环节上进行特殊处理。同时需要配备有功能可靠稳定的调气设备（制氮机、二氧化碳脱除机、乙烯脱除机等）、气体调节控制管线和气体检测仪器等。气调贮存管理不仅需要完善的气调设施和设备，还需要有经验丰富的管理人员，才能发挥好气调贮存作用。

动态气调是指果蔬在超低氧气调 ULO 过程中，用生物传感器对果实的果肉组织动态监控，同时对贮藏环境中的气体成分进行精密分析，避免无氧呼吸出现。与传统气调相比，动态气调（DCA）设定的气体成分是动态变化的。用动态气调贮藏，可以保护果实纤维组织，抑制乙烯的产生、果皮变色，防止果实衰老性病害发生，还可以抑制病菌扩展。

二、冷库及设备准备

（一）库体准备

贮存猕猴桃的库体设施（库壁、冷库门、通风窗、观察窗、地面）经过了连续的使用及出入库的作业，可能会出现破损、缺损、机械故障等问题。因此库体设施的检查和维修及保养，对于保证水果贮存温度和湿度指标稳定、降低能耗提高制冷效率都有很重要的作用。

制冷、气调及加湿等设备经过了长期的连续运转，会出现轴承磨损、噪音增大、电路老化电磁阀故障等问题。利用库房空置期间的时间检修制冷、空调等设备，是设备管理人员最基本的工作内容之一。设备维护的状况对于能否正常运行及保证贮存质量有重要意义。

1. 入库前保养检修、操作及相关准备工作

提前一个月对库体的保温、气密性能进行检查维护，对电路、水路和制冷设备进行维修保养，对库间使用的周转箱、包装物、装卸设备进行检修。

2. 库温校正及调整

冷库温度传感器的准确度决定了贮存温度设定的精确性，是贮存质量和贮存期长短的关键性因素。笔者在多年的实践中曾经发现有一个冷库探头温度和实际温度相差 8℃ 的情况存在，所以冷库温度校正工作十分重要。冷库温度传感器要用标准水银温度计和冰水混合物进行校正以检查库内温度探头与仪表盘温度显示的差异，以求贮藏期间温度的准确性。

校正方法：此项工作最少两人协作完成。在准备校正温度传感器的一周前开始制作冰块，在 3～5d 前将冷库温度调整至 5℃ 待检。校正时首先要将冰块取出敲碎，大小适中，放入暖瓶中并加入常温纯净水，盖上软木塞，静置 5min，冰水混合物制作成功备用。

传感器校正：校正时，一个人把标准温度计和温度传感器探头插入制作好的冰水混合物中，注意要插入冰和水中间，并读出标准温度计的温度，另外一个人读出传感

器的实时温度，并做好两个温度的记录，计入表格。传感器探头的温度和标准温度计显示温度的差值就是温度漂移的温差。

温度校正：在做好以上步骤后，进行温度校正。温度校正在仪表显示器上进行，各个温度控制器的操作不尽相同，参照说明书即可操作，但是一定要注意把温差加减做好，操作反了的话会出现原来温差的二倍温差，切记。

如果冷库库方为了自己冷库温度保密需求，也可以利用上述方法进行伪矫正，在温度设定时用真实温度进行设定即可实现温度保密。

3. 气调库气密性检测

在气密性检测前一周首先检查库体有无破损、漏气情况，如果存在首先要用密封胶等材料进行刷库，然后密闭库门，开始打压检测。打压可用功率较大的吸尘器进行打压，打正压两个水面相差 20mm（196Pa），待稳定后开始计时，20min 后降半压（单柱打压 10mm（98Pa）水柱，20min 降半压即为合格。否则，气密性就不是很好。

4. 清扫库房卫生

提前一个月对冷库库存间、穿堂以及预冷间进行卫生大扫除，同时开展病媒生物的防治工作，检查冷库挡鼠板的闭合程度，蜚蠊等病媒生物防治措施。在猕猴桃入库前 3～5d 用水管给地面浇水，使地面始终保持湿润状态以尽量避免猕猴桃存入后因地面干燥和蒸发器长时间运转而致使猕猴桃急速脱水。

5. 冷库机械设备检修

提前一个月进行检修，需要保养的及时进行保养，需要维修的及时修好。首先是制冷机组的检修，必须按照贮藏的设定温度进行开机试机，记录好到目标温度所需要的时间，和往年的试机时间进行对比，看是否正常，在检查冷媒是否欠缺、高低压、化霜、蒸发器等运行是否正常，风机运转方向是否正确等；制氮机、乙烯脱除机、二氧化碳脱除机等设备是否正常；冷库分选设备、包装设备的检修等。

（二）库内环境消毒处理

1. 熏蒸消毒

对存放库房进行密闭消毒。注意远离易燃物。熏蒸消毒时必须佩戴防毒面具，两人操作，一人在库内，一人在库外。

（1）甲醛高锰酸钾消毒。以甲醛与高锰酸钾 2∶1的质量比，将甲醛溶液缓慢注入盛放高锰酸钾固体的器皿中，然后密闭库门熏蒸。每 $1m^3$ 用 40％的甲醛溶液 10mL 与 5g 高锰酸钾混合。密闭 48h，通风 72h，直至无刺激异味。

（2）硫黄消毒。每 $1m^3$ 用 5g 硫黄点燃进行消毒，密闭 24h，通风 24h。

（3）二氯异氰尿酸钠以及腐霉利烟熏剂进行熏蒸消毒。具体用量以说明书的用法用量为准。

（4）臭氧消毒。每 $1m^3$ 库房用 15mg 臭氧进行密闭消毒。

2. 喷洒消毒

(1)0.5%~1.0%的漂白粉水溶液喷洒冷库。

(2)1%~2%高锰酸钾水溶液喷洒冷库。

(3)过氧乙酸、次氯酸钠等表面消毒剂依照说明书兑制水溶液进行喷洒。

周转箱以及托盘在消毒之前一定要用水进行清洗。周转箱、托盘等辅助器具在使用前也要进行消毒,如果都在库里存放,在给库房消毒时一并消毒;或者是用0.5%的漂白粉水溶液或0.5%的硫酸铜水溶液刷洗,暴晒干后备用。

熏蒸后的冷库,气味排完后才能入库预冷或贮藏,喷洒消毒的库间可马上使用。

(三)预冷库准备

对于专用预冷库,入库前3~5d开机降温,将库温降至0℃,以便鲜果进入后尽快达到预冷温度。没有专用预冷库的,选择靠近入库通道的库间作"预冷间",待最后一批鲜果入库后该库间再作为正常贮藏库使用。鲜果入库的预冷过程一般采取分步式降温,24h内降温至10℃,48~72h内降温至5℃。当果心温度降至5℃时,转入贮藏库降温至预定贮藏温度,湿度保持在90%以上。

(四)人员培训

对冷库管理人员进行技术培训,熟练掌握贮藏技术规程和制冷机械操作保养技术。

三、贮存果的准备

(一)贮藏品种的选择

(1)不同的猕猴桃品系耐贮藏能力差异比较大。总体来说,美味猕猴桃系比中华猕猴桃系贮藏时间长;硬毛品种比软毛品种贮藏时间长;绿肉品种比黄肉、红肉品种贮藏时间长;晚熟品种比早熟品种更耐贮藏。

(2)不同品系的不同种耐贮性也有一定的差异。美味猕猴桃"海沃德""哑特""金魁""秦美"就耐贮藏,而"徐香""翠香"长期贮藏能力较差。中华猕猴桃"华优""黄金果""金艳""金桃"较耐贮藏,"红阳""西选二号"贮藏能力差。

(3)同一品种不同的种植区域、不同的管理水平对贮藏期的长短有很大的影响。滥用大果灵的果实不耐贮藏、重施化肥、树体郁闭光照不足的不耐贮藏,超负载挂果及发育不全的果实、黄化果、畸形果不耐贮藏,年日照时数低的、干物质积累少的不耐贮藏。在同一批猕猴桃中,中等大小的果实较耐藏,在同一树冠的果实中,光照好、着色充分的果实耐贮藏。

(二)确定采收期

(1)可溶性固形物。含量在6.5%~9%之间。

(2)果实硬度。达到7~10kg/cm^2(<7kg/cm^{2}耐贮性差)。

(3)果实干物质。把猕猴桃果实中所有的水分去除了以后,所有剩下的东西就是干物质。猕猴桃的干物质由 3 个部分组成,一是果实内可溶性的糖和酸;二是果实内不可溶的淀粉、胶质/蛋白质和油溶性的烃类、醚类等有机物质;三是微量元素物质。贮存猕猴桃果实的干物质应该不低于 15%,在硬度保障的情况下,干物质越高越耐贮,即食处理后品质越好。

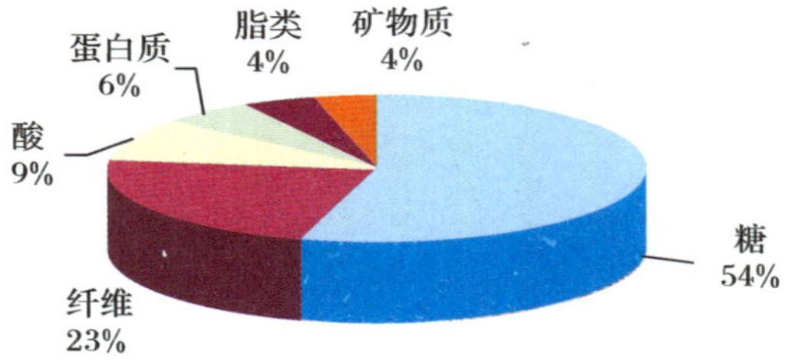

图 10-1 猕猴桃果实干物质的构成成分

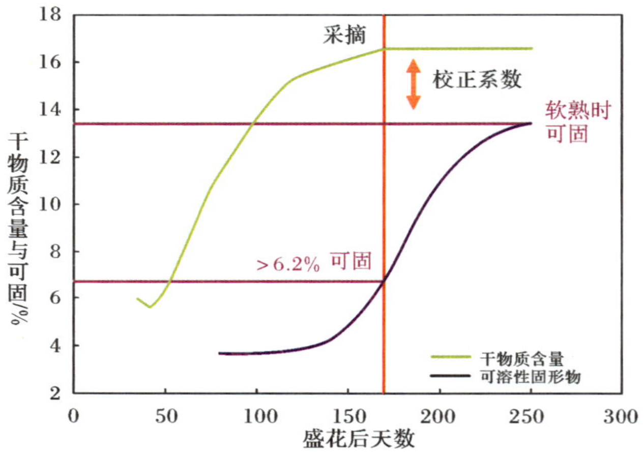

图 10-2 猕猴桃果实采收时干物质与软熟时可溶性固形物含量的关系

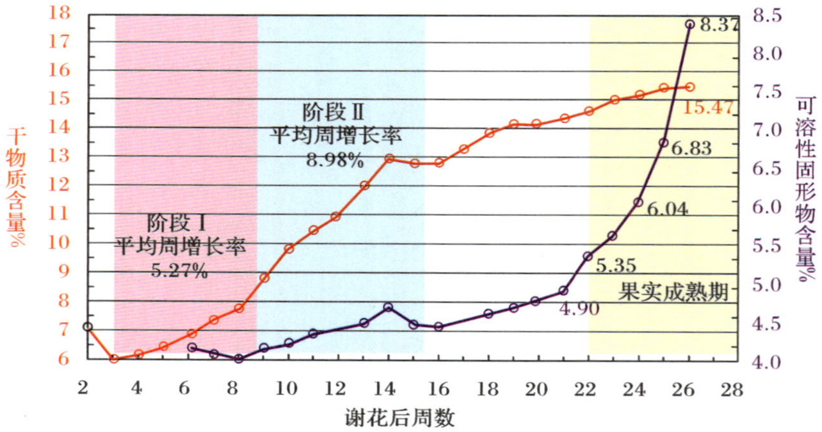

图 10-3 金艳猕猴桃果实干物质与可溶性固形物含量变化动态

(4)果实比重。果实比重达到或高于 1.045g/cm^3,品质比较好,符合要求。如果果实比重低于 1.039g/cm^3,就是没达到采收成熟度。

(5)果实生长期。陕西地区秦美从盛花期到采收 156d,哑特 160d,海沃德 163d。

(6)外观变化。美味猕猴桃果实毛色褐色加深,叶片大部分老化,果梗与枝条离层逐步形成,果易摘下,果肉色泽达到翠绿色或黄亮色,红心品种红色部分着色充分,色度饱满,籽粒充分成熟呈黑褐色。

(7)成熟期。秦美、哑特 10 月上中旬成熟,海沃德 10 月中下旬成熟;西选二号、红阳 9 月中下旬成熟,黄金果、金桃、华优 9 月底成熟。

(8)霜降后果实会有轻微弹性,此时采的果不宜长期贮藏,不能补库贮藏。

(三)采前处理

采前 20d、10d 分别喷 0.3%的氯化钙加甲基硫菌灵等广谱性杀菌剂各一次(注意严格按照安全间隔期的要求和使用浓度喷施)。

(四)采收

贮藏所用果实应新鲜、周正、无粉尘污染、无畸形、无日灼、无病虫害及其他损伤,具有该品种固有的色泽,猕猴桃质量符合绿色食品标准规定。

1. 采收时间

露水干后的早晨或傍晚气温较低时采收为好,尽可能避开雨天、雾天、带露水的清晨进行采收,采收后的猕猴桃及时运往冷库,在田间地头临时堆放和转运过程中一定要做好防雨淋和日灼措施。

2. 采收技术

采收时,从果梗与果实离层处摘下,装入可盛果实 15kg 左右的塑料箱或木筐内,周转筐不宜过大。

3. 避免机械伤

采果时剪指甲、戴手套、轻拿轻放,防止机械碰压伤,禁止饮酒采果搬运,尽量缩短果园和贮藏冷库之间的运距。

4. 采收工人培训

对采收工人进行分组,每组都配备一定数量的熟练工,熟练工的比例最少占 30%以上。在开始采收进地前进行培训,主要是质量标准的培训,也要对采收方法、人员安全等进行培训,在采摘过程中,熟练工对新工人进行现场指导。

(五)贮藏果质量要求

贮存的果实应是优质猕猴桃产区采收的特级、一级和二级果实。不宜入库贮藏的果实包括:幼树、旺枝上的果实,过量施氮肥的果实,雨期采收的果实(含露水果),采前大量灌水果园采收的果实,棚架下过于荫蔽的果实,病虫危害的果实,叶片黄化树上的果实，灼伤的果实，有机械损伤的果实和畸形果实，使用生长激素的果实，使用催熟剂的果实。采收时要轻拿轻放，避免一切机械损伤。采后要放在干净的塑料筐内，并及时运往贮藏场所。

1. 猕猴桃采收前农残检测

在采收前20d内完成计划采收果园的农药残留检测工作，抽检要涵盖所有的目标果园，抽检比例规定如下：

表 10－1　果园抽检比例

果园面积	取样份数
60亩以上	每30亩一份样品
30～60亩	2
30亩以下	1

注：每份样品3kg。

2. 重金属抽检

在每个片区取一份样品检测重金属指标。果实当中的重金属主要来自土壤，而每个地区土壤当中的重金属指标是相对稳定的，除非有重工业、矿业或化工等外源污染，所以收购基地周边都不得有此类工业污染企业存在。

3. 成熟度检测

（1）果园成熟区域划分。

表 10－2　猕猴桃园分区及取样

单个果园面积	分区及取样量
30亩以上	每30亩为一成熟区，每成熟区每次监测取样至少30个果实
30亩以下	由相邻的数个果园构成的约30亩面积为一成熟区，每次监测取样至少30个果实

（2）监测开始时间。

表 10－3　不同品种及产地监测表

品种	产地	开始时间	频率
翠香	周至	8月初	每7d1次
徐香	眉县、周至	8月中	每7d1次
海沃德	周至、渭南	9月中	每7d1次
红阳	四川	7月初	每7d1次
东红	四川	7月初	每7d1次
金艳	四川	9月中	每7d1次
金桃	西峡	7月中	每7d1次

(3)监测样品采集。每成熟区每次监测随机摘取果实至少30个，组成一份样品。在早上10:00或下午3:00左右取样，从种植区随机选取有代表性的结果树至少15株（边行和两端的树株不选），在每株的中部摘取两个果实（不能采伤、残、次、遭病虫害的果实）。

(4)检测指标。样品采集后，测定单果重、可溶性固形物含量（SSC≥6.5%且样品果实SSC在6.0%以上的比例≥80%）及干物质含量（DM>14.5%）、硬度、种子颜色和数量（黑色种子≥97%），3个指标同时满足后即可采收。红心品种需增加测定果肉色彩度。

(5)红阳猕猴桃干物质及可溶性固形物含量6.5%为可采收指标，7%为最佳可采收指标。也可以参考色度角作为采收期指标，成熟期末期的糖度上升很快，很容易错过最佳时机，因此，果实的可溶性固形物达到6%以后，定期检测显得尤为重要。

(6)最低采收成熟度。最低采收成熟度以成熟区果实的平均可溶性固形物含量计，一般最低采收成熟度为可溶性固形物含量≥6.5%。

(7)对质检人员进行质量标准培训。从7月下旬开始，对所有与种植、生产加工和贮存相关的人员进行培训，包括新入职员工的上岗前培训，明确质量控制的方法和具体质量标准。质检员保持密切沟通，随时提供技术支持。

四、果实入库前准备

（一）愈伤处理（晾果）

猕猴桃在长时间生长后采收，果实含水量高呼吸旺盛，加之采收过程中的挤压碰撞和滚动等形成的机械损伤，容易在采收后感染病原微生物，也容易形成生理伤害。猕猴桃果实采收后在阴凉、干燥、通风环境下进行愈伤处理，有利于果实适应采后的环境，特别是采摘过程形成的果柄撕裂能够快速愈合，减少霉菌感染，通过愈伤过程自然降温可以有效降低呼吸消耗，有利于保鲜，因此及时降温对水果贮存非常重要。新西兰在猕猴桃采后愈伤处理方面非常完善，对于耐贮海沃德在常温下愈伤处理72h，可以有效减少采后霉烂果实比例，提高猕猴桃的耐贮性。入库前果实的愈伤锻炼即将装好箱的猕猴桃先在15℃左右的温度下放置24～48h，再入库贮藏。

（二）分选包装

(1)对采后马上上市销售的果实，愈伤后即可分选包装，之后根据实际的天气条件及运输距离长短选择常温运输或冷藏运输，若采用冷藏运输，装车前需对货品进行充分预冷。

(2)对需要进库存贮的原料果进行分级后，分类贮存，最好单级单品分库存放。对短期（一般指3个月内）贮存的猕猴桃可以采用机选分级存放，需要长期存放分级果的，可以采取人工筛选，以减少在分级过程中造成的机械碰压伤。

(三)预冷

猕猴桃入库前需要对入库猕猴桃进行预冷，预冷温度5℃，湿度保持在90%，预冷时间36h。预冷是一个冷锻炼，经过预冷阶段的猕猴桃可以减少冷冻害的发生，另外还可以适当延长贮藏期。

五、入库的方法及要求

(一)进库量

每天入库量不得超过整体库容的20%，正常入库冷库需要保证平均每天每间库房入原料果切记不可超量，否则库温将很难很快降到设定参数，影响后期贮藏质量。经过预冷的猕猴桃一次可以多进库一些。所有入库方式进库量的标准是在当天入库结束后能够在12h内将温度降到目标温度。

(二)码垛要求

(1)果箱应按等级分垛堆码，货垛排列方式、走向及间隙以利于空气流通为原则，下图所示(箭头方向为气流方向)的是3种码垛方式及气流方向。

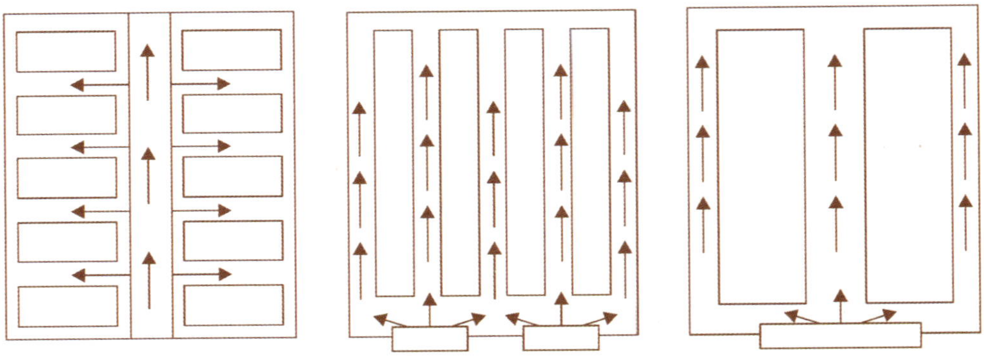

图10-1　码垛方式及气流方向

(2)库房码垛的总原则。风道直吹方向码垛高度要低于风机下沿，靠两边可高些；托盘码垛时，托盘的面要和风向平行，要有通道便于进库检查和取样。果箱分级分批堆放整齐，底部垫板高度10～15cm，如果两层托盘时，上面一张托盘宽口面与风机风向平行。果箱堆垛距墙≥20cm，距库顶≥80cm，距冷风机≥150cm。果箱堆垛要有足够的强度，并且箱和箱上下能够镶套稳定。箱和箱紧靠成垛。标准托盘120cm×100cm，果垛距冷风机不小于150cm，垛与垛之间距离大于30cm；库内通道100～120cm。主风道宽30～40cm，小风道宽5～10cm。

气调库不留检测通道，检测样品放置于气调窗小门口或者上部观察窗容易取到的地方(检测样品要具有代表性)。

码垛最顶一层要用麻袋、透气的毛毡等盖好，以防冷风冻害和皱缩失水。

(3)注意事项。

1)同一贮藏库内最好只贮藏同一产地、同一品种的猕猴桃,尽量避免不同品种、不同产地的猕猴桃混存。

2)入库前及入库过程不加湿,以减少果实表面凝结水,增加果实愈伤能力,降低霉菌污染。

3)入库过程应该记录原料果实的生产地区、入库日期、入库品种、数量等信息。以便于质量跟踪检查。

六、贮藏参数设定

(一)贮藏参数设定原则

依据不同品种、产地、成熟度等设置不同的贮藏参数。贮藏参数确认后,贮藏过程中可以根据市场要求、库内猕猴桃的变化进行修改或者微调。

(二)冷藏库参数设定

普通冷藏库的温度设定依据贮藏猕猴桃的品种和理化检测指标来进行设定。目前大的温度设定原则为:美味系列果心温度为0~1℃,其中翠香、哑特、海沃德、瑞玉等品种在这个温度范围的偏上区间设定,徐香、秦美等品种在这个温度范围的偏下区间设定;中华(红黄肉品种)系列果心温度为1~2℃,其中红阳、东红等品种在这个温度范围的偏上区间设定,金艳、金桃等品种在这个温度范围的偏下区间设定。前期温度稍高,随着时间推移逐渐降低,依据每次检测温度适当调整其贮存温度。贮存期间尽量减少开门次数,减少温度波动,使库温保持稳定。相对湿度保持在>95%即可。

预冷后的猕猴桃快速入库后封闭库门,为保证库内湿度还需在地面加适量的水,使地面保持长期湿润状态。

需要用保鲜剂处理的贮存猕猴桃的库房要求温度稳定在2℃后一周内由厂家组织实施保鲜剂处理,其间应按照商家提供的技术说明方案实施。

(三)气调库参数设定

预冷后的原料果要快速移至气调库,要求:分批次入满一间冷库后迅速降温,库温设定为2℃,果心温度稳定在2℃时,库内湿度保持在95%以上(封库后7d内不要开启加湿器),保持库内温度稳定。随着贮藏时间的增加,参考每次库内检测温度的变化,温度适当下调,其间一定要注意温度过低会产生冷、冻害。

库房入满后封闭库门,门匹周用密封胶封闭处理。

封库前保持加湿设备及照明和冷风机运行正常无隐患,为保证库内湿度还需在地面加一定量水,保持地面长期湿润。

库房温度稳定后开启气调设备进入快速降氧程序,在30h内将氧降至5%~7%。具体实施时可突击每间气调库集中降氧,待氧气含量降下来后所有库房同时开启降氧。

表 10-4　主要猕猴桃品种气调指标

品　种	温度/℃	二氧化碳/%	氧气/%	湿度/%
徐香	0.0～0.5	3～5	2～3	≥95
翠香	0.5～1.0	3～5	2～3	≥95

每年气候变化、降水量等也对猕猴桃的贮藏有所影响(每年的气候、降雨量等可在当地气象部门索获取),所以每年的贮藏参数会有所变化,这点尤为重要。定时监测库内氧气与二氧化碳指标含量的变化,保持此项指标的持续恒定,不间断开启乙烯脱除设备,轮番对各气调库进行乙烯气体的洗涤。入库时,每批入库托盘上层每箱取4～6个猕猴桃,集中放在一个箱子,封库时集中放在库房气调小窗口下或者上部观察窗附近,以便库检时取样用。

七、贮藏期间管理

(一)库存猕猴桃监测

1. 检测项目

封库前对各库进行一次抽样检测,测试果心温度、糖分、硬度、干物质指标。

2. 检测频率

入库后前两个月检测3次,贮藏中期(3～5个月)每月检测两次,贮藏后期(5个月以后)每周检测1次。

3. 检测内容

包括外观变化、脱水情况、有无霉菌、硬度、糖度等,检查后将每次检查的结果详细记录。气调库在气体成分稳定后,每天定时巡查,每3h检查记录一次。

4. 取样位置、方法、数量

每库取1份样品,果实取自库里的6个样点,每点至少抽取1～5个果实,样品果实尽可能从表层以下的第3层抽取。

5. 测定指标

将样品出库后,至少在常温回温30min之后,测定果实硬度(kg/cm^2)及可溶性固形物含量(SSC%)。

6. 果心温度测定

在每次取样的当天,在各库5～6个不同的样点分别固定一个果实,在库内测定这5～6个果实的果心温度。(注:果心温度一定要在库内测定,测定果心温度的样果在测定结束后带离冷库无害化处理。)

7. 预警极限

果心温度在设定温度范围之外0.5℃及以上时,排查原因并采取应对措施;当测得果实可溶性固形物含量高于12.0%时，当监测到果实硬度低于2.5kg时，或统计得病果率高于5%时，确定出库时间和销售区域，及时出库销售。

(二)贮藏期间管理

1. 贮藏温度

猕猴桃在贮藏期第1个月，温度应控制在0.5～1.5℃之间，后期温度可控制在0～1.0℃之间，因品种不同最低温度要求各有不同。库内温度的波动幅度不超过±0.5℃，要求温度的设定必须准确，每年都必须对温度计进行校正。封库时，用经校正后的水银温度计多点放置于库房内，以观察库内温度(不少于3%)，并与库房仪表显示温度做比较以相互印证。如果有果心温度计的话，在每次检测时间进行检测，数据会更加准确。

库内贮藏温度必须稳定，上下波动不能太大，还应注意5个问题：①库内不同部位的温度可能有差异。为此，要在库内的四角及中部高1.5～2m的位置处分别挂温度计。②一般靠近冷风机以及冷风口的部位温度较低，这些部位的猕猴桃要注意增加保温措施。③由于包装及猕猴桃呼吸热等原因，果实的温度与库温存在一定差异，适宜贮藏温度应以果心温度为准。④猕猴桃入库阶段，每天至少观测1次温度，后期至少每2d观测1次，并做好详细记录。⑤中华系猕猴桃的贮藏温度要高于美味系的，入库前均须做果实愈伤处理，进行冷锻炼，以促使伤口愈合，避免生物病原菌侵染。愈伤冷锻炼中华系品种需24h左右，美味系品种需24～48h，冷锻炼后要快速将果实温度降到贮藏温度。

2. 贮藏湿度

相对湿度90%～95%，可采用毛发湿度计或感官测定，感官测定可参考观察在冷库内浸过水的麻袋，3d内不干，表示冷库内相对湿度基本保证在90%以上，湿度不足时，立即采用冷库内洒水、开启加湿器(超声波加湿)等方法增加湿度。目前新建冷库都有加湿器，可以通过湿度传感器来读取记录湿度数据。库内保湿方法：①缩小制冷剂蒸发温度与库温的差别，从而减少蒸发器的结霜。②在库内地面定期喷洒高锰酸钾水溶液，以保持地面湿润。③果箱套袋，减少果实的水分损失。④在库内安装补湿装置。

3. 气体成分

气体成分稳定后每3h测定气调库内气体成分1次，并做好记录。

4. 通风换气

猕猴桃代谢产生的乙烯气体和挥发性芳香物质会促进猕猴桃果实的后熟和衰老，因此，库房须进行适当的通风换气。贮藏第1个月换气两次，后期每周换气1次。通风换气应在夜间或早晚低温时(气温最接近库温时)通过进风口和排风口进行，每次大约30min(若无换气设备则开门换气,风机必须转动1次)。要避免换气造成库温的较大波动。不宜在雨天、雾天、中午高温时换气。

5. 臭氧杀菌

贮存中期,可采用臭氧杀菌的方式对库内猕猴桃进行杀菌处理。通入频率为1次/3d,浓度为3mg/m^3。通入臭氧和机械冷库通风换气至少间隔4h。针对气调冷藏,在开启气调设施前,可按机械冷库操作方式通入臭氧。臭氧量计算公式:所需臭氧量(g)=3×库容/1000。

臭氧发生器使用时间(分钟)=所需臭氧量(g)/设定每小时产生的臭氧量(g)/60

臭氧超过浓度3×10^{-6}时对人体有影响,消毒期间,应禁止人员进入库房。

臭氧达到所需的浓度时,即关闭臭氧发生器,臭氧降解快,所以继续让臭氧在密闭库房自行降解。建议可当天傍晚启动消毒,到第二天臭氧应已基本降解完毕,这样对库房操作影响小。

6. 定期查验果实质量

应对库内贮藏的猕猴桃进行定期检查,查看果品是否有失水、霉烂情况,是否发生生理伤害,质地和风味是否正常等,发现问题及时解决。

八、1－MCP及其在猕猴桃保鲜上的应用

猕猴桃是典型的呼吸跃变型水果,和其他同类型水果相比,猕猴桃对乙烯特别敏感,脱除乙烯是猕猴桃贮藏保鲜成败的关键。目前,脱除乙烯的方法普通冷藏库一般采用以高锰酸钾为主要原料的乙烯吸附剂吸附,气调库采用乙烯脱除机过滤脱除库房环境中的乙烯。这些传统的物理方法都存在各种各样的问题,制约了猕猴桃贮藏保鲜技术的发展和贮藏效果。以1－MCP为主的化学除乙烯,已经成为引领果蔬保鲜技术的佼佼者。

(一)1－MCP简介

1－甲基环丙烯(1－Methylcyclopropene)简称1－MCP,是20世纪末发现的最优良的果蔬花卉保鲜剂,它既能抑制植物内源乙烯的产生,又能抑制外源乙烯的作用,从而起到延缓衰老和保鲜的作用。1－甲基环丙烯是一个小环烯烃,常温常压下以气体状态存在,无色无味,沸点约为12℃,正常情况下1－MCP分子内存在较大的张力,故极不稳定,常温下一般只存在2h左右,以气体状态存在受到不良环境(氧化、紫外、辐射等)影响很容易降解失去活性。国内外均在合成出1－甲基环丙烯气体后,立即使用包结物进行包覆或者使用吸收剂进行吸收,制成稳定的制剂产品,产品主要以固体和液体两种形式存在。

(二)作用机理

1 - MCP 与乙烯具有相似的化学性质,都能吸引乙烯受体中金属离子的电子并与之配对,但两者的结合呈竞争性。特别是 1 -甲基环丙烯能有效地与乙烯竞争结合到受体蛋白上吸附电子,从而阻碍乙烯与其受体的正常结合,导致乙烯作用信号的传导和表达受阻。1 - MCP 是高效的乙烯合成抑制剂,在植物代谢中 1 - MCP 优先与乙烯合成的受体结合,其结合能力是乙烯的 10 倍,垄断性占据了乙烯合成的受体,从而大大减少乙烯的生成。乙烯的缺乏阻断了催熟信号的传递,因而发挥延缓成熟的作用。

水果采后成熟和衰老,主要源于乙烯对果实采后生理变化的影响。当猕猴桃果实接近成熟时,果实不断合成乙烯,导致果实淀粉转化、果酸和果胶酶降解果实硬度下降等。因此调控猕猴桃采后乙烯的生物合成,是调控猕猴桃采后衰老延长贮藏保鲜期的基本途径。1 - MCP 在果品、蔬菜、花卉等农作物保鲜方面应用广泛,主要应用于香蕉、苹果、猕猴桃、芒果、梨、桃、杏、李、葡萄等水果的保鲜。

(三)问题及评价

1. 存在的问题

尽管 1 - MCP 在延缓果实后熟衰老、延长市场供应周期等方面有非常重要的作用,但猕猴桃是需要后熟的果实类型,猕猴桃正常后熟是判断猕猴桃质量的重要指标。由于 1 - MCP 产品质量参差不齐和过量、欠量使用,加上采收成熟度低、冷害、软化、腐烂、不同品种对 1 - MCP 处理敏感性不同、过量使用 1 - MCP 或使用质量不达标产品造成果实不后熟等。主要原因是以下几点:

(1)产品浓度不稳定,产生的效果也就不稳定,特别是对于储存时间长的水果,效果差异更大。

(2)产品的包裹物、吸附物、催化液、催化片不同,1 - MCP 的释放稳定性也就不一样。

(3)不同厂家杂质分离技术有差别,也会影响产品质量。

2. 产品评价

1 - MCP 产品选择时应注意以下几个方面:

(1)选择通过农业部合法登记在猕猴桃应用上的 1 - MCP 产品,目前在国家登记的 1 - MCP 产品有 24 个(见表 10 - 5)。

(2)严格按照猕猴桃登记的浓度范围使用。

(3)拒绝使用"三无"产品(无生产日期、无质量合格证、无生产厂家),拒绝使用过期及存在缺陷的产品。

（4）做好常规贮存管理及质量管控，不过分依靠1－MCP。

表 10－5　1－甲基环丙烯农药登记数据

登记证号	农药名称	农药类别	剂型	总含量	有效期至	登记证持有人
PD20131624	1－甲基环丙烯	植物生长调节剂	微囊粒剂	0.014％	2028－7－29	美国阿格洛法士公司
PD20182677	1－甲基环丙烯	植物生长调节剂	发气剂	12％	2028－7－23	株式会社 福阿母韩农
PD20182516	1－甲基环丙烯	植物生长调节剂	微囊粒剂	0.014％	2028－6－27	陕西北农华绿色生物技术有限公司
EX20230077	1－甲基环丙烯	植物生长调节剂	可溶粉剂	3.3％	2028－6－20	山东奥维特生物科技有限公司
PD20080475	1－甲基环丙烯	植物生长调节剂	微囊粒剂	3.3％	2028－3－30	美国阿格洛法士公司
PD20171589	1－甲基环丙烯	植物生长调节剂	粉剂	0.03％	2027－8－20	江苏省农药研究所股份有限公司
PD20171105	1－甲基环丙烯	植物生长调节剂	微囊粒剂	0.03％	2027－5－30	西安鼎盛生物化工有限公司
PD20170964	1－甲基环丙烯	植物生长调节剂	水分散片剂	0.18％	2027－5－30	龙杏生技制药股份有限公司
PD20212764	1－甲基环丙烯	植物生长调节剂	粉剂	0.03％	2026－10－19	江苏建农植物保护有限公司
PD20110872	1－甲基环丙烯	植物生长调节剂	可溶液剂	1％	2026－8－16	山东奥维特生物科技有限公司
PD20210991	1－甲基环丙烯	植物生长调节剂	粉剂	3.3％	2026－6－10	陕西新德益农作物保护有限公司
PD20210989	1－甲基环丙烯	植物生长调节剂	粉剂	0.03％	2026－6－10	山东省青岛丰邦农化有限公司
PD20210202	1－甲基环丙烯	植物生长调节剂	粉剂	3.3％	2026－3－10	安徽金泰农药化工有限公司
PD20210201	1－甲基环丙烯	植物生长调节剂	颗粒剂	3.3％	2026－3－10	鹤壁全丰生物科技有限公司
PD20210199	1－甲基环丙烯	植物生长调节剂	粉剂	3.3％	2026－3－10	江苏省扬州市苏灵农药化工有限公司
PD20210198	1－甲基环丙烯	植物生长调节剂	颗粒剂	3.3％	2026－3－10	商洛市商州农药厂
PD20152252	1－甲基环丙烯	植物生长调节剂	微囊粒剂	3.3％	2025－9－24	陕西北农华绿色生物技术有限公司

表10-5（续）

登记证号	农药名称	农药类别	剂型	总含量	有效期至	登记证持有人
PD20151537	1-甲基环丙烯	植物生长调节剂	片剂	2%	2025-8-3	美国阿格洛法士公司
PD20151445	1-甲基环丙烯	植物生长调节剂	粉剂	0.03%	2025-7-30	山东奥维特生物科技有限公司
PD20200163	1-甲基环丙烯	植物生长调节剂	粉剂	0.03%	2025-3-22	黑龙江省大地丰农业科技开发有限公司
PD20200017	1-甲基环丙烯	植物生长调节剂	粉剂	4%	2025-1-19	江苏建农植物保护有限公司
PD20142563	1-甲基环丙烯	植物生长调节剂	微囊粒剂	3.3%	2024-12-15	张家口长城农药有限公司
PD20190198	1-甲基环丙烯	植物生长调节剂	片剂	2%	2024-11-21	山东奥维特生物科技有限公司
PD20190196	1-甲基环丙烯	植物生长调节剂	粉剂	3.3%	2024-11-21	山东奥维特生物科技有限公司

（四）以美国阿格洛法士公司生产的聪明鲜为例介绍1-MCP在猕猴桃中的规范使用

1. 农药登记证

农 药 登 记 证

登记证号： PD20151537

总有效成分含量： 2%

登记证持有人： 美国阿格洛法士公司

有效成分及含量： 1-甲基环丙烯/1-methylcyclopropene(1-MCP) 2%

农药名称： 1-甲基环丙烯

剂型： 片剂

农药类别： 植物生长调节剂

毒性： 微毒

使用范围和使用方法：

作物/场所	防治对象	用药量(制剂量/亩)	施用方式
梨	保鲜	56-112毫克/立方米	密闭熏蒸
猕猴桃	保鲜	28-56毫克/立方米	密闭熏蒸
苹果	保鲜	56-112毫克/立方米	密闭熏蒸

备注： 2023年11月21日，增加梨保鲜。

首次批准日期： 2015年8月3日

有效期至： 2025年8月3日

中华人民共和国农业农村部

2023年11月21日

2. 产品类型

(1)剂型。片剂。有效成分含量2%,净含量0.03盎司即0.84g。

(2)剂型。微胶囊。有效成分含量0.014%,净含量0.625g/袋。

3. 1-甲基环丙烯在猕猴桃上使用标准

1-甲基环丙烯(1-MCP)为气态,在猕猴桃上的使用要进行熏蒸处理,熏蒸的剂量(浓度)对猕猴桃保鲜效果影响很大。1-MCP在猕猴桃上的使用要注意以下几点:

(1)明确需要处理冷库的体积V(长×宽×高)m^3。

(2)处理前猕猴桃果实入库已经结束。

(3)1-MCP处理猕猴桃果实温度1~15℃,处理最佳温度2~6℃。

(4)可以根据猕猴桃果实的硬度和可溶性固形物确定处理浓度见表10-6。

表10-6　不同品种猕猴桃1-MCP浓度推荐表

硬度 kg/cm²	可溶性固形物/%	推荐浓度×10⁻⁶	备注
>9.0	<7.5	0.25~0.4	
9.0~6.0	7.5~10.0	0.4~0.5	
<6.0	>10.0	0.5~1.0	

$$\text{目标浓度}=\frac{22.4\times 1-\text{MCP 浓度}\times\text{使用量}/54}{\text{冷库体积}}$$

注:54为1-MCP的摩尔质量,单位:g;22.4为标准状况下1-MCP气体的摩尔体积,单位:L。

4. 1-MCP的使用量与产品浓度、冷库体积及处理浓度有关

其计算针对具体产品(以聪明鲜为例)。

猕猴桃冷藏库用的1-MCP产品剂型为片剂,有效成分含量为2%,登记作物梨、猕猴桃和苹果,施用方式为密闭熏蒸,用药量为28~56mg/m^3(0.25×10^{-6}~0.5×10^{-6})。如果冷库体积为450cm^3,片剂的使用量为:

$$450m^3\times(28\sim56)mg/m^3=12.6\sim25.2g$$

计算好1-MCP的使用量后,使用生产厂家配套的产品释放辅助制剂及设备(聪明鲜片剂配备有辅助的催化液和催化片,以确保1-MCP的完整释放)。

在库内进行1-MCP的释放,迅速撤离库房,封堵好冷库门窗等。1-MCP在冷库熏蒸处理时间为24h。

1-MCP处理期间禁止使用臭氧、高锰酸钾、二氧化氯、紫外灯等。

5. 1-MCP对猕猴桃的影响及注意事项

1-MCP在猕猴桃上的合理使用,可显著延缓猕猴桃贮存及货架期硬度下降。

用 1－MCP 的猕猴桃，呼吸强度降低一半左右，果实的糖分和有机酸消耗减少，所以仍然能保持酸甜适口、多汁的风味口感。

猕猴桃果实在成熟时，维生素 C、总酚、类黄酮、花青素等营养成分含量最高，伴随着衰老的过程，这些营养成分逐步下降。1－MCP 延缓了果实的养分流失。

1－MCP 降低了果实呼吸速率，一方面降低了水分的自然消耗（减少干耗）。另一方面它延缓果实衰老，增强果实抗病能力，延缓了果实的腐烂损失。

使用 1－MCP 处理，抑制了猕猴桃果实后熟的过程，会影响到果实香气物质的配比。

猕猴桃早采或者使用高浓度 1－MCP，会造成果实后熟期过长，不易变软。

经过 1－MCP 处理的猕猴桃，可适当提高贮藏温度 0.5～1.0℃。

九、猕猴桃出库

贮藏猕猴桃应按销售计划和市场需求情况安排出库。包装、搬运过程中要注意轻拿轻放；当外界气温较高时，出库时最好在预冷库经过中间温度过渡，避免猕猴桃结露、出水、发霉；猕猴桃如要运往气温高的地区销售，一般应用冷藏车运输。

（一）猕猴桃出库理化指标

出库后至销售前果实硬度应保持在 2～4kg/cm^2，硬果率≥93%，商品果率≥96%。果实的可溶性固形物含量应保持在 12.0%～15.0%。

贮后果实感官标准：外观新鲜，色、香、味、形均好，果蒂鲜亮不得变暗灰色。

需要做即食处理的进入催熟库处理后上市销售，催熟要求硬度、可溶性固形物含量以客户要求为准，也要考虑销售目的地所在城市和沿途气温等因素。

（二）猕猴桃的出库

1. 气调库出库

按照先进先出的原则出库。在春季外界温度高时采取阶梯升温的办法进行出库。进入气调库前应先解除气调贮藏设置，开启气调库小门逐步升氧，12h 后（O_2≥18%）可开启库门出库，出库时，快速出库，及时关门。库门开启后应尽快将猕猴桃出完。

2. 普通冷藏库出库

按照先进先出的原则出库。开库后，尽可能地及时出完。猕猴桃出库完毕后，应对库房进行彻底的清扫消毒，并进行通风换气，以清除异味。

3. 注意事项

（1）猕猴桃原料出库前，对库房加湿器和温度进行适当的调整，以适应出库后的生产要求。

(2)出库后减少果实表面水汽的凝结,能够有效减少货架期霉菌的二次感染。

(3)减少果实在高温环境停留的时间,3月份以后建议在冷环境进行包装作业,尽量防止果温波动过大,减少果实表面的水凝结。

(4)减少频繁出入库预冷,尤其是外界温度较高时。

(5)包装好的成品应及时入库,不宜在高温环境下长时间贮存。

十、猕猴桃采后病害及损耗预防

猕猴桃采后病害是影响猕猴桃经营和产业健康发展的最重要因素之一,猕猴桃采后病害可以分为侵染性病害和生理性病害。

(一)侵染性病害

由病原微生物侵染果实而引起的病害。绝大多侵染病害都是在采收前侵染,在采收后的一段时间内不表现任何症状(潜伏侵染),采收以后随着果实衰老或者随着抗病性的降低,果实表现病害症状。猕猴桃侵染性病害一般包括:梗端霉烂、局部软烂(水烂)、成品霉烂。

侵染性病害发生的3个条件:病原菌、侵染途径、环境条件。因此侵染性病害的防治也要从这3个环节入手:加强采收前果园的病原菌控制,降低采收果实的病原菌基数;避免带雨/露采收,注意防止碰压伤及果实生长过程的物理性裂口(霜环、发育性裂口);做好包装厂人员和设施的卫生管理、减少成品包装和流通过程中的凝结水,可以有效减少成品的霉菌二次感染;做好贮存期的温度和湿度管理,快速预冷,减少贮存期间的温度波动。

(二)生理性病害

由不适宜的贮运环境引起的非菌类病害,形成生理性病害的原因主要包括:采前生长过程由于低温、高温、日灼、多雨、早采、机械损伤;采收后低温、高温、气体伤害、不适宜的湿度等。

猕猴桃采后生理性病害主要有:冻害、冷害、花脸、木栓化、纤维化等。

冷害是由于水果组织冰点以上的不适低温造成的伤害。冷害不易发现,在贮存期间不表现症状或者症状轻微,在出库后出现果皮或者果肉的褐变。猕猴桃采摘后可溶性固形物含量低对低温敏感,容易形成低温伤害,短时间的低温伤害在温度升高后症状缓解或消失,长时间的低温累积会形成不可逆的伤害,果实出现代谢紊乱表现为木栓化、纤维化或者凝胶状。

猕猴桃对二氧化碳不敏感,一般情况下低于5%的二氧化碳不会对贮存品质造成影响。当二氧化碳浓度超过果实的忍受极限时,就会使果实的生理代谢产生紊乱,果实(果皮、果肉、果核)组织就可能会发生病变。

猕猴桃“花脸病”是中华猕猴桃品系中容易出现的生理性病害，该病害表现为果皮不规则的灰褐色病变，其病害发生原因与果实的凝结水和二氧化碳有关。

猕猴桃货架期“木栓化”及“凝胶状”与猕猴桃果实贮存期的低温冷害有关，果实的干物质越低、贮存温度越低症状越严重。

第三节　猕猴桃即食技术

一、即食猕猴桃的概念

（一）定义

国内猕猴桃“买来即食”的高端市场需求应运而生的猕猴桃产品。即食型猕猴桃就是在良好的生态条件下，严格按照技术规范生产，达到一定硬度、可溶性固形物和干物质含量标准，适时采收入库预冷并后熟处理或通过预冷、贮藏再后熟处理，达到目标硬度和最佳风味及糖度标准，可以直接削皮食用的硬猕猴桃。

（二）即食猕猴桃的基本要求

硬度 2～4kg/cm^2，可溶性固形物含量大于 14%，果实内外硬度一致，无硬芯，果肉水嫩、软糯香甜，可削皮切片食用。

二、即食猕猴桃优缺点

（一）优点

猕猴桃维生素 C 含量高，营养丰富全面，但是必须经过后熟处理以后才可以食用。自然后熟后，果肉软化变色，维生素 C 等营养损失大，货架期短，严重影响了猕猴桃的消费市场。为了提高货架期，贮存、销售的各个环节都片面追求硬度，所以就造成了库里的管理人员通过过量使用保鲜剂、降低贮存温度等技术措施来延缓猕猴桃的硬度下降，这也就造成了消费者买回家后不能吃，过一段时间又坏掉了不能吃，造成了消费者想吃不敢买的问题，而即食猕猴桃恰恰可以解决这个问题。即食猕猴桃的优点一是消费者购买的时候就可以准确鉴别猕猴桃的质量，以免鱼目混珠；二是催熟后的即食猕猴桃由于经过工艺措施处理，后熟过程缩短，养分损耗小，糖度相对高一点；三是可以通过催熟处理后，正确鉴别库内存放的猕猴桃是否有冷害、保鲜剂过量、杀菌剂造成口味变化等；四是通过催熟处理的猕猴桃货架期相对延长。

（二）缺点

一是损耗加大。由于通过后熟处理后，机械伤、病虫果会在包装加工时剔除，比生果上市损耗更大一点;二是成本加大。增加了一个催熟环节,人力成本、电费、一些其他成本也会增加。

三、即食猕猴桃处理关键技术

(一)高品质猕猴桃生产技术

在种植环节,输出标准化种植技术方案,提高果品一致性。猕猴桃的糖度、硬度、干物质含量,是决定猕猴桃风味口感的重要因素。好的品质需要合适的温湿度和土壤有机质。在生产端,要通过选定优质果园、统一种植方案、全程监控等方式,提升果品品质,实现果品一致性,这是实现规模化催熟的前提和基础。在种植改良方面,核心是抓好关键物候期管理,通过农业生产投入品进行调控。在果园监测环节,投用了国产猕猴桃无损监测设备,猕猴桃无需下树即可获得糖度、干物质等样本数据,减少损耗并提高了水果品质检测的准确度。用于生产即食猕猴桃的果实采收时干物质不低于17%,可溶性固形物含量不低于7%,冷藏果硬度不低于$9kg/cm^2$。

(二)催熟技术

1. 温度

催熟库的温度不低于10℃,最佳催熟温度为15~25℃,在此范围内,温度越高效果越好。

2. 乙烯处理

乙烯处理浓度$(30\sim1000)\times10^{-6}$,在此范围内,浓度越大处理时间越短。

3. 保持果实硬度

催熟后的猕猴桃硬度下降较快,要保持硬度,提高即食猕猴桃的货架期,一是催熟处理结束后应及时将果实转入2℃左右的冷藏库保存;二是催熟同时或催熟后36h配合使用$(0.5\sim1)\times10^{-6}$ 1-MCP处理。

4. 异常问题处理

即食猕猴桃在处理过程中常见的问题有个体差异大(有的软,有的硬)、硬心、出成率低等。其解决方法主要通过提高处理原料果实的内在质量,降低果实温度的差异,延长处理时间,降低乙烯浓度等。

四、注意事项

即食猕猴桃在流通管理中应该注意以下几点:

(1)即食猕猴桃果实已经开始进入后熟衰老期,果实硬度变化比较快损耗大,对货架期周转效率要求高。

(2)做好发货前的糖分和硬度质量检测,了解货架期质量变化规律,及时调整发货计划,以减少货架期损耗。

(3)完善全程冷链系统,降低物流环节中环境温度和销地仓不同品种混存中乙烯对猕猴桃货架期的影响。

(4)可以在猕猴桃完成即食处理后使用 1 - MCP 处理,以延长货架期减少损耗。

五、即食猕猴桃标准化的路径

一是设立更加严格和全面的即食猕猴桃质量标准,确保产品符合食品安全和卫生标准。即包括营养成分、农药残留、重金属含量等方面的检测要求,以保障消费者的健康。二是制定规范的即食猕猴桃包装标准,确保产品的卫生安全和包装完整性。注重包装设计,提高产品的市场竞争力。三是加强产业链各环节的协作,从种植到销售全程进行监管。建立健全的产业标准,确保从源头到消费端的每个环节都符合相应的质量和安全要求。四是对接国际食品标准,使即食猕猴桃标准与国际接轨,有利于产品的国际贸易和出口,提高国际市场竞争力。

附录

ICS 65.020.20

CCS B 05

中华人民共和国国家标准

GB/T19557.11—2022

植物品种特异性(可区别性)、一致性和稳定性测试指南　猕猴桃属

Guidelines for the conduct of tests for distinctness, uniformity and stability—Actinidia(*Actinidia* L.)

2022－12－30 发布　　　2023－07－01 实施

国家市场监督管理总局
国家标准化管理委员会　发布

引　言

1997年，为了保护植物新品种权，鼓励培育和使用植物新品种，促进农业、林业的发展，我国发布了《中华人民共和国植物新品种保护条例》。1999年，我国加入国际植物新品种保护联盟（UPOV），成为第39个成员。特异性、一致性和稳定性（DUS）是品种的基本属性，DUS测试是授予品种权的重要依据。为规范种子市场秩序，2015年，《中华人民共和国种子法》修订时，将DUS测试作为品种审定和登记的前置条件。

植物新品种DUS测试通常是以植物属或种为单元研制测试指南。由于植物分类广泛，不同植物属种间表型差异较大，难以构建一个适用于所有品种DUS测试的标准。因此，将GB/T 19557分为若干部分，每个部分规范一种植物的测试性状和要点。GB/T 19557拟由33个部分构成。

——GB/T 19557.1　植物新品种特异性、一致性和稳定性测试指南　总则。目的在于确定各类植物测试指南的总体原则，进行测试的总体技术要求、测试结果的判定方法以及技术报告的内容和格式。

——GB/T 19557.2　植物品种特异性、一致性和稳定性测试指南　普通小麦。目的在于确定进行普通小麦测试的技术要求、测试结果的判定方法。

——GB/T 19557.3　植物新品种特异性、一致性和稳定性测试指南　硬粒小麦。目的在于确定进行硬粒小麦测试的技术要求、测试结果的判定方法。

——GB/T 19557.4　植物品种特异性、一致性和稳定性测试指南大豆。目的在于确定进行大豆测试的技术要求、测试结果的判定方法。

——GB/T 19557.5　植物品种特异性、一致性和稳定性测试指南　大白菜。目的在于确定进行大白菜测试的技术要求、测试结果的判定方法。

——GB/T 19557.6　植物品种特异性（可区别性）、一致性和稳定性测试指南　苎麻。目的在于确定进行苎麻测试的技术要求、测试结果的判定方法。

——GB/T 19557.7　植物品种特异性（可区别性）、一致性和稳定性测试指南　水稻。目的在于确定进行水稻测试的技术要求、测试结果的判定方法。

——GB/T 19557.8　植物品种特异性（可区别性）、一致性和稳定性测试指南　李。目的在于确定进行李测试的技术要求、测试结果的判定方法。

——GB/T 19557.9　植物品种特异性、一致性和稳定性测试指南　芥菜。目的在于确定进行芥菜测试的技术要求、测试结果的判定方法。

——GB/T 19557.10　植物品种特异性、一致性和稳定性测试指南　百合属。

目的在于确定进行百合属测试的技术要求、测试结果的判定方法。

——GB/T 19557.11　植物品种特异性(可区别性)、一致性和稳定性测试指南　猕猴桃属。目的在于确定进行猕猴桃属测试的技术要求、测试结果的判定方法。

——GB/T 19557.12　植物品种特异性、一致性和稳定性测试指南　大蒜。目的在于确定进行大蒜测试的技术要求、测试结果的判定方法。

——GB/T 19557.13　植物品种特异性(可区别性)、一致性和稳定性测试指南　番茄。目的在于确定进行番茄测试的技术要求、测试结果的判定方法。

——GB/T 19557.14　植物品种特异性、一致性和稳定性测试指南　甘蓝型油菜。目的在于确定进行甘蓝型油菜测试的技术要求、测试结果的判定方法。

——GB/T 19557.15　植物品种特异性、一致性和稳定性测试指南　高粱。目的在于确定进行高粱测试的技术要求、测试结果的判定方法。

——GB/T 19557.16　植物品种特异性(可区别性)、一致性和稳定性测试指南　花生。目的在于确定进行花生测试的技术要求、测试结果的判定方法。

——GB/T 19557.17　植物品种特异性(可区别性)、一致性和稳定性测试指南　辣椒。目的在于确定进行辣椒测试的技术要求、测试结果的判定方法。

——GB/T 19557.18　植物品种特异性(可区别性)、一致性和稳定性测试指南　棉花。目的在于确定进行棉花测试的技术要求、测试结果的判定方法。

——GB/T 19557.19　植物品种特异性、一致性和稳定性测试指南　菊花。目的在于确定进行菊花测试的技术要求、测试结果的判定方法。

——GB/T 19557.20　植物品种特异性、一致性和稳定性测试指南　茄子。目的在于确定进行茄子测试的技术要求、测试结果的判定方法。

——GB/T 19557.21　植物品种特异性(可区别性)、一致性和稳定性测试指南　甜瓜。目的在于确定进行甜瓜测试的技术要求、测试结果的判定方法。

——GB/T 19557.22　植物品种特异性、一致性和稳定性测试指南　豌豆。目的在于确定进行豌豆测试的技术要求、测试结果的判定方法。

——GB/T 19557.23　植物品种特异性、一致性和稳定性测试指南　香石竹。目的在于确定进行香石竹测试的技术要求、测试结果的判定方法。

——GB/T 19557.24　植物品种特异性、一致性和稳定性测试指南　玉米。目的在于确定进行玉米测试的技术要求、测试结果的判定方法。

——GB/T 19557.25　植物品种特异性(可区别性)、一致性和稳定性测试指南　黄瓜。目的在于确定进行黄瓜测试的技术要求、测试结果的判定方法。

——GB/T 19557.26　植物品种特异性(可区别性)、一致性和稳定性测试指南　苹果。目的在于确定进行苹果测试的技术要求、测试结果的判定方法。

——GB/T 19557.27　植物品种特异性(可区别性)、一致性和稳定性测试指南西瓜。目的在于确定进行西瓜测试的技术要求、测试结果的判定方法。

——GB/T 19557.28　植物品种特异性、一致性和稳定性测试指南　马铃薯。目的在于确定进行马铃薯测试的技术要求、测试结果的判定方法。

——GB/T 19557.29　植物品种特异性(可区别性)、一致性和稳定性测试指南　甘蓝。目的在于确定进行甘蓝测试的技术要求、测试结果的判定方法。

——GB/T 19557.30　植物品种特异性、一致性和稳定性测试指南　梨。目的在于确定进行梨测试的技术要求、测试结果的判定方法。

——GB/T 19557.31　植物品种特异性、一致性和稳定性测试指南　大麦。目的在于确定进行大麦测试的技术要求、测试结果的判定方法。

——GB/T 19557.32　植物品种特异性、一致性和稳定性测试指南　甘薯。目的在于确定进行甘薯测试的技术要求、测试结果的判定方法。

——GB/T 19557.33　植物品种特异性、一致性和稳定性测试指南　花椰菜。目的在于确定进行花椰菜测试的技术要求、测试结果的判定方法。

前　言

本文件按照 GB/T 1.1—2020《标准化工作导则　第 1 部分：标准化文件的结构和起草规则》的规定起草。

本文件是 GB/T 19557 的第 11 部分。GB/T 19557 已经发布了以下部分：

——GB/T 19557.1　植物新品种特异性、一致性和稳定性测试指南　总则；

——GB/T 19557.2　植物品种特异性、一致性和稳定性测试指南　普通小麦；

——GB/T 19557.3　植物新品种特异性、一致性和稳定性测试指南　硬粒小麦；

——GB/T 19557.4　植物品种特异性、一致性和稳定性测试指南　大豆；

——GB/T 19557.5　植物品种特异性、一致性和稳定性测试指南　大白菜；

——GB/T 19557.6　植物品种特异性(可区别性)、一致性和稳定性测试指南　苎麻；

——GB/T 19557.7　植物品种特异性(可区别性)、一致性和稳定性测试指南　水稻；

——GB/T 19557.8　植物品种特异性(可区别性)、一致性和稳定性测试指南　李；

——GB/T 19557.9　植物品种特异性、一致性和稳定性测试指南　芥菜；

——GB/T 19557.10　植物品种特异性、一致性和稳定性测试指南　百合属；

——GB/T 19557.11　植物品种特异性(可区别性)、一致性和稳定性测试指南　猕猴桃属；

——GB/T 19557.12　植物品种特异性、一致性和稳定性测试指南　大蒜；

——GB/T 19557.13　植物品种特异性(可区别性)、一致性和稳定性测试指南　番茄；

——GB/T 19557.14　植物品种特异性、一致性和稳定性测试指南　甘蓝型油菜；

——GB/T 19557.15　植物品种特异性、一致性和稳定性测试指南　高粱；

——GB/T 19557.16　植物品种特异性(可区别性)、一致性和稳定性测试指南　花生；

——GB/T 19557.17　植物品种特异性(可区别性)、一致性和稳定性测试指南　辣椒；

——GB/T 19557.18　植物品种特异性(可区别性)、一致性和稳定性测试指南　棉花；

——GB/T 19557.19　植物品种特异性、一致性和稳定性测试指南　菊花；

——GB/T 19557.20　植物品种特异性、一致性和稳定性测试指南　茄子；

——GB/T 19557.21　植物品种特异性(可区别性)、一致性和稳定性测试指南　甜瓜；

——GB/T 19557.22 植物品种特异性、一致性和稳定性测试指南 豌豆；
——GB/T 19557.23 植物品种特异性、一致性和稳定性测试指南 香石竹；
——GB/T 19557.24 植物品种特异性、一致性和稳定性测试指南 玉米；
——GB/T 19557.25 植物品种特异性(可区别性)、一致性和稳定性测试指南 黄瓜；
——GB/T 19557.26 植物品种特异性(可区别性)、一致性和稳定性测试指南 苹果；
——GB/T 19557.27 植物品种特异性(可区别性)、一致性和稳定性测试指南 西瓜；
——GB/T 19557.28 植物品种特异性、一致性和稳定性测试指南 马铃薯；
——GB/T 19557.29 植物品种特异性(可区别性)、一致性和稳定性测试指南 甘蓝；
——GB/T 19557.30 植物品种特异性、一致性和稳定性测试指南 梨；
——GB/T 19557.31 植物品种特异性、一致性和稳定性测试指南 大麦；
——GB/T 19557.32 植物品种特异性、一致性和稳定性测试指南 甘薯；
——GB/T 19557.33 植物品种特异性、一致性和稳定性测试指南 花椰菜。

请注意本文件的某些内容可能涉及专利。本文件的发布机构不承担识别专利的责任。

本文件由中华人民共和国农业农村部提出。

本文件由全国植物新品种测试标准化技术委员会(SAC/TC 277)归口。

本文件起草单位：中国农业科学院郑州果树研究所、湖北省农业科学院、江西省农业科学院。

本文件主要起草人：方金豹、齐秀娟、韩礼星、陈庆红、陈东元、陈锦永、林苗苗。

植物品种特异性(可区别性)、一致性和稳定性测试指南　猕猴桃属

1　范围

本文件给出了猕猴桃属(*Actinidia* L.)品种特异性(可区别性)、一致性和稳定性测试方法和结果判定一般原则的指导。

本文件适用于猕猴桃属品种特异性(可区别性)、一致性和稳定性测试和结果判定。

2　规范性引用文件

下列文件中的内容通过文中的规范性引用而构成本文件必不可少的条款。其中,注日期的引用文件,仅该日期对应的版本适用于本文件;不注日期的引用文件,其最新版本(包括所有的修改单)适用于本文件。

GB 5009.86　食品安全国家标准　食品中抗坏血酸的测定

GB 12456　食品安全国家标准　食品中总酸的测定

GB/T 19557.1　植物新品种特异性、一致性和稳定性测试指南　总则

NY/T 2637　水果和蔬菜可溶性固形物含量的测定　折射仪法

3　术语和定义

GB/T 19557.1 界定的以及下列术语和定义适用于本文件。

3.1　群体测量　group measurement

对一批植株或植株的某器官或部位进行测量,获得一个群体记录。

3.2　个体测量　single measurement

对一批植株或植株的某器官或部位进行逐个测量,获得一组个体记录。

3.3　群体目测　group visual observation

对一批植株或植株的某器官或部位进行目测,获得一个群体记录。

3.4　个体目测　single visual observation

对一批植株或植株的某器官或部位进行逐个目测,获得一组个体记录。

4　符号

下列符号适用于本文件。

MG：群体测量。

MS：个体测量。

PQ：假质量性状。

QL：质量性状。

QN：数量性状。

VG：群体目测。

VS：个体目测。

*：国际植物新品种保护联盟(UPOV)用于统一品种描述所需要的重要性状，除非受环境条件限制，性状的表达状态无法测试，所有 UPOV 成员都需使用这些性状。

__：特别提示测试性状的适用范围。

5　繁殖材料需满足的条件

5.1　繁殖材料以苗木形式提供。

5.2　雌雄异株提交的苗木数量不少于 5 株雌(雄)株和与测试品种配套的 2 株雄(雌)株。雌雄同株提交的苗木数量不少于 5 株。

5.3　提交的繁殖材料需健康、无病虫害，嫁接苗砧木一致；符合猕猴桃苗木一级苗要求。

5.4　提交的繁殖材料一般不进行任何影响品种性状正常表达的处理。如果已处理，需提供处理的详细说明。

6　测试方法

6.1　测试周期

通常测试 2 个独立、正常的生长周期，在生长周期结束前，需能结出正常的果实。

注：猕猴桃的一个生长周期是指从开始萌芽，经过开花、果实成熟，进入休眠直到休眠期结束的整个生长季节。

6.2　测试地点

测试通常在同一个地点进行。如果某些性状在该地点不能充分表现，宜在其他符合条件的地点对其进行观测。

6.3　田间试验

6.3.1　试验设计

待测品种和近似品种相邻种植，应用的砧木需一致。

单株小区，5 次重复，雌雄异株待测品种需雌(雄)株配置配套的雄(雌)株 2 株。

6.3.2 田间管理

按当地猕猴桃果园常规生产管理方式进行。

6.4 性状观测

6.4.1 观测时期

性状观测宜按照附录 A 中表 A.1 和表 A.2 列出的生育阶段进行。生育阶段描述宜符合附录 B 中表 B.1。

6.4.2 观测方法

性状观测宜按照表 A.1 和表 A.2 规定的观测方法(VG、VS、MG、MS)进行。部分性状观测方法宜符合 B.2 和 B.3。

6.4.3 观测数量

除非另有说明,个体观测性状(VS,MS)植株取样数量为 5 个,在观测植株的器官或部位时,每个植株取样数量不低于 1 个。群体观测性状(VG,MG)观测所有小区或规定大小的混合样本。

6.5 附加测试

必要时,宜选用表 A.2 中的性状或本文件未列出的性状进行附加测试。

7 特异性(可区别性)、一致性和稳定性结果的判定

7.1 总体原则

特异性(可区别性)、一致性和稳定性的判定宜按照 GB/T 19557.1 确定的原则进行。

7.2 特异性(可区别性)的判定

待测品种需明显区别于所有已知品种。在测试中,当待测品种至少在一个性状上与最为近似的品种具有明显且可重现的差异时,判定待测品种具备特异性(可区别性)。

7.3 一致性的判定

采用 1%的群体标准和至少 95%的接受概率。当样本数量为 5 株时,不允许存在异型株。当样本数量为 5 株以上时,最多可以允许有 1 个异型株。

7.4 稳定性的判定

如果一个品种具备一致性,则认为该品种具备稳定性。一般不对稳定性进行测试。如果在年间出现明显的差异,宜种植该品种的另一批种苗与以前提供的种苗相比较,若性状表现无明显差异,则判断该品种具备稳定性。

8 性状表

8.1 概述

根据测试需要，将性状分为基本性状和选测性状。基本性状是测试中需使用的性状，选测性状为依据申请者要求而进行附加测试的性状。表 A.1 给出了猕猴桃属基本性状，表 A.2 给出了猕猴桃属选测性状。性状表列出性状名称、表达类型、表达状态及相应的代码和标准品种、观测时期和方法等内容。

8.2 表达类型

根据性状表达方式，将性状分为质量性状、假质量性状和数量性状 3 种类型。

8.3 表达状态和相应的代码

每个性状划分为一系列表达状态，以便于定义性状和规范描述；每个表达状态赋予一个相应的数字代码，以便于数据记录、处理和品种描述的建立与交流。

8.4 标准品种

性状表中列出部分性状有关表达状态宜参考的标准品种，有助于确定相关性状的不同表达状态和校正环境因素引起的差异。

9 分组性状

品种分组性状如下：

a) *植株：开花期（表 A.1 中性状 16）；

b) *植株：采收期（表 A.1 中性状 50）；

c) *果实：单果质量（表 A.1 中性状 51）；

d) *果实：形状（表 A.1 中性状 55）；

e) *果实：喙端形状（表 A.1 中性状 57）；

f) *果实：果皮茸毛（表 A.1 中性状 65）；

g) *果实：外层果肉颜色（表 A.1 中性状 72）；

h) *果实：内层果肉颜色（表 A.1 中性状 73）。

10 技术问卷

申请人宜按附录 C 填写猕猴桃属品种特异性、一致性和稳定性测试技术问卷。

附　录　A
（规范性）
猕猴桃属性状表

A.1　猕猴桃属基本性状

猕猴桃属基本性状宜符合表 A.1 的规定。

表 A.1　猕猴桃属基本性状表

性状序号	性　状	观测时期和方法	表达状态	标准品种	代　码
1	* 一年生枝：粗度 QN	00 VG	细	红宝石星	1
			中	海沃德（Hayward）	2
			粗	布鲁诺（Bruno）、秦美	3
2	* 一年生枝：阳面颜色 PQ	00 VG	绿白色	红宝石星	1
			灰白色	毛花猕猴桃（*A. eriantha*）	2
			灰褐色	王者（King）	3
			黄褐色	光辉（Sparkler）	4
			浅褐色	早金（Hort16A）	5
			褐色	米良 1 号	6
			红褐色	秦美	7
			紫褐色	布鲁诺（Bruno）	8
			深褐色	金魁	9
3	一年生枝：表皮粗糙程度 QN	00 VG	光滑	光辉（Sparkler）	1
			中	流星（Meteor）	2
			粗糙	海沃德（Hayward）	3
4	一年生枝：皮孔形状 PQ (a)	00 VG	长梭形	米良 1 号	1
			短梭形	金魁	2
			椭圆形	秦美	3
5	* 一年生枝：皮孔大小 QN (a)	00 VG	极小		1
			小	蒙蒂（Monty）	2
			中	海沃德（Hayward）	3
			大	早金（Hort16A）	4
			极大		5

续表

<table>
<tr><th>性状序号</th><th>性 状</th><th>观测时期和方法</th><th>表达状态</th><th>标准品种</th><th>代 码</th></tr>
<tr><td rowspan="9">6</td><td rowspan="9">* 一年生枝:皮孔数量
QN
(a)</td><td rowspan="9">00
VG</td><td>极少</td><td></td><td>1</td></tr>
<tr><td>极少到少</td><td></td><td>2</td></tr>
<tr><td>少</td><td>流星(Meteor)</td><td>3</td></tr>
<tr><td>少到中</td><td></td><td>4</td></tr>
<tr><td>中</td><td>海沃德(Hayward)、秦美</td><td>5</td></tr>
<tr><td>中到多</td><td></td><td>6</td></tr>
<tr><td>多</td><td>布鲁诺(Bruno)</td><td>7</td></tr>
<tr><td>多到极多</td><td></td><td>8</td></tr>
<tr><td>极多</td><td></td><td>9</td></tr>
<tr><td rowspan="3">7</td><td rowspan="3">一年生枝:皮孔颜色
PQ
(a)</td><td rowspan="3">00
VG</td><td>白色</td><td>格瑞斯(Gracie)</td><td>1</td></tr>
<tr><td>黄色</td><td>布鲁诺(Brunc)</td><td>2</td></tr>
<tr><td>褐色</td><td>早金(Hort16A)</td><td>3</td></tr>
<tr><td rowspan="5">8</td><td rowspan="5">* 一年生枝:芽座的大小
QN
(b)
(+)</td><td rowspan="5">00
VG</td><td>小</td><td>光辉(Sparkler)</td><td>1</td></tr>
<tr><td>小到中</td><td>海沃德(Hayward)</td><td>2</td></tr>
<tr><td>中</td><td>王者(King)</td><td>3</td></tr>
<tr><td>中到大</td><td>开迈(Kaimai)</td><td>4</td></tr>
<tr><td>大</td><td>魁蜜</td><td>5</td></tr>
<tr><td rowspan="2">9</td><td rowspan="2">* 一年生枝:芽盖
QL
(b)
(+)</td><td rowspan="2">00
VG</td><td>无</td><td>早金(Hort16A)</td><td>1</td></tr>
<tr><td>有</td><td>海沃德(Hayward)</td><td>9</td></tr>
<tr><td rowspan="3">10</td><td rowspan="3">* 一年生枝:芽孔大小
QN
(b)
(+)</td><td rowspan="3">00
VG</td><td>小</td><td>艾伯特(Abbott)</td><td>1</td></tr>
<tr><td>中</td><td>海沃德(Hayward)</td><td>2</td></tr>
<tr><td>大</td><td>艾尔木(Elmwood)</td><td>3</td></tr>
<tr><td rowspan="3">11</td><td rowspan="3">* 一年生枝:髓的类型
PQ</td><td rowspan="3">00
VG</td><td>空髓</td><td>中越猕猴桃
(A. indochinensis)</td><td>1</td></tr>
<tr><td>片层髓</td><td>海沃德(Hayward)、魁绿</td><td>2</td></tr>
<tr><td>实心髓</td><td>葛枣猕猴桃(A. polygama)</td><td>3</td></tr>
<tr><td rowspan="3">12</td><td rowspan="3">叶:叶痕
QN
(+)</td><td rowspan="3">00
VG</td><td>平</td><td>流星(Meteor)</td><td>1</td></tr>
<tr><td>浅</td><td>早金(Hort16A)</td><td>2</td></tr>
<tr><td>深</td><td>蒙蒂(Monty)</td><td>3</td></tr>
</table>

续表

性状序号	性　状	观测时期和方法	表达状态	标准品种	代　码
13	* 植株：萌芽期 QN (+)	01 VG	极早	早金(Hort16A)	1
			极早到早		2
			早	桃缪阿(Tomua)	3
			早到中		4
			中	海沃德(Hayward)、秦美	5
			中到晚		6
			晚		7
			晚到极晚		8
			极晚		9
14	* 新梢：顶端花青苷显色 QN	02 VG	无或极弱	早金(Hort16A)	1
			极弱到弱		2
			弱	王者(King)	3
			弱到中		4
			中	桃缪阿(Tomua)	5
			中到强		6
			强	金魁	7
			强到极强		8
			极强		9
15	植株：自花结实 QL (+)	03,06 VG	无	海沃德(Hayward)	1
			有	湘吉	9
16	* 植株：开花期 QN	04 VG/MG	极早		1
			极早到早		2
			早	金农、红阳	3
			早到中		4
			中	魁蜜、金丰	5
			中到晚		6
			晚	艾伯特(Abbott)	7
			晚到极晚		8
			极晚	华特	9
17	* 植株：花性 QL (+)	04 VG	雌性	海沃德(Hayward)	1
			雄性	马图阿(Matua)、太行雄鹰	2
			两性	珍妮(Jenny)	3

续表

性状序号	性　状	观测时期和方法	表达状态	标准品种	代　码
18	花:花序类型 QL (+)	04 VG	单花	金魁	1
			二歧聚伞花序	金艳	2
			多歧聚伞花序	磨山 4 号、天源红	3
19	花:花序花朵数 QN	04 MG	极少	海沃德(Hayward)	1
			少	马图阿(Matua)	2
			中	华特	3
			多	江山娇	4
20	花:萼片数量 QN	04 VG	少	斯凯尔顿(Skelton)	1
			中		2
			多	布鲁斯(Bruce)	3
21	* 花:萼片颜色 PQ	04 VG	白色		1
			绿色	早金(Hort16A)	2
			褐色	桃缪阿(Tomua)	3
			红褐色	中猕 2 号	4
22	* 花:花冠直径 QN (+)	04 MG/MS	极小		1
			极小到小		2
			小	光辉(Sparkler)	3
			小到中		4
			中	马图阿(Matua)	5
			中到大		6
			大	海沃德(Hayward)	7
			大到极大		8
			极大	米良 1 号	9
23	* 花:花瓣基部排列情况 QN (+)	04 VG	分离	艾伯特(Abbott)	1
			相接	马图阿(Matua)	2
			重叠	海沃德(Hayward)	3
24	花:花瓣顶部波皱程度 QN	04 VG	无或极弱	魁蜜	1
			弱	布鲁诺(Bruno)	2
			强	海沃德(Hayward)、秦美	3
25	花:花瓣内侧近轴侧颜色 QL	04 VG	单色	徐香	1
			双色	流星(Meteor)	2

续表

性状序号	性　状	观测时期和方法	表达状态	标准品种	代　码
26	花:花瓣内侧主色 PQ	04 VG	白色	海沃德(Hayward)	1
			绿白色		2
			黄白色	布鲁斯(Bruce)	3
			黄绿色		4
			黄色		5
			浅粉红色		6
			粉红色	江山娇	7
			红色	华特	8
27	花:花瓣内侧次色 PQ	04 VG	白色		1
			绿色		2
			橙色		3
			浅粉红色	湖北猕猴桃(*A. hubeiensis*)	4
			深粉红色	流星(Meteor)	5
28	仅适用于双色花品种:花:次色分布 PQ	04 VG	边缘		1
			斑点状	粉毛猕猴桃(*A. farinosa*)	2
			基部	湖北猕猴桃(*A. hubeiensis*)	3
29	花:花丝颜色 PQ	04 VG	白色	异色猕猴桃(*A. callosa*)	1
			浅绿色	马图阿(Matua)	2
			浅粉红色		3
			深粉红色	华特	4
30	花:花药颜色 PQ	04 VG	黄色	海沃德(Hayward)	1
			橙黄色	布鲁斯(Bruce)	2
			灰色		3
			深紫色	长叶猕猴桃 (*A. hemsleyana*)	4
			黑色	红宝石星、天源红	5
31	花:花柱数量 QN	04 VG	少	徐香	1
			中	早金(Hort16A)	2
			多	海沃德(Hayward)、金魁	3
32	花:花柱颜色 PQ	04 VG	白	红宝石星	1
			黄白	海沃德(Hayward)	2
			浅绿		3

续表

性状序号	性　状	观测时期和方法	表达状态	标准品种	代　码
33	*花:花柱姿态 PQ (+)	04 AG	直立		1
			斜生	早金(Hort16A)	2
			水平	布鲁诺(Bruno)、徐香	3
			不规则	海沃德(Hayward)	4
34	*新梢:茸毛密度 QN	05 VG	无或极稀	红宝石星	1
			极稀到稀		2
			稀	魁蜜	3
			稀到中		4
			中	海沃德(Hayward)	5
			中到密		6
			密	王者(King)、秦美	7
			密到极密		8
			极密		9
35	新梢:茸毛类型 PQ (+)	05 VG	短茸毛	开迈(Kaimai)	1
			短茸毛	魁蜜、金丰	2
			绒毛	华特	3
			硬毛	海沃德(Hayward)	4
			糙毛	昭通猕猴桃(*A. rubus*)	5
36	叶片:叶柄正面花青苷显色 QN	05 VG	无或极弱	开迈(Kaimai)	1
			极弱		2
			弱	光辉(Sparkler)	3
			弱到中		4
			中	海沃德(Hayward)、秦美	5
			中到强		6
			强	桃缪阿(Tomua)	7
			强到极强		8
			极强		9
37	*幼叶:尖端形状 PQ (+)	05 VG	尾状	魁绿	1
			急尖	开迈(Kaimai)、红宝石星	2
			渐尖	海沃德(Hayward)	3
			圆钝	金阳	4
			微凹		5
			凹尖		6
			微缺	魁蜜	7

续表

性状序号	性　状	观测时期和方法	表达状态	标准品种	代　码
38	* 幼叶：基部交叉情况 QN (+)	05 VG	无	红宝石星	1
			广开	开迈(Kaimai)	2
			开	马图阿(Matua)、魁蜜	3
			相接	早金(Hort16A)	4
			浅重叠	海沃德(Hayward)	5
			深叠	洛阳 4 号	6
39	植株：树势 QN	06 VG	极弱		1
			极弱到弱		2
			弱	红宝石星	3
			弱到中		4
			中	海沃德(Hayward)	5
			中到强		6
			强	秦美	7
			强到极强		8
			极强		9
40	叶片：基部形状 PQ (+)	06 VG	圆形	红宝石星	1
			心形	中猕 2 号	2
			楔形		3
			截形		4
41	叶片：边缘锯齿状态 PQ (+)	06 VG	全缘		1
			波状	中猕 2 号	2
			锯齿	红宝石星	3
42	叶片：正面茸毛密度 QN	06 VG	无或极稀	早金(Hort16A)	1
			极稀到稀		2
			稀	开迈(Kaimai)	3
			稀到中		4
			中	布鲁诺(Bruno)	5
			中到密		6
			密	流星(Meteor)	7
			密到极密		8
			极密		9

续表

性状序号	性 状	观测时期和方法	表达状态	标准品种	代 码
43	叶片：背面茸毛密度 QN	06 VG	无或极稀	红宝石星	1
			极稀到稀		2
			稀	魁蜜	3
			稀到中		4
			中	海沃德(Hayward)	5
			中到密		6
			密	Ranger	7
			密到极密		8
			极密		9
44	叶片：正面波皱程度 QN	06 VG	无或极弱	开迈(Kaimai)	1
			弱	早金(Hort16A)	2
			中	海沃德(Hayward)、秦美	3
			强	红阳	4
			极强		5
45	* 叶片：正面绿色程度 QN	06 VG	极浅		1
			极浅到浅		2
			浅	毛花猕猴桃(*A. eriantha*)	3
			浅到中		4
			中	海沃德(Hayward)、秦美	5
			中到深		6
			深	布鲁诺(Bruno)	7
			深到极深		8
			极深		9
46	* 叶片：背面颜色 PQ	06 VG	浅白色		1
			浅绿色		2
			中绿色	布鲁诺(Bruno)	3
			黄绿色	海沃德(Hayward)	4
			黄褐色		5
47	* 叶片：叶柄长/叶身长 QN	06 VG/MS	极小	开迈(Kaimai)	1
			极小到小		2
			小	格瑞斯(Gracie)	3
			小到中		4
			中	流星(Meteor)	5
			中到大		6
			大	海沃德(Hayward)	7
			大到极大		8
			极大		9

续表

性状序号	性　状	观测时期和方法	表达状态	标准品种	代　码
48	* 叶片:形状 PQ (+)	06 VG	披针形	开迈(Kaimai)	1
			卵圆形	红宝石星、丰绿	2
			心脏形	红美、武植 3 号	3
			阔卵形	流星(Meteor)	4
			倒卵形	布鲁诺(Bruno)	5
			阔倒卵形	马图阿(Matua)、Top star	6
			近扇形	通山 5 号	7
49	* 叶片:长/宽 QN	06 VG/MS	极小	条叶猕猴桃(*A. fortunatii*)	1
			极小到小		2
			小	马图阿(Matua)	3
			小到中		4
			中	海沃德(Hayward)	5
			中到大		6
			大	开迈(Kaimai)	7
			大到极大		8
			极大		9
50	* 植株:采收期 QN (c) (+)	07 VG/MG	极早	红宝石星	1
			极早到早	金农	2
			早	早鲜、红阳	3
			早到中	中猕 2 号	4
			中	金桃	5
			中到晚	徐香	6
			晚	海沃德(Hayward)	7
			晚到极晚	金魁	8
			极晚		9
51.1	* 仅适用于软枣等小果型猕猴桃种:果实:单果质量 QN (c)	07 MG	极小	小叶猕猴桃(*A. lanceolata*)	1
			极小到小	阔叶猕猴桃(*A. latifolia*)	2
			小	宝贝星	3
			小到中	对萼猕猴桃(*A. ualuata*)	4
			中	红毛猕猴桃(*A. rufotricha*)	5
			中到大	漓江猕猴桃(*A. lijiangensis*)	6
			大	红宝石星	7
			大到极大	桓优二号	8
			极大	华特	9

续表

性状序号	性 状	观测时期和方法	表达状态	标准品种	代 码
51.2	*仅适用于美味和中华等大果型猕猴桃种：果实：单果质量 QN (c)	07 MG	极小	夏亚1号	1
			极小到小	红阳	2
			小	徐香	3
			小到中		4
			中	早金(Hort16A)	5
			中到大		6
			大	翠月(Jade Moon)	7
			大到极大	金艳、中猕2号	8
			极大		9
52.1	*仅适用于软枣等小果型猕猴桃种：果实：纵径 QN (c) (+)	07 VG/MG	极短		1
			极短到短		2
			短		3
			短到中		4
			中		5
			中到长		6
			长		7
			长到极长		8
			极长		9
52.2	*仅适用于美味和中华等大果型猕猴桃种：果实：纵径 QN (c) (+)	07 VG/MG	极短		1
			极短到短		2
			短	魁蜜	3
			短到中		4
			中	海沃德(Hayward)	5
			中到长		6
			长	布鲁诺(Bruno)	7
			长到极长		8
			极长		9
53.1	*仅适用于软枣等小果型猕猴桃种：果实：横径 QN (c) (+)	07 VG/MG	极短		1
			极短到短		2
			短		3
			短到中		4
			中		5
			中到长		6
			长		7
			长到极长		8
			极长		9

续表

性状序号	性　状	观测时期和方法	表达状态	标准品种	代　码
53.2	* 仅适用于美味和中华等大果型猕猴桃种：果实：横径 QN (c) (+)	07 VG/MG	极短		1
			极短到短		2
			短	布鲁诺(Bruno)	3
			短到中		4
			中	海沃德(Hayward)	5
			中到长		6
			长	魁蜜	7
			长到极长		8
			极长		9
54	* 果实：纵径/横径 QN (c) (+)	07 VG/MG	极小		1
			极小到小		2
			小	魁蜜	3
			小到中		4
			中	海沃德(Hayward)	5
			中到大		6
			大	布鲁诺(Bruno)	7
			大到极大		8
			极大		9
55	* 果实：形状 PQ (c) (+)	07 VG	短圆形	丰悦	1
			扁卵形	秦美	2
			圆柱形	红宝石星	3
			圆球形	圆果猕猴桃(*A. globosa*)	4
			扁圆形	魁蜜	5
			卵形	早金(Hort16A)	6
			倒卵形	蒙蒂(Monty)、天源红	7
			椭圆形	海沃德(Hayward)	8
56	* 果实：横截面形状 PQ (c) (+)	07 VG	圆形	布鲁诺(Bruno)	1
			椭圆形	早金(Hort16A)、 阔叶猕猴桃(*A. latifolia*)	2
			长椭圆形	海沃德(Hayward)	3

续表

性状序号	性 状	观测时期和方法	表达状态	标准品种	代 码
57	* 果实:喙端形状 PQ (c) (+)	07 VG	深凹	红阳	1
			浅凹	翠月(Jade Moon)、脐红	2
			平	海沃德(Hayward)	3
			圆	桃缪阿(Tomua)	4
			微钝凸	斯凯尔顿(Skelton)	5
			钝凸	早金(Hort16A)	6
			微尖凸		
			尖凸	米良 1 号、天源红	8
58	果实:花萼环 QN (c) (+)	07 VG	无或极轻	布鲁诺(Bruno)	1
			轻微	海沃德(Hayward)	2
			明显	早金(Hort16A)、秦美	3
59	* 果实:果肩形状 PQ (c) (+)	07 VG	方	哑特	1
			圆	海沃德(Hayward)	2
			斜	斯凯尔顿(Skelton)	3
60	* 果实:果柄长度 QN (c) (+)	07 VG/MS	极短		1
			极短到短		2
			短		3
			短到中		4
			中		5
			中到长		6
			长	海沃德(Hayward)	7
			长到极长		8
			极长	昭通猕猴桃(*A. rubus*)	9
61	* 果实:果柄/果实纵径 QN (c) (+)	07 VG/MS	极小	武植 3 号	1
			极小到小		2
			小	布鲁诺(Bruno)	3
			小到中		4
			中	阿利森(Allison)	5
			中到大		6
			大	海沃德(Hayward)	7
			大到极大		8
			极大	翠月(Jade Moon)	9

续表

性状序号	性　状	观测时期和方法	表达状态	标准品种	代　码
62	果实:萼片宿存 QL (c)	07 VG	无	红阳	1
			有	徐香	9
63	果实:皮孔突出程度 QN (c)	07 VG	弱	早金(Hort16A)	1
			中	海沃德(Hayward)	2
			强	凡提尼极星 (Topstar Vantini)	3
64	*果实:果皮颜色 PQ (c) (+)	07 VG	浅绿色	丰绿	1
			中绿色	红阳	2
			浅红绿色		3
			黄色	葛枣猕猴桃(*A. polygama*)	4
			橙色	大籽猕猴桃 (*A. macrosperma*)	5
			绿褐色	海沃德(Hayward)、丰悦	6
			褐色	哑特	7
			浅褐色	早金(Hort16A)	8
			灰褐色		9
			暗褐色	桃缪阿(Tomua)	10
			紫红色	红宝石星	11
65	*果实:果皮茸毛 QL (c)	07 VG	无	红宝石星	1
			有	海沃德(Hayward)	9
66	*果实:果皮茸毛密度 QN (c)	07 VG	无或极稀	凡提尼极星 (Topstar Vantini)	1
			极稀到稀		2
			稀	早金(Hort16A)	3
			稀到中		4
			中	海沃德(Hayward)	5
			中到密		6
			密	布鲁诺(Bruno)	7
			密到极密		8
			极密		9

续表

性状序号	性 状	观测时期和方法	表达状态	标准品种	代 码
67	果实：果皮茸毛类型 PQ (c) (+)	07 VG	短茸毛	早金(Hort16A)	1
			短茸毛	素香	2
			绒毛	华特	3
			硬毛	海沃德(Hayward)	4
			糙毛	秦美	5
68	果实：果皮茸毛分布 QL (c)	07 VG	均匀	海沃德(Hayward)	1
			不均匀	凡提尼极星(Topstar Vantini)	2
69	* 果实：果皮茸毛脱落难易 QN (c)	07 VG	极易	桃缪阿(Tomua)	1
			极易到易		2
			易	早金(Hort16A)、华优	3
			易到中		4
			中	艾伯特(Abbott)	5
			中到难		6
			难	海沃德(Hayward)	7
			难到极难		8
			极难		9
70	果实：果皮茸毛颜色 PQ (c)	07 VG	灰白色	华特	1
			黄色	金农	2
			黄褐色	早金(Hort16A)	3
			红褐色	金魁	4
			灰褐色	海沃德(Hayward)	5
			暗褐色	布鲁诺(Bruno)	6
71	果实：果柄脱落难易程度 QN (c)	07 VS	易	早金(Hort16A)、翠香	1
			中	秦美	2
			难	海沃德(Hayward)	3
72	* 果实：外层果肉颜色 PQ (d) (+)	08 VG	浅绿色	华美2号	1
			中绿色	海沃德(Hayward)	2
			深绿色	米良1号	3
			浅黄色	红阳	4
			中黄色	早金(Hort16A)	5
			深黄色	金艳	6
			黄橙色	大籽猕猴桃(*A. macrosperma*)	7
			橙色	对萼猕猴桃(*A. valvata*)	8
			红色	天源红	9
			紫红色	红宝石星	10

续表

性状序号	性　状	观测时期和方法	表达状态	标准品种	代　码
73	* 果实:内层果肉颜色 PQ (d) (+)	08 VG	浅绿色		1
			中绿色	海沃德(Hayward)	2
			深绿色	秦美,米良 1 号	3
			浅黄色	红阳	4
			中黄色	早金(Hort16A)	5
			深黄色	金艳	6
			黄橙色	大籽猕猴桃(*A. macrosperma*)	7
			橙色	对萼猕猴桃(*A. valvata*)	8
			红色	天源红	9
			紫红色	红宝石星	10
74	果实:后熟后果皮剥离的难易程度 QN (d)	08 MS/VG	极易		1
			极易到易		2
			易	华特	3
			易到中		4
			中	秦美	5
			中到难		6
			难	金农、红阳	7
			难到极难		8
			极难		9
75	* 果实:相对果心大小 QN (d) (+)	08 VG	极小	红宝石星	1
			极小到小		2
			小	早金(Hort16A)	3
			小到中		4
			中	布鲁诺(Bruno)	5
			中到大		6
			大	海沃德(Hayward)	7
			大到极大		8
			极大		9
76	* 果实:果心横截面形状 PQ (d) (+)	08 VG	圆形	金桃、金香	1
			椭圆形	早金(Hort16A)	2
			不规则形	徐香、翠玉	3

续表

性状序号	性　状	观测时期和方法	表达状态	标准品种	代　码
77	* 果实:果心颜色 PQ (d)	08 VG	白色	长叶猕猴桃(*A. hemsleyana*)	1
			绿白色	海沃德(Hayward)	2
			黄白色	早金(Hort16A)	3
			橙色	大籽猕猴桃(*A. macrosperma*)	4
			红色	天源红	5
			红紫色	红宝石星	6
78	果实:可溶性固形物 QN (d) (+)	08 MG	极低	翠月(Jade Moon)	1
			极低到低		2
			低	海沃德(Hayward)	3
			低到中		4
			中	桃缪阿(Tomua)	5
			中到高		6
			高	早金(Hort16A)	7
			高到极高		8
			极高		9

A.2　猕猴桃属选测性状

猕猴桃属迭选测性状宜符合表 A.2 的规定。

表 A.2　猕猴桃属选测性状表

性状序号	性　状	观测时期和方法	表达状态	标准品种	代　码
79	仅适用于内层果肉红色、红紫色品种:果实:沿内层果肉着色程度 QN (d) (+)	08 VG	极少	红华	1
			少	楚红	2
			中	红阳	3
			多	红什二号	4
			极多	红宝石星	5

续表

性状序号	性　状	观测时期和方法	表达状态	标准品种	代　码
80	果实:含酸量 QN (c) (+)	08 MG	极低	四萼猕猴桃(*A. tetramera*)	1
			极低到低	昭通猕猴桃(*A. rubus*)	2
			低	红阳、金艳	3
			低到中	徐香	4
			中	米良1号	5
			中到高	海沃德(Hayward)	6
			高	秦美	7
			高到极高	美丽猕猴桃(*A. melliana*)	8
			极高	异色猕猴桃(*A. callosa*)	9
81	果实:果肉维生素C含量 QN (c) (+)	08 MG	极低	蒙自猕猴桃(*A. henryi*)	1
			极低到低	长叶猕猴桃(*A. hemsleyana*)、川猕2号	2
			低	海沃德(Hayward)	3
			低到中	早金(Hort16A)	4
			中	华美2号	5
			中到高	金桃	6
			高	浙江猕猴桃(*A. zhejiangensis*)	7
			高到极高	华特	8
			极高	阔叶猕猴桃(*A. latifolia*)	9
82	果实:后熟难易程度 QN	08 VG	易	红宝石星	1
			中	金农	2
			难	海沃德(Hayward)	3
83	果实:耐贮性 QN	09 VG	极弱	天源红	1
			极弱		2
			弱	红阳	3
			弱到中		4
			中	魁蜜	5
			中到强		6
			强	海沃德(Hayward)	7
			强到极强		8
			极强		9
84	植株:早果性 QN	10 VG	早	武植3号	1
			中	秦美	2
			晚	海沃德(Hayward)	3

附 录 B
(规范性)
猕猴桃属性状表的解释

B.1 猕猴桃属基本性状

猕猴桃属生育阶段宜符合表 B.1 的规定。

表 B.1 猕猴桃属生育阶段表

生育阶段代码	描 述
	休眠期
00	叶片全部脱落的整个时期
	萌芽期
01	冬芽鳞片出现开裂，露出绿色
	花蕾期
02	花蕾膨大
03	萼片出现开裂
	开花期
04	50%以上花开放，即盛花期
05	75%以上的花瓣脱落，即落花期(终花期或谢花期)
	果实生长期和采收期
06	终花期至果实采收期
07	采收期，可溶性固形物含量≥6.2%、干物质含量≥15%或 80%以上果实的硬度开始下降；对于黄肉品种，果肉色度角≤103°
	果实后熟期
08	果实采后经常温贮藏，品质达最佳
09	10%果实表现过熟变质，已产生酒精味
	初果期
10	以嫁接苗定植后，10%以上植株开始结果

B.2 涉及多个性状的解释

B.2.1 符号(a)：一年生外围健壮枝条基部的皮孔。

B.2.2 符号(b)：一年生外围健壮枝条着花节位。

B.2.3 符号(c)：果实接近成熟期，测定可溶性固形物含量。每隔 5d 采摘 20 个果实，当可溶性固形物平均值达到 6.5%时即成熟。

B.2.4 符号(d)：果实硬度达到 1.0～1.5 kg/cm^2。

B.3 涉及单个性状的解释

B.3.1 性状 8 * 一年生枝:芽座的大小

休眠期,选择树冠外围不同方向发育充实的一年生枝 10 个,观测着花节位的芽座,见图 B.1。

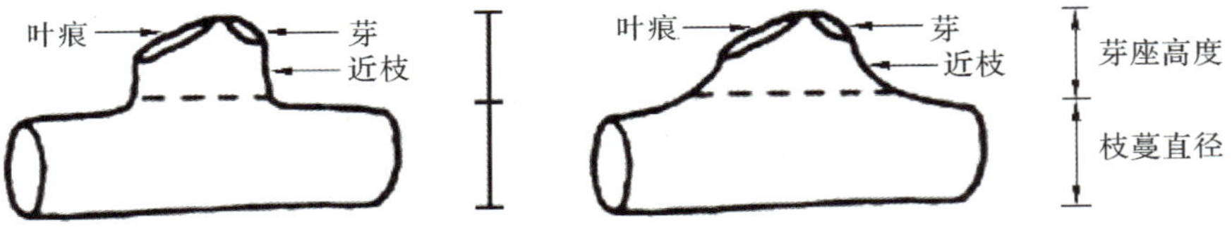

图 B.1 * 一年生枝:芽座的大小

B.3.2 性状 9 * 一年生枝:芽盖

观测 20 根一年生外围健壮枝条着花节位的芽盖,见图 B.2。

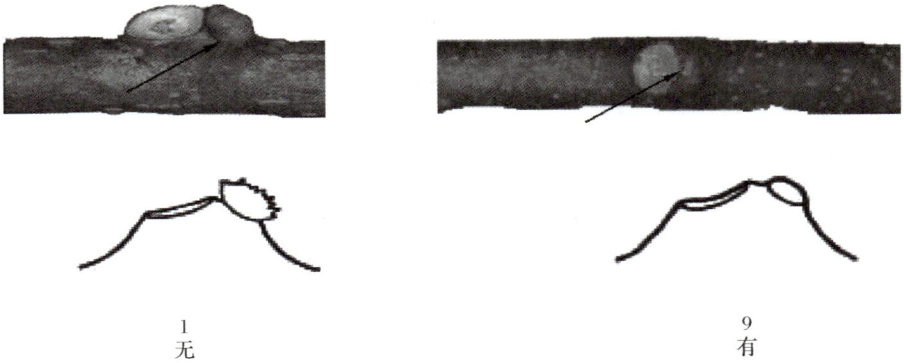

图 B.2 * 一年生枝:芽盖

B.3.3 性状 10 * 一年生枝:芽孔大小

见图 B.3。

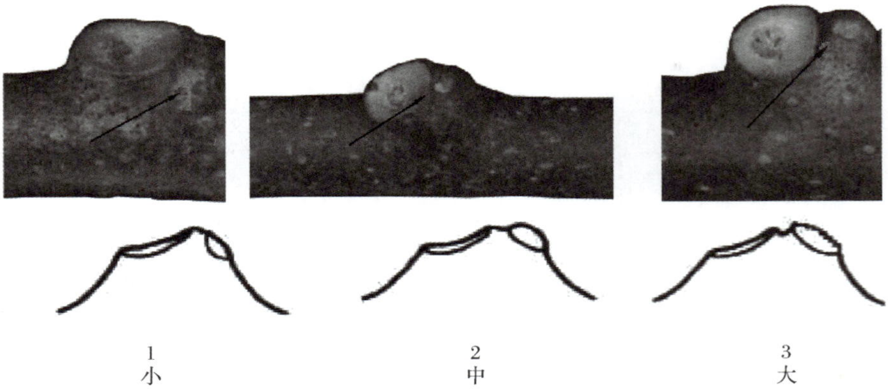

图 B.3 * 一年生枝:芽孔大小

B.3.4 性状 12 叶:叶痕

休眠期,选择树冠外围不同方向发育充实的一年生枝 10 个,观测着花节位的叶痕,见图 B.1。

B.3.5 性状 13 * 植株:萌芽期

观测 20 根一年生中庸枝,从基部向上数第 10～15 个芽,每 2d 观测 1 次,调查芽萌动的比例,5%的芽绽开时期为萌芽期。

B.3.6 性状 15 植株:自花结实

萼片出现开裂时选择 50 朵花蕾套袋,盛花后 60d 左右调查坐果率。

B.3.7 性状 17 * 植株:花性

目测,雄性品种花的雌蕊退化,埋于雄蕊之间;雌性品种花的雄蕊退化,花丝低于柱头;两性花品种的雌蕊和雄蕊接近平齐,可自花授粉,但授粉率不定。观测 20 朵花。

B.3.8 性状 18 花:花序类型

见图 B.4。

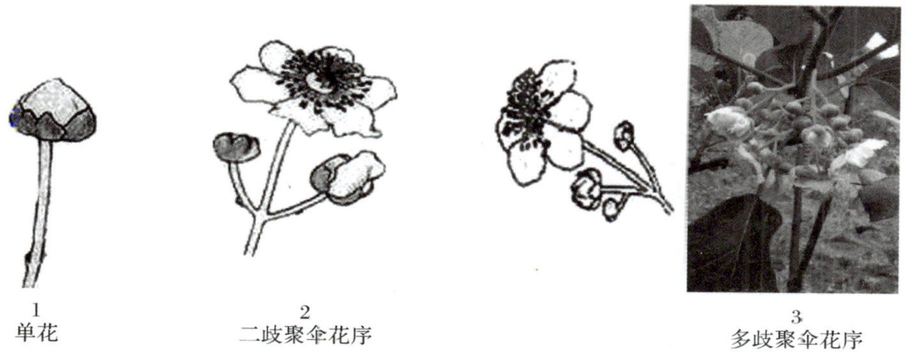

图 B.4 花:花序类型

B.3.9 性状 22 * 花:花冠直径

观测盛花期花序中的中心花直径,取样数量为 20,见图 B.5。

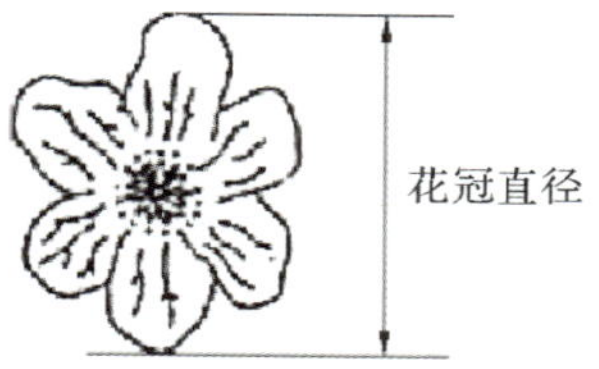

图 B.5 * 花:花冠直径

B.3.10 性状 23 ＊花:花瓣基部排列情况

目测盛花期 20 朵花花瓣基部离合情况,见图 B.6。

1 分离　2 相接　3 重叠

图 B.6 ＊花:花瓣基部排列情况

B.3.11 性状 33 ＊花:花柱姿态

观测 20 朵花花柱立起的姿势,见图 B.7。

1 直立　2 斜生　3 水平　4 不规则

图 B.7 ＊花:花柱姿态

B.3.12 性状 35 新梢:茸毛类型

用 5～10 倍手持放大镜观察新梢的茸毛类型,见图 B.8。

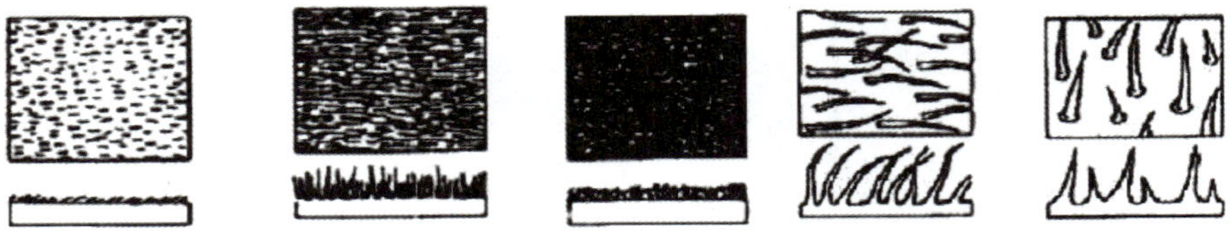

1 短茸毛　2 短绒毛　3 绒毛　4 硬毛　5 糙毛

图 B.8 新梢:茸毛类型

B.3.13 性状 37 ＊幼叶:尖端形状

发芽后约 1 个月,目测中庸结果枝上最前端的着花节位附近,叶宽为成叶约一半的 20 片代表性叶尖端形状。见图 B.9。

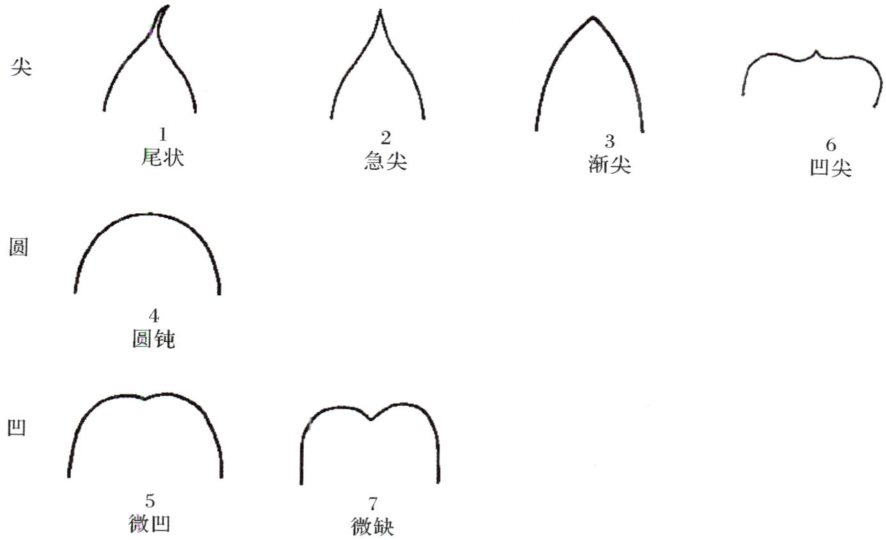

图 B.9　＊幼叶:尖端形状

B.3.14　性状 38　＊幼叶:基部交叉情况

见图 B.10。

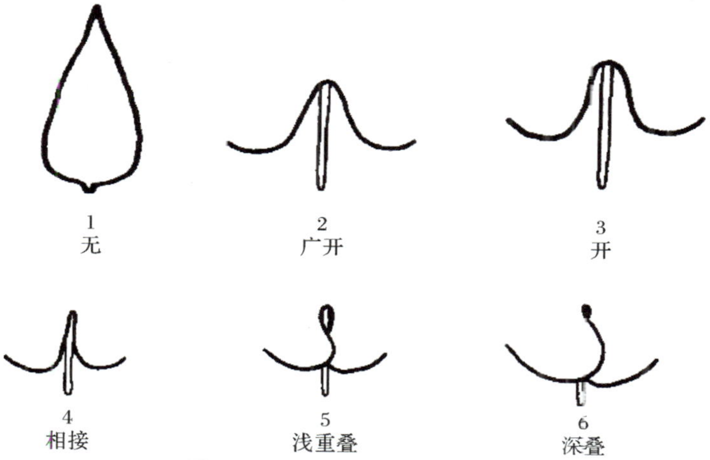

图 B.10　＊幼叶:基部交叉情况

B.3.15　性状 40　叶片:基部形状

见图 B.11。

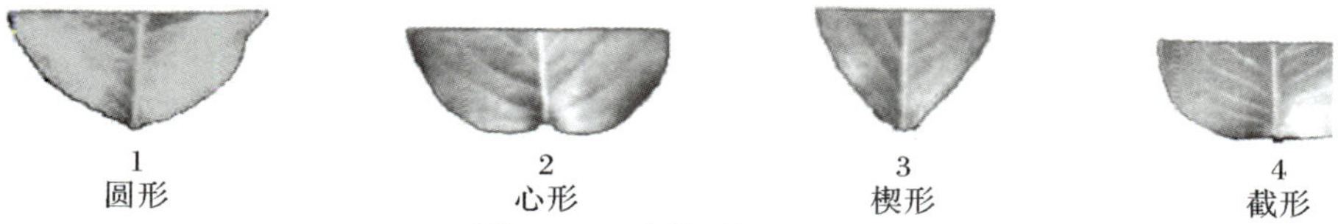

图 B.11　叶片:基部形状

B.3.16　性状41　叶片:边缘锯齿状态

观察叶片边缘,见图B.12。

图B.12　叶片:边缘锯齿状态

B.3.17　性状48　*叶片:形状

幼果纵径达成熟时果实纵径的1/2时,目测中庸结果枝最前端着花节位20片成熟叶片的叶形,见图B.13。

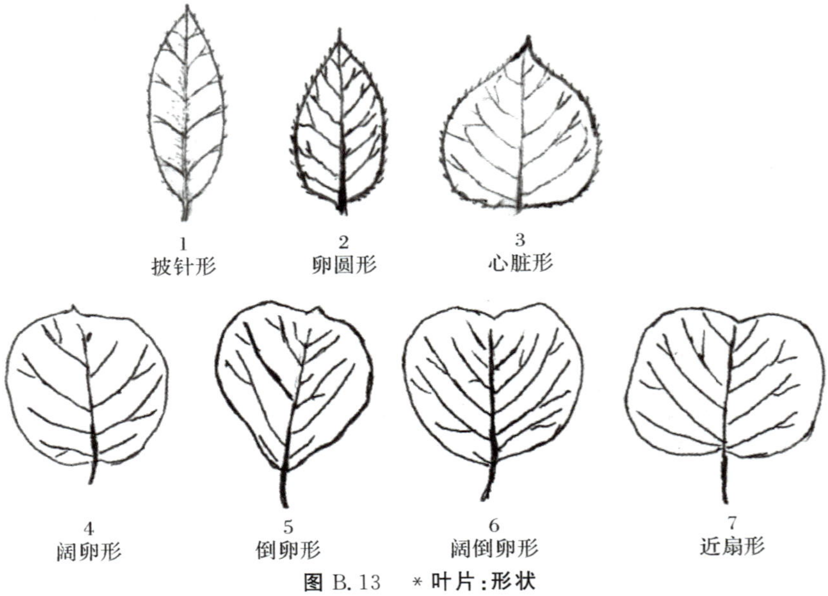

图B.13　*叶片:形状

B.3.18　性状50　*植株:采收期

全树有75%以上果实成熟时,记录果实成熟日期。以果实生育期长短进行量化分级。

B.3.19　性状52　*果实:纵径

测量20个果实的最长纵径,测量果实的果柄长度,见图B.14。

B. 3. 20 性状 53 ※果实:横径

测量 20 个果实的最宽横径,测量果实的果柄长度,见图 B. 14。

B. 3. 21 性状 54 ※ 果实:纵径/横径

宜采用性状 52、性状 53 的测量值,计算每个果实的果实纵径与果实横径之比,获得 20 个数据。见图 B. 14。

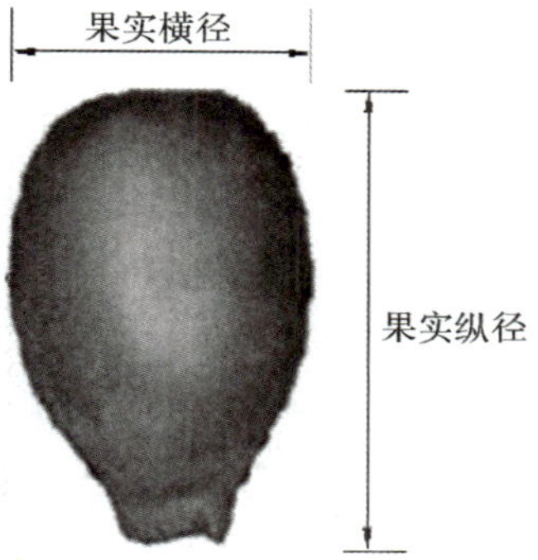

图 B. 14 果实:纵径/横径

B. 3. 22 性状 55 ※果实:形状

采收期,选择植株外围四周生长健壮的结果枝,随机采收 20 个发育正常、一个花序只结单果的果实,从侧面观测果实形状,见图 B. 15。

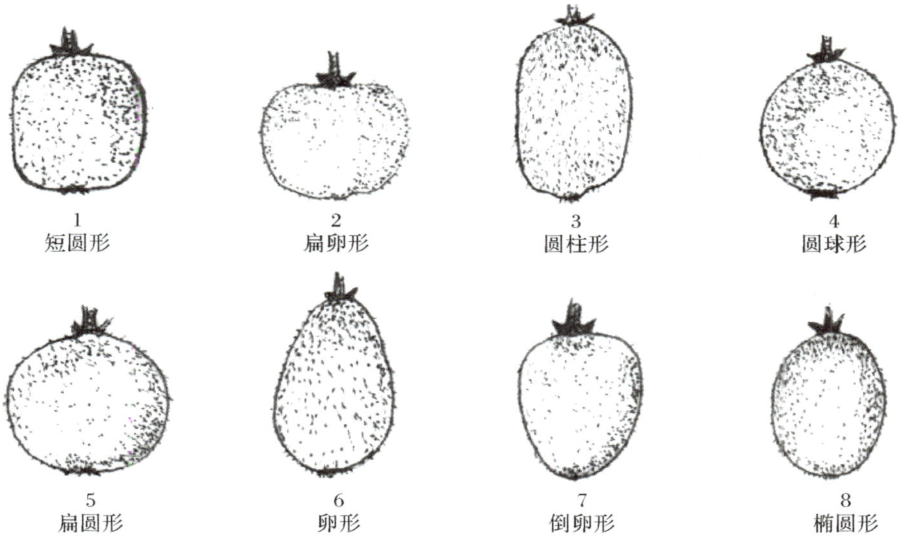

图 B. 15 ※果实:形状

B. 3. 23 性状 56 ※果实:横截面形状

果实后熟期,观察 10 个果实赤道部横切后的蒂端横切面形状,见图 B. 16。

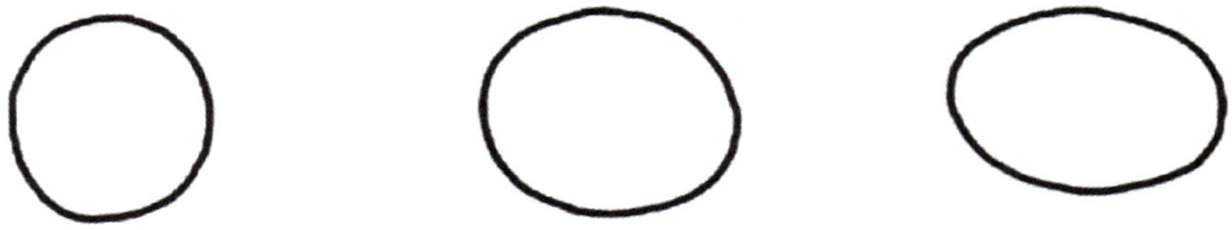

1 圆形　2 椭圆形　3 长椭圆形

图 B.16　* 果实:横截面形状

B.3.24　性状 57　* 果实:喙端形状

见图 B.17。

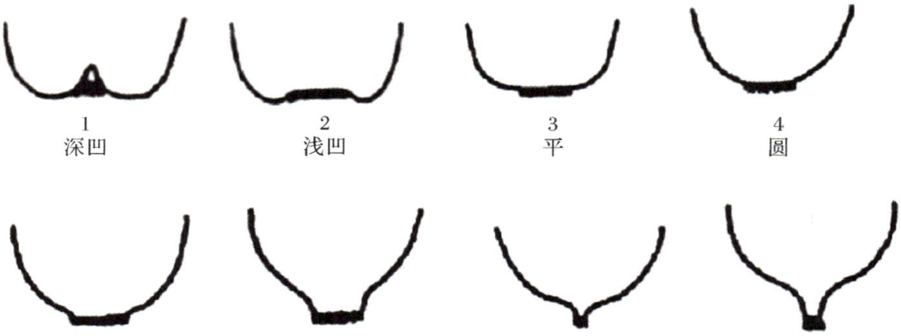

1 深凹　2 浅凹　3 平　4 圆

5 微钝凸　6 钝凸　7 微尖凸　7 尖凸

图 B.17　* 果实:喙端形状

B.3.25　性状 58　果实:花萼环

见图 B.18。

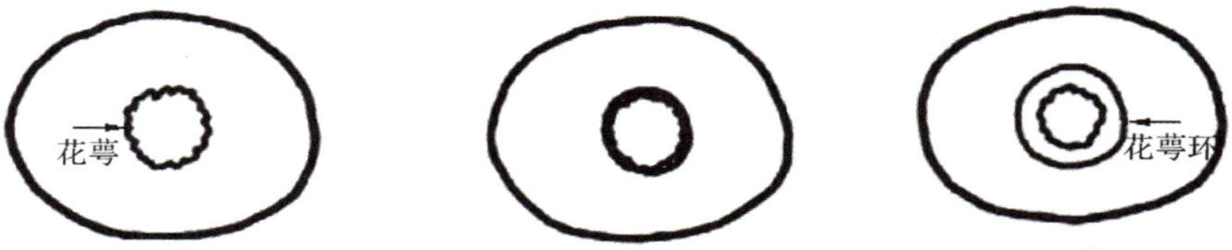

1 无或极轻　2 轻微　3 明显

图 B.18　果实:花萼环

B.3.26　性状 59　* 果实:果肩形状

见图 B.19。

1 方　2 圆　3 斜

图 B.19　* 果实:果肩形状

B.3.27　性状 60　* 果实:果柄长度

用游标卡尺测量 20 个果实的果柄长度,见图 B.20。

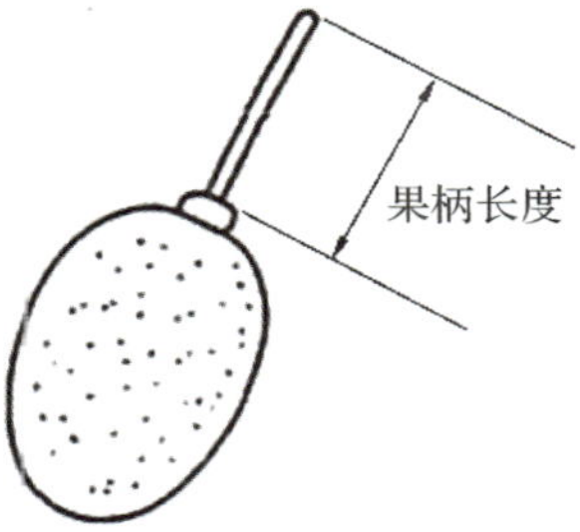

图 B.20　* 果实:果柄长度

B.3.28　性状 61　* 果实:果柄/果实纵径

果柄/果实纵径,宜采用性状 60、性状 52 的测量值,计算每个果实的果柄长度与果实纵径之比,获得 20 个数据。

B.3.29　性状 64　* 果实:果皮颜色

见图 B.21。

B.3.30　性状 67　果实:果皮茸毛类型

用 5～10 倍手持放大镜观察果实的茸毛类型,参照图 B.8 观测。

B.3.31　性状 72　* 果实:外层果肉颜色

见图 B.21。

B.3.32　性状 73　* 果实:内层果肉颜色

见图 B.21。

图 B.21　果实:结构

B.3.33　性状 75　* 果实:相对果心大小

相对果心大小为果心最大直径与果心最大直径之比,果心及果实赤道部横断面果实最大直径见图 B.22。

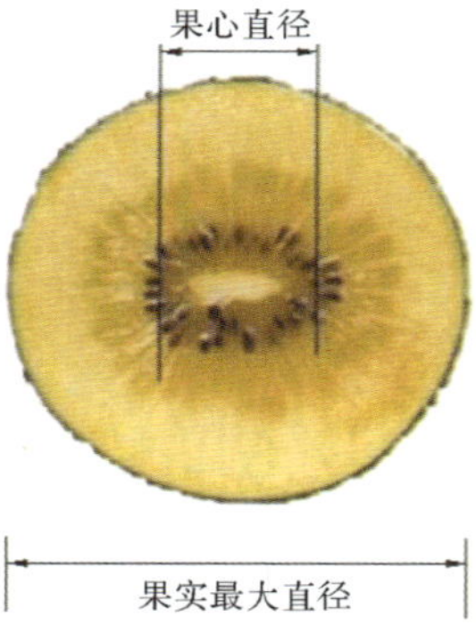

图 B.22　果实:各部分直径

B.3.34　性状 76　* 果实:果心横截面形状

见图 B.23。

1　圆形　　2　椭圆形　　3　不规则形

图 B.23　* 果实:果心横截面形状

B.3.35　性状 78　果实:可溶性固形物

宜按照 NY/T 2637 描述的方法进行测定。

B.3.36　性状 79　仅适用于内层果肉红色、红紫色品种:着色程度

沿内层果肉着色程度,观察内层果肉出现红色的果实着色分布的多少,见图 B.24。

1　极少　　2　少　　3　中　　4　多　　5　极多

图 B.24　仅适用于内层果肉红色、红紫色品种:果实:沿内层果肉着色程度

B.3.37　性状 80　果实:含酸量

宜按照 GB 12456 描述的方法测定。

B.3.38　性状 81　果实:果肉维生素 C 含量

宜按照 GB 5009.86 描述的方法测定。

附 录 C
(规范性)
猕猴桃属品种特异性、一致性和稳定性测试技术问卷

(申请人或代理机构签章)

申请号:
申请日:
[由审批机关填写]

一、品种暂定名称

____

二、申请人信息

姓名:

地址:

电话号码: 传真号码: 手机号码:

邮箱地址:育种者姓名(如果与申请人不同):

三、植物学分类

中文名:猕猴桃属

拉丁名:*Actinidia* L.

四、品种类型

在相符的类型[ ]中打√。

1. 所属类型

雌株 [ ]

雄株 [ ]

两性株 [ ]

2. 品种来源

实生 [ ]

芽变 [ ]

杂交 [ ]

其他 [ ]

五、待测品种的具有代表性彩色照片

{品种照片粘贴处}
（如果照片较多，可另附页提供）

六、品种的选育背景、育种过程和育种方法（包括系谱、培育过程和所使用的亲本或其他繁殖材料来源与名称的详细说明）

七、适于生长的区域或环境以及栽培技术的说明

八、其他有助于辨别待测品种的信息（如品种用途、品质抗性，请提供详细资料）

九、品种种植或测试是否需要特殊条件？

在相符的[ ]中打√。
是[ ]　　　　　否[ ]
（如果回答是，请提供详细资料）

十、待测品种繁殖材料保存是否需要特殊条件？

在相符的[ ]中打√。
是[ ]　　　　　否[ ]
（如果回答是，请提供详细资料）

十一、待测品种需要指出的性状

在表 C.1 相符的代码后[ ]中打√，若有测量值，请填写。

表 C.1 待测品种需要指出的性状(果实性状仅适用于雌性或两性品种)

序 号	性 状	表达状态	代 码	测量值
2	* 植株:采收期(性状 50)	极早 极早到早 早到中 中到晚 晚 晚到极晚 极晚	1[ ] 2[ ] 3[ ] 4[ ] 5[ ] 6[ ] 7[ ] 8[ ] 9[ ]	
3	* 仅适用于软枣等小果型猕猴桃种:果实:单果质量(性状 51.1)	极小 极小到小 小 小到中 中 中到大 大 大到极大 极大	1[ ] 2[ ] 3[ ] 4[ ] 5[ ] 6[ ] 7[ ] 8[ ] 9[ ]	
4	* 仅适用于美味和中华等大果型猕猴桃种:果实:单果质量(性状 51.2)	极小 极小到小 小 小到中 中 中到大 大 大到极大 极大	1[ ] 2[ ] 3[ ] 4[ ] 5[ ] 6[ ] 7[ ] 8[ ] 9[ ]	
5	* 果实:形状(性状 55)	短圆形 扁卵形 圆柱形 圆球形 扁圆形 卵形 倒卵形 椭圆形	1[ ] 2[ ] 3[ ] 4[ ] 5[ ] 6[ ] 7[ ] 8[ ]	

续表

序号	性状	表达状态	代码	测量值
6	* 果实:喙端形状(性状 57)	深凹 浅凹 平 圆 微钝凸 钝凸 微尖凸 尖凸	1[ ] 2[ ] 3[ ] 4[ ] 5[ ] 6[ ] 7[ ] 8[ ]	
7	* 果实:果皮茸毛(性状 65)	无 有	1[ ] 9[ ]	
8	* 果实:外层果肉颜色(性状 72)	浅绿色 中绿色 深绿色 浅黄色 中黄色 深黄色 黄橙色 橙色 红色 紫红色	1[ ] 2[ ] 3[ ] 4[ ] 5[ ] 6[ ] 7[ ] 8[ ] 9[ ] 10[ ]	
9	* 果实:内层果肉颜色(性状 73)	浅绿色 中绿色 深绿色 浅黄色 中黄色 深黄色 黄橙色 橙色 红色 紫红色	1[ ] 2[ ] 3[ ] 4[ ] 5[ ] 6[ ] 7[ ] 8[ ] 9[ ] 10[ ]	

十二、待测品种与近似品种的明显差异性状描述

在自己知识范围内,申请人列出待测品种与其最为近似的品种的明显差异,填写在表 C.2 中。

表 C.2　待测品种与近似品种的明显差异性状表

近似品种名称	性状名称	近似品种表达状态	待测品种表达状态
备注:(可提供其他利于特异性审查的信息)			

申请人承诺:技术问卷所填写的信息真实。

签名:

参考文献

[1] 方金豹. 中国果树科学与实践——猕猴桃[M]. 西安:陕西科学技术出版社,2021.
[2] 黄宏文. 中国猕猴桃种质资源[M]. 北京:中国林业出版社,2013.
[3] 艾军. 中国软枣猕猴桃种质资源[M]. 北京:中国农业出版社,2023.
[4] 伴野潔,山田寿,平智. 果树园艺学基础[M]. 秦嗣军,译. 北京:中国农业出版社,2021.
[5] 王景红. 果树气象服务基础[M]. 北京:气象出版社,2010.
[6] 本书编写组. 陕西主要果树气候适宜性与气象灾害风险区划图集[M]. 西安:陕西科学技术出版社,2011.
[7] 鲍金平,郑子洪,吴学平. 猕猴桃高效栽培技术与病虫害防治图谱[M]. 北京:中国农业科学技术出版社,2020.
[8] 黄宏文. 猕猴桃高效栽培[M]. 北京:金盾出版社,2009.
[9] 周至县农业农村局. 周至猕猴桃[M]. 北京:中国农业出版社,2021.
[10] 陈永安. 猕猴桃 GAP 生产技术[M]. 杨凌:西北农林科技大学出版社,2013.
[11] 雷玉山. 猕猴桃无公害生产技术[M]. 杨凌:西北农林科技大学出版社,2010.
[12] 安成立,刘占德,严潇. 猕猴桃充分授粉技术研究与应用[M]. 杨凌:西北农林科技大学出版社,2016.
[13] 陕西省果业中心. 陕西果业发展比较研究. 陕西省果业中心,2023.
[14] 严涵,肖春,张辉,等. "即食"红阳猕猴桃的制备工艺[J]. 食品与发酵工业,2022,48(13):227-237.
[15] 黄春辉,刘科鹏,冷建华,等. 不同"零芽"修剪时期对"金魁"猕猴桃果实品质的影响[J]. 中国南方果树,2013,42(4):31-34.
[16] 杨敏. 果园水肥药一体化技术推广的可行性分析[J]. 河南农业,2024,(13):20.

[17] 杨敏. 猕猴桃冰温贮藏实验研究[J]. 第六届全国食品冷藏链大会论文集·食品安全与节能,2008 ,(10):99 - 103.

[18] 黄元彬,吴洋,李玉珍,等. 猕猴桃采后生理变化及贮藏保鲜技术研究进展[J]. 南方农业,2018,12(34):59 - 61.

[19] 黄元彬,吴洋,李玉珍,等. 猕猴桃的生殖生长与营养生长[J]. 资源开发与保护,1989,5(1):73 - 74.

[20]黄文俊,钟彩虹. 猕猴桃果实采后生理研究进展[J]. 植物科学学报.2017,35(4):622 - 630.

[21] 董小勇,刘斌,申江,等. 猕猴桃及香梨冰点实验研究[J]. 食品科学,2010,31(9):80 - 82.

[22] 董小勇,刘斌,申江,等. 猕猴桃省力化夏季结果蔓"零芽"修剪技术[J]. 第五届全国现代果业标准化示范区创建暨果树优质高效生产技术交流会论文汇编,2016(07):90 - 94.

[23] 郭晓成,陈德让,蒋新利,等. 秦岭山区野生紫果猕猴桃种质资源及其评价[J]. 西北园艺,2022(06):3 - 7.

[24] 钟曼茜,翟舒嘉,刘伟,等. 我国即食猕猴桃产业发展现状、问题与对策[J]. 中国果树,2023(2):122 - 127.

[25] 徐小彪. 新西兰 Hort 16A 猕猴桃的主要特性及其夏季"零叶"修剪技术[J]. 中国南方果树,2005,34(6):57.

[26] 方金豹,钟彩虹. 新中国果树科学研究 70 年——猕猴桃[J]. 果树学报,2019,36(10):1352 - 1359.

[27] 郭晓成,杨莉,段眉会,等. 再说猕猴桃新型砧木水杨桃[J]. 西北园艺,2019,(06):4 - 6.

[28] 贺浩浩. 猕猴桃园水肥一体化应用效果研究[J]. 硕士电子期刊:2016,(04):1 - 34.

[29] 张昊,李小毛,张楠欣,等. 猕猴桃采后贮藏保鲜研究进展[J]. 现代食品,2023,29(13):39 - 41.

[30] 曹森,马超,黄亚欣,等. 1 - MCP 对猕猴桃后熟品质的影响[J]. 食品与发酵工业,2019 ,45(14):184 - 190.

[31] 常瑾,郭晓成,李莺,等. 猕猴桃花粉生活力研究[J]. 陕西农业科学,2015,61(9):1 - 2.

[32] 郭晓成. 猕猴桃溶液授粉技术[J]. 山西果树,2007,(1):16 - 17.

[33] 中华人民共和国农业部. 猕猴桃等级规格(NY/T 1794—2009).
[34] 中华人民共和国农业部. 猕猴桃采收与贮运技术规范(HY/T 1392—2015).
[35] 陕西省市场监督管理局. 猕猴桃黑点病防治技术规范(DB 61/T 1709—2023).
[36] 湖北省市场监督管理局. 猕猴桃轻简高效生产技术规程 第1部分:高枝牵引(DB42/T 1428.1—2024).
[37] 陕西省质量技术监督局. 猕猴桃采收技术规程(DB 61/T 1117—2017).
[38] 西安市质量技术监督局. 猕猴桃溃疡病综合防控技术规范(DB6101/T 128—2017).
[39] 西安市质量技术监督局. 猕猴桃人工授粉技术规程(DB6101/T 107—2016).
[40] 西安市质量技术监督局. 猕猴桃苗木繁育技术规程(DB6101/T 127—2017).